肉の料理科學

THE SCIENCE OF COOKING MEAT

一次瞭解各種肉類知識！

將肉品的美味發揮到極致的烹飪科學

宛如澳洲巨大岩石「艾爾斯岩」的厚度、烤得恰到好處的色澤，令人垂涎的汁液緩緩滴落，恨不得馬上大快朵頤一番……。沒錯，這就是牛排，就是肉！

大口吃肉就會獲得元氣，心裡洋溢著幸福感，也有助於讓身體長出肌肉。正因為好處多多，所以希望大家都能知道如何製作出更美味的肉料理。因此，本書從烹飪科學的觀點，針對肉的組織及美味的定義進行解說，讓各位讀者一探肉類的祕密。

書中也向全日本最強的名店主廚取經，不但介紹了多種「極品肉類」的菜單，搭配圖片，詳細解說不同肉類、不同部位、不同厚度的烹調方法與訣竅。此外，也介紹使用肉類的「豪華版家常菜食譜」，深入解說各種肉類的品種與部位，是非常值得一讀的圖鑑。

想要做出更美味的肉料理，請務必使用本書來精進「肉」的烹飪技術，希望本書能讓你有更豐富美好的「肉料理生活」。

CONTENTS

2 肉食狂熱者必看！東京排隊名店的五種人氣肉料理

各肉品部位 每天都想吃的家常菜肉料理10道

3 一次看懂肉類特性！各肉類品種與部位小百科

本書特色

- 本書以「料理的科學」、「肉類食譜」、「動物品種與部位百科」等三部分組成，並詳細介紹從採購肉品到烹調等各種知識。
- 書中的肉類烹調實驗與羊肉料理食譜，是向各大名店主廚採訪編輯而成。由於使用營業用的烤箱，在一般家庭烹調時，請以記載於食譜中的溫度設定與加熱時間為參考值，視實際狀況進行調整。
- 食譜的計量單位，1大匙＝15ml、1小匙＝5ml；「適量」是配合該食譜配方調整到剛好的分量，「酌量」則是依照個人喜好添加使用。
- 食譜裡的微波爐加熱時間，以600W為標準。如果是500W的機型，請調整加熱時間為1.2倍，以此類推。

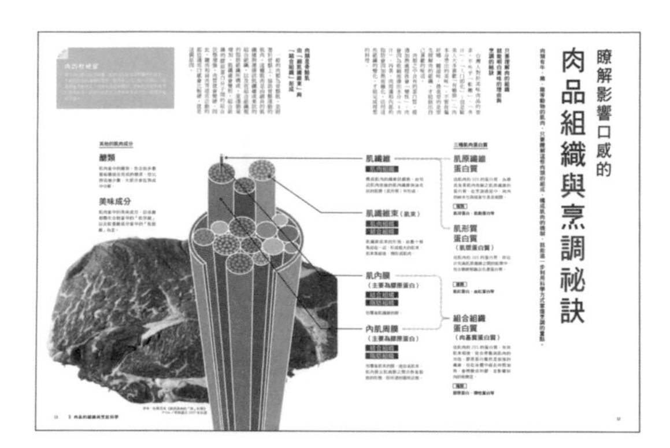

1
美味的關鍵都在這裡！
肉品的組織與烹飪科學

首先，對肉類的組織進行解說，再進一步解析讓料理更美味的方法，詳細說明燉煮、煎烤、油炸等烹調過程中，在肉品之中發生的變化。從烹飪科學的觀點，得以掌握肉類的知識。

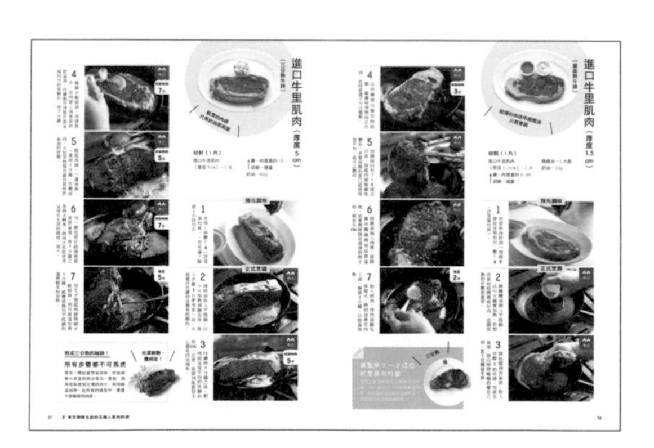

2
肉食狂熱者必看！
大廚等級的
五種人氣肉料理
在家享用美味
每天都想吃的
家常菜肉料理10道

由東京知名主廚親自傳授的肉料理食譜，不僅介紹不同部位的烹調方式，更詳細介紹烹飪出美味肉料理的方法。精選10道最受歡迎的家常肉料理，只要學會這幾道料理，絕對會讓吃過的人都稱讚，從此變成你的拿手菜。

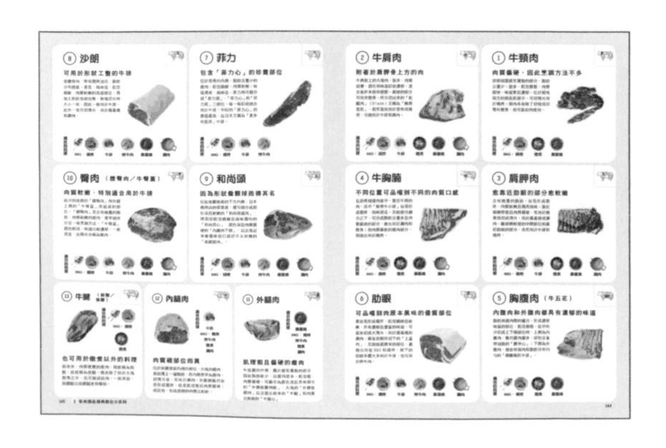

3
一次看懂肉類特性！
各肉類品種
與部位小百科

介紹雞、豬、牛、羊等9種動物，依照種類及國產與進口的差異等等，逐一進行解說。精美大圖詳細標示出動物身上以及副產品的可食用部位，也附加說明野豬、馬肉、鹿肉等野味。

美味的關鍵都在這裡！各種肉品的組織與烹飪科學

所謂的肉品，到底是如何組成的呢？想要吃出肉的美味，最正確的烹飪方法是什麼？其實，這些都可以用科學方式來解答！在加熱肉類的過程中，只要掌握溫度與時間對蛋白質產生的變化，就能將肉的美味發揮到最佳狀態！

監修：エコール 辻 東京、永井利幸、秋原真一郎、平形清人、迫井千晶、井原啟子、株式會社辻料理教育研究所、正戸あゆみ
插圖：上坂元 均
圖表：鈴木愛未（朝日新聞Media Production）

的美味從何而來

麼樣的變化？只要瞭解其結構，不論是哪種肉類，都能烹調出更棒的美味。

烹調前？

肌理&緊實度

肉類的組織，是排列成束的細長肌纖維，如果這個束狀結構比較細，肌理就細嫩，肉質也會比較軟嫩；反之則肌理粗硬，肉質也會偏硬。此外，肉的緊實度會受到水分與脂肪分布等因素影響，當肉質濕潤、有彈性，表示緊實度良好；若鬆弛、軟爛，表示緊實度差。

脂肪分布方式（油花）

牛或豬的肉裡含有鬆軟的脂肪，稱為油花，如果油花的分布平均細緻，肉質便會嫩而多汁。若整塊紅肉的油脂紋路分布細小均勻，不管是哪一個部位，都可稱為「霜降肉」。油花可軟化肉質、讓口感變好，具有脂肪特有的濃郁味覺，使肉的味道更上一層樓。

等級評估
》P140、158

瘦肉與脂肪的色澤

顏色是檢視肉類品質的重點之一。身體愈常活動的部位愈顯深紅，如果短時間曝於空氣中，則會呈現鮮豔的紅色。脂肪以乳白色且帶有光澤為佳，但是也會因飼料而有顏色上的差異。

烹調前必看的重點是「形狀」、「顏色」、「光澤」

肉的美味受到許多因素影響，而在未煮過的狀態下可用肉眼判斷的，就是肉的形狀、顏色與光澤，這些條件也是評估肉類等級時的項目。

要選擇哪一個部位、要使用在哪一道菜、要求什麼樣的味道等等，選肉的標準會視不同的需求而異。但首先要抓住這三個必看重點，再挑選美味的肉品。

全方位解析「肉」

如何製作出銷魂的肉料理？讓我們用科學的方法去探究。肉是由什麼樣的要素組成、經過烹調會產生什

烹調後？

香氣

利用烹煮、煎烤等加熱方法所產生

經過加熱的肉品會產生誘人香氣，是因為肉加熱後，胺基酸和糖會產生變化，引起「梅納反應」所致（詳見P32）。此外，香氣視牛、豬、雞等動物而異，飼料與宰殺後的熟成期間、方法等，也會增添不同的香氣。

口感

咀嚼感

除了肉的肌理和緊實度之外，烹調方式當然也會改變口感。即使是同一種肉品，也會因為切片、切塊或剁成絞肉等方式，帶來不同的咀嚼感。此外，加熱雖然會因蛋白質變性而使肉質變硬，但若長時間烹煮，也會再度變軟。還有，把肉的表面煎到焦脆，也會帶出烹調後的美味。

舌尖味覺

肉質的滑嫩感取決於脂肪含量與脂肪融化的溫度（熔點），肉裡含有的脂肪當中，不飽和脂肪酸偏多、熔點比較低，在較低的溫度下品嚐，帶給舌尖的感受比較好。

味道

美味、甜味、酸味、苦味、礦物質的風味、層次感

肉的味道主體，取決於麩胺酸與肌苷酸等美味。也包含甜味、酸味、苦味、源於礦物質風味等物質，此外，帶有脂肪的肉品，更能感受到其層次感。烹調肉品時，組織會受到破壞而產生刺激味覺的物質，進而引起化學變化、加強肉的味道。

烹調後的美味要素為「香氣」、「口感」與「味道」

品嚐烹調好的肉類，首先可辨識出的美味要素，就是香氣、口感和味道。

香氣即使不入口，也能飄散在空氣中，但是入口最先感受到的香氣也很重要。同一塊肉，會因不同的切割方式而使口感產生變化，而且在咀嚼肉之後溢出肉汁的多寡，也是美味的條件之一。

不論是哪一個要素，都會因為蒸、煎、煮、炸等不同烹調方式而產生變化，讓我們得以享受到各種美味。

瞭解影響口感的肉品組織與烹調祕訣

肉類有牛、豬、雞等動物的肌肉，只要瞭解這些肉類的組成、構成肌肉的機制，就能進一步利用科學方式掌握烹調的重點。

只要理解肉的組織就能明白美味的理由與烹調的祕訣

台灣人對於美味肉品的要求，不外乎「軟嫩」、「多汁」、「入口即化」；但是歐美人大多喜歡「有嚼勁」、「肉本身帶出的美味」。不管你偏好哪一種滋味，最重要的是要先瞭解肉的組織，才能做出自己喜歡的味道。

肉類之中含有的蛋白質，經過加熱處理後會「變性」，肉會因為收縮而滲出水分（＝肉汁）。再者，肉周邊和內部的脂肪會因加熱而融化。活用這些組織的變化，才能完成理想的料理。

肌纖維

肌肉組織

構成肌肉的纖維狀細胞，由引起肌肉收縮的肌肉纖維與液化狀的肌漿（肌形質）所形成。

肌纖維束（肌束）

肌肉組織

結合組織

肌纖維成束的形態。由數十條集結在一起，形成粗大的肌束，肌束集結後，則形成肌肉。

肌內膜（主要為膠原蛋白）

結合組織

脂肪組織

包覆著肌纖維的膜。

內肌周膜（主要為膠原蛋白）

結合組織

脂肪組織

包覆著肌束的膜，連接著肌束。肌內膜及肌周膜之間分散著脂肪的形態，即所謂的霜降狀態。

三種肌肉蛋白質

肌原纖維蛋白質

佔肌肉約 50% 的蛋白質，為構成負責肌肉收縮之肌原纖維的蛋白質，在烹調過程中，與肉的保水性與結著性息息相關。

種類

肌球蛋白、肌動蛋白等

肌形質蛋白質（肌漿蛋白質）

佔肌肉約 30% 的蛋白質，存在於充滿肌原纖維之間的肌漿中，包含糖酵解酶及色素蛋白質。

種類

肌紅蛋白、血紅蛋白等

組合組織蛋白質（肉基質蛋白質）

佔肌肉約 20% 的蛋白質，有與肌束相連、接合骨骼與肌肉的功能。膠原蛋白雖然是很強的纖維，但在液體中經長時間加熱，會轉變成明膠，並影響到肉的軟嫩度。

種類

膠原蛋白、彈性蛋白等

肉類是骨骼肌由「細肌纖維束」與「結合組織」形成

一般的肉類為骨骼肌，是附著於骨骼上、協助骨骼運動的肌肉。這種肌肉是由細長的肌纖維與連接該肌纖維成束狀的結合組織，以及在結合組織裡的脂肪組織所構成。當運動量增加，肌纖維會變粗，結合組織的膠原蛋白分子間的結合狀態增強，肉質就會變硬。因此，腱肉和肩肉等經常活動的部位通常口感會比較硬，就是這個原因。

MEMO

肉的軟硬度

除了肉的部位與活動量，動物的年齡也會影響肉的硬度。年輕的動物肌纖維較柔軟，膠原蛋白也比較快明膠化，但是隨著年齡增長，肉質就會逐漸變硬。柔軟的肉幾乎適用於各類料理，較硬的肉最好以燉煮等烹調方式，使膠原蛋白明膠化。

其他的肌肉成分

醣類

肌肉當中的醣類，包含由多數葡萄糖結合而成的糖原，但比例佔極少數，大部分會在熟成中分解。

美味成分

肌肉當中的美味成分，以核酸相關化合物當中的「肌甘酸」以及胺基酸成分當中的「麩胺酸」為主。

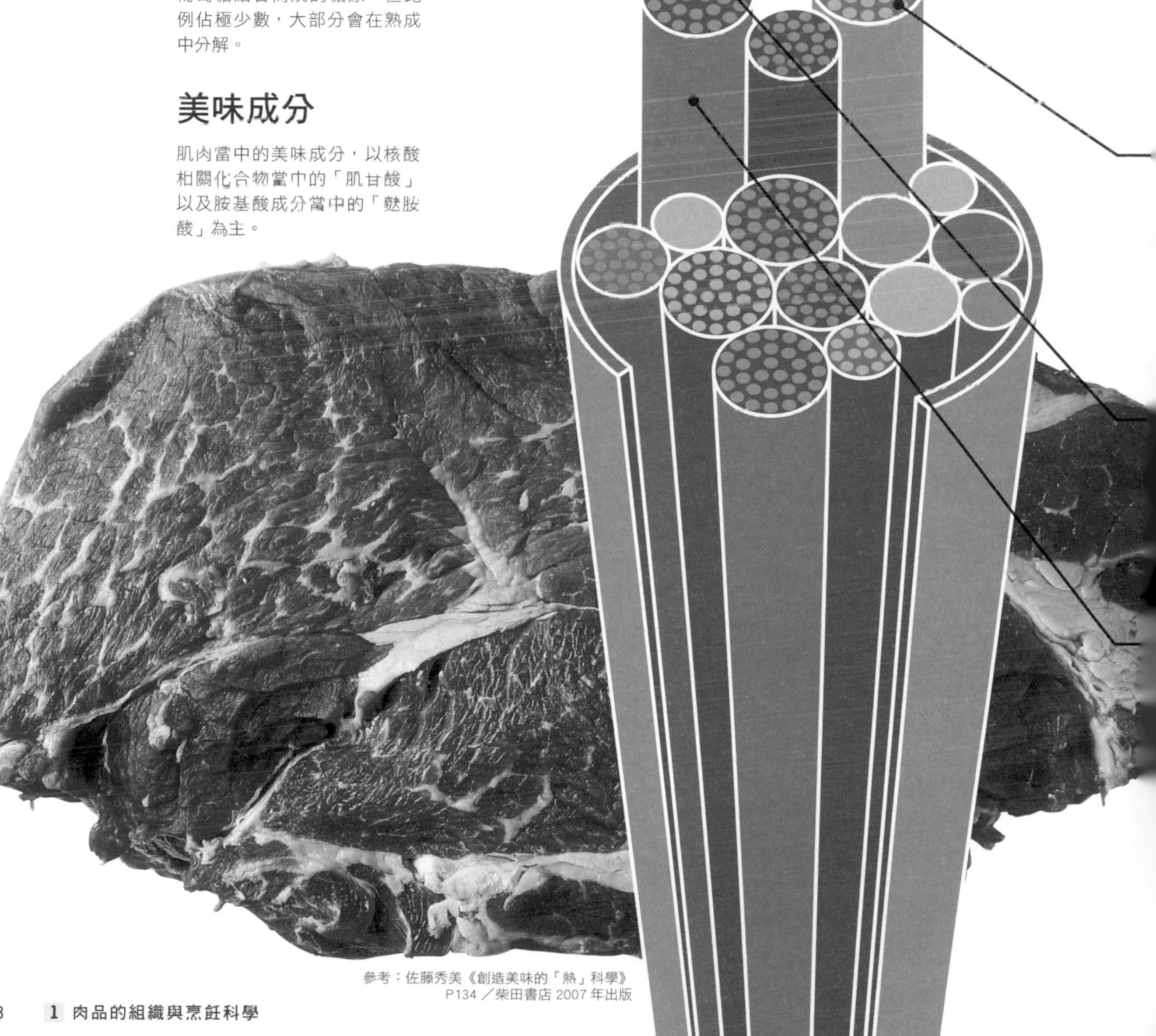

參考：佐藤秀美《創造美味的「熱」科學》P134／柴田書店 2007 年出版

隨著溫度不同肉類組織會產生什麼樣的化學變化？

基本上，肉類是需要經過加熱烹調才能享用的食物。瞭解加熱的溫度與時間，會對肉的組織產生什麼樣的變化，就能做出美味銷魂的肉料理。

蛋白質因加熱而產生的變化與保水性的變化

在肌原纖維蛋白質的組成成分當中，肌球蛋白大約在50℃左右開始凝固，肌動蛋白則是在70～80℃左右開始凝固。此外，製造肌膜的結合組織蛋白質當中的膠原蛋白，雖然具有強韌的彈性，但經過加熱之後，長度會縮減到約三分之一。透過這些蛋白質的變性，肉質會逐漸變硬，肉汁也會流出。但是，若是使用燉煮的方式料理，持續長時間加熱會使膠原蛋白明膠化，口感上會變軟嫩。

肉的組織變化

肉排煎烤程度（中心溫度）的參考標準

幾乎全生（表面微煎）

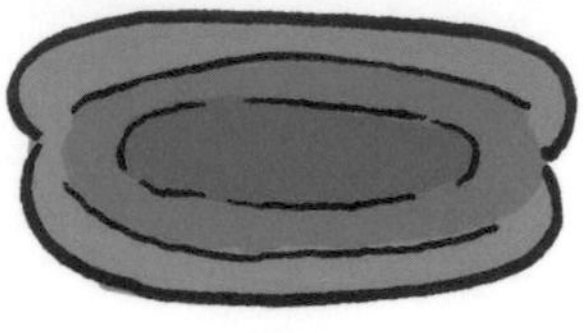

約45℃

40℃	30℃	20℃	10℃

30℃～50℃

肉的脂肪融化（熔點）

脂肪融化的溫度（熔點），因動物的種類及個體而異，這是因為每隻動物的體脂肪不同，其中含有的脂肪酸比例也會不同。融化的脂肪會滲透到組織外面，讓肉質呈現滑順的口感。

脂肪的熔點	
牛	40℃～50℃
豬	33℃～46℃
雞	30℃～32℃

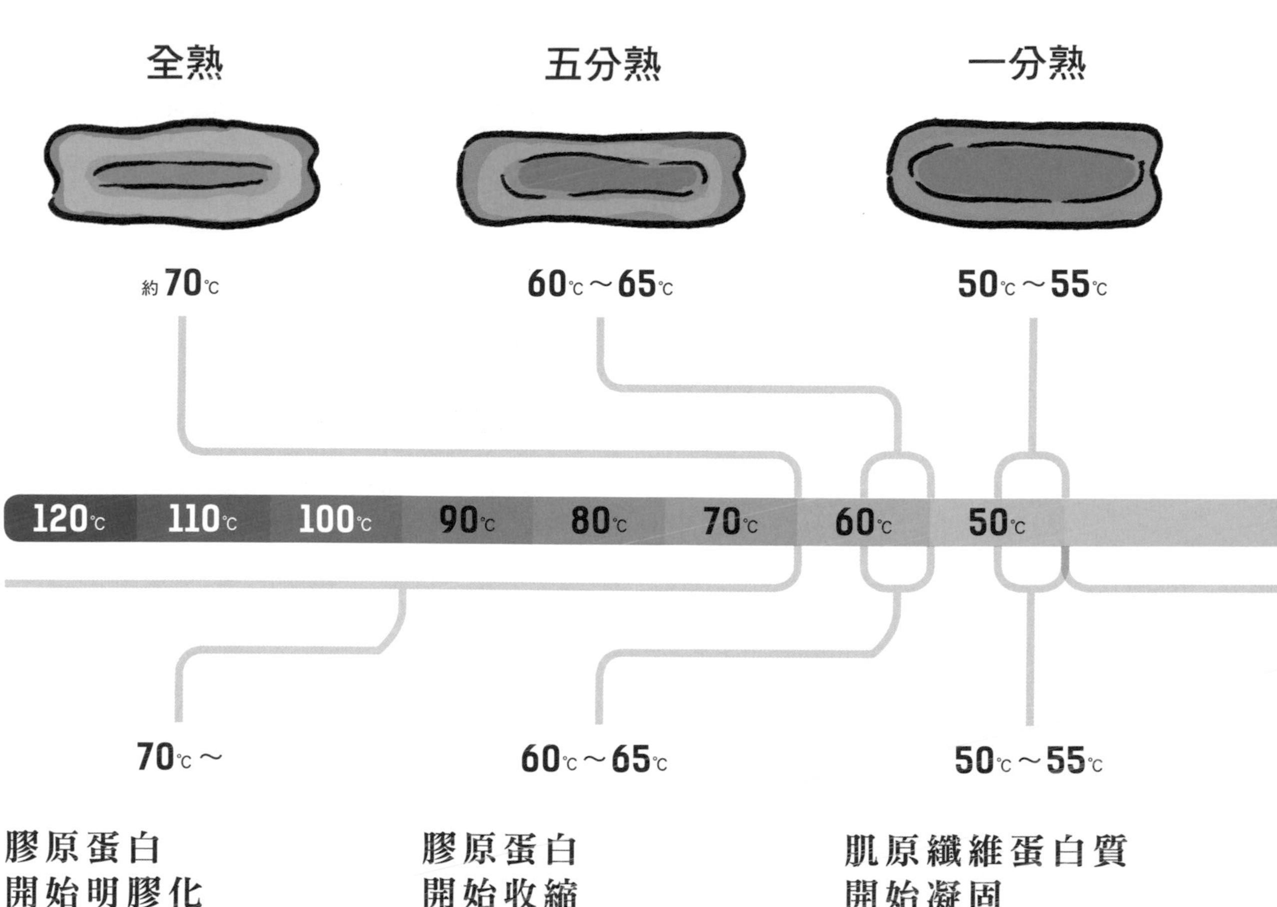

膠原蛋白開始明膠化

當加熱到70℃左右時，結合組織的膠原蛋白會分解並開始明膠化。像燉煮等長時間加熱時，膠原蛋白會明膠化並且變軟。因此，原本因結合組織聚集在一起的肌纖維，也會變得鬆散且軟爛。雖然纖維本身的水分流失了，但如果是本身膠原蛋白豐富的肉品，會因明膠而讓口感變得多汁，感覺肉質比較軟嫩。

膠原蛋白開始收縮

結合組織蛋白質的膠原蛋白，從60℃開始收縮，到65℃左右時，收縮狀況更加明顯，肉會急速變硬。強韌的膠原蛋白會收縮到原本三分之一的長度，若是膠原蛋白較多的肉品，會迅速釋出大量肉汁，視覺上縮小很多，口感變硬。

肌原纖維蛋白質開始凝固

在蛋白質當中，主要構成肌原纖維蛋白質的肌球蛋白，大約在50℃開始凝固，肉質開始變緊實。

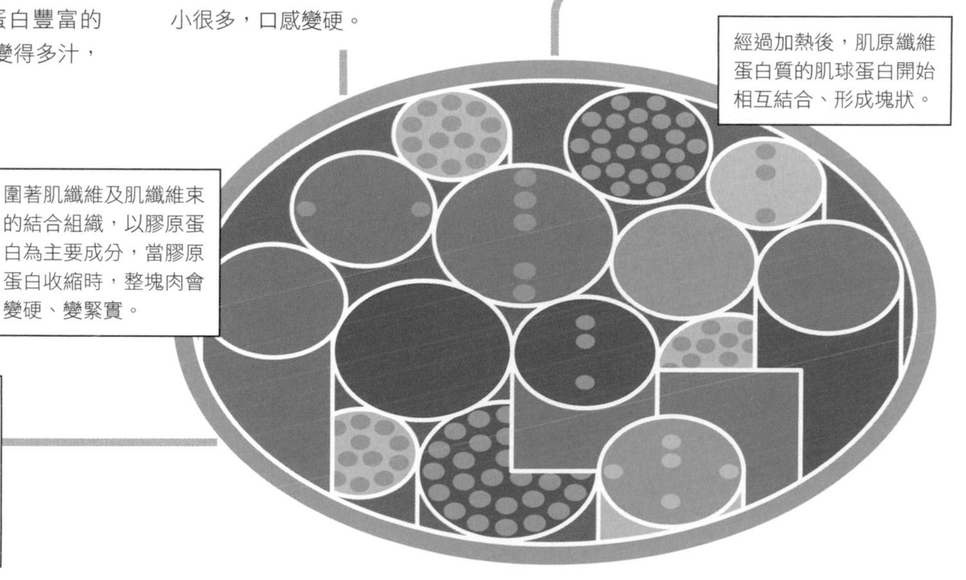

經過加熱後，肌原纖維蛋白質的肌球蛋白開始相互結合、形成塊狀。
圍著肌纖維及肌纖維束的結合組織，以膠原蛋白為主要成分，當膠原蛋白收縮時，整塊肉會變硬、變緊實。
長時間燉煮時，若使用70℃以上的溫度加熱，膠原蛋白會明膠化，所以結合組織會鬆弛，肌纖維比較容易變鬆散，肉質也會變軟。

參考：佐藤秀美《創造美味的「熱」科學》P134／柴田書店 2007 年出版

這樣做才好吃！美味肉料理的3大要素

想要做出柔軟多汁的肉料理，從烹調的第一階段「切肉」就很重要。讓料理專家來傳授你切肉的要點吧！

柔軟　多汁　感受到油脂

讓肉質更美味的方法①

切斷肉類的纖維

肉的組織由以蛋白質為主成分的細小纖維形成，當這種纖維在持續拉長的狀態時，吃進去的肉咀嚼起來就會有變硬的感覺。據說，即使是同一種肉品，纖維平行的切法與垂直切法比起來，平行切法（順紋）的咀嚼力道是垂直切法（逆紋）的四

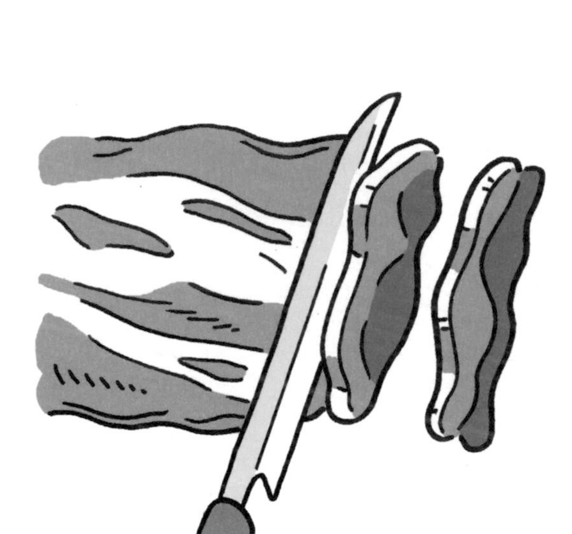

以垂直方向（逆紋）切斷纖維，使纖維變短

將生肉放在砧板上，確認纖維的方向。牛菲力肉和豬里肌肉等，很容易從切面辨識出方向；雞胸肉的纖維走向則是從最裡面往外側延伸。切斷纖維之後，經過加熱雖然肉質會變軟，但同時也容易流失肉汁，尤其是雞胸肉，口感上會出現變化，因此烹調時要特別留意。

倍之多。

因此，切肉時要仔細觀察纖維的方向，並以垂直方向切斷纖維。只要纖維變短、食物容易被咬斷，就能品嚐到肉的軟嫩。牛肉和豬肉的肌纖維比較長，且有固定方向，所以比較容易切斷。但是像雞胸肉等纖維方向不固定的肉品，在處理上要多加留意。

此外，加熱後再切斷纖維，也是一個方法。因此，如果是將整塊肉排送進烤箱，烤好之後請將肉品的纖維切斷，再擺盤上菜，成品會更美味。

切斷筋膜
完成軟嫩的肉質

以豬里肌肉為例，在紅肉與脂肪之間會有像是白色半透明的膜，這就是筋膜。筋膜是結合組織蛋白質，口感偏硬，若不切斷直接加熱，肉會收縮且會彎曲變形，因此在加熱之前，請先在筋膜切開幾道切口。此外，雞腿肉靠近腿尖，筋比較多的部分，可在整塊肉上劃出切口，如此一來，肉質可維持軟嫩，也不會彎曲變形。

使用的切割方式，要能發揮肉品的特徵

以牛菲力肉為例，有時會採用整塊送進烤箱、經加熱後再分切的方式。但是，最推薦的方式是切成有厚度的圓片，再放入烤箱煎烤。生肉切薄片再烹調，水分會急速流失，肉質容易變乾硬，上等的牛菲力肉很可能就浪費掉了。切成厚圓片煎烤，再使用刀叉分切，更能享受到軟嫩多汁的美味。

切薄片加熱後口感會變硬的肉，可整塊烹調後再切片

鴨的里肌肉、豬腿肉等，切薄片再加熱的話，肉質容易變硬、口感變乾澀，美味盡失。對於這類肉品，最好整塊烹煮，煮好後靜置到不燙手的程度再切斷纖維。如此一來，即可品嚐到鮮嫩的肉質。

鮮肉這樣切才好吃！肉質的美味取決於菜刀的用法

品質再好的上等肉，如果遇上鈍刀或隨意亂切，味道也會大打折扣。為了將肉的美味發揮到最高境界，專家對菜刀的選擇和切工都會非常講究。

菜刀和切工會改變肉的味道

光是一把菜刀，就能改變肉的味道。選擇菜刀時，請選購刀刃鋒利、大小適中的菜刀。若是刀太鈍或太小把，即使技術再好也無法切得美觀。選擇的重點在於刀刃薄且磨得鋒利、長度足夠，才能毫不費力地切斷纖維。若使用太鈍的菜刀，需要費力像拉鋸子般地來回拉扯，結果不是切面歪七扭八，就是纖維遭到破壞而導致肉汁流失。

如何正確切肉

1 輕握刀柄

太用力握住菜刀，會施加過多壓力在肉上面。如果無法放鬆力道，只要如左圖將小指離開刀柄，就能放鬆握刀的力道。

2 往前或往後滑動

西式菜刀的優點是比中式菜刀輕巧，使用時不是像切生魚片時邊切邊拉刀刃，而是往前方滑動刀刃。如果覺得下刀時往後拉的方式比較簡單，也可以這麼處理。

NG!

壓著下刀

把所有力道集中在刀刃上，會破壞肉的纖維。使用太鈍的菜刀切肉時，最容易發生這種狀況，因此建議在使用之前先磨刀。

根據日本一項調查顯示，使用不夠銳利的菜刀切食材時，鮪魚的美味會大打折扣，蔬菜也會增加苦味和澀味。切洋蔥時會使人流淚，菜刀不夠鋒利也是原因之一。

這才是值得推薦的切肉菜刀！

刀刃的長度比較長

西式菜刀以「切片刀」和「主廚刀」為首選。刀刃的長度以 20 公分左右為佳，能輕鬆且工整地切肉。不過，刀刃長度也和砧板的大小有關，在選購前請先確認家裡的砧板。

刀刃以薄為首選

薄刃的特徵為切工鋒利，如此就能在不破壞肉品纖維的情況下，切得漂亮工整。

刃寬建議選購窄版

此部分若比較窄，較容易自由動作，可剔除掉多餘的脂肪和筋膜，也能輕易地切斷筋膜。不過，這樣的刀不太適合用來切蔬菜，因此可視為切肉專用刀具。

讓肉質更美味的方法②

利用蛋白質的變性溫度

在烹調肉類時，建議肉的中心溫度維持在60～65℃。雖說蛋白質在50～60℃時會開始凝固，但是只要能確保溫度不再上升，就能維持軟嫩度。由於肉汁也不太會在這個溫度下流失，所以也能嚐到多汁的味道。

所謂的「低溫烹調」，就是利用這種溫度來烹製，以低溫維持肉的溫度，用長時間加熱，可完成軟嫩又多汁的一道佳餚，也可以根據溫度與時間的條件，來達到殺菌效果。

此外，利用烤箱或平底鍋的餘溫持續加熱、選用膠原蛋白較少的肉進行短時間燉煮、邊留意火候邊加熱，像這樣的方法也都屬於低溫烹調的手法。

溫度升高會對肉質產生什麼影響？

蛋白質會變性

肉汁流出

當溫度不斷升高，蛋白質則會逐漸變性而收縮，並大量流出肉汁。但是，在長時間燉煮的情況下，可使膠原蛋白明膠化，讓肉質達到入口即化的口感。

以平底鍋煎肉之後，用鋁箔紙包覆、置於溫暖的地方以維持肉的溫度，再利用餘溫繼續加熱。在烤牛肉或羊肉時，可以在肉上面插著溫度計，以便調節溫度。

使用平底鍋烹調，澆淋效果佳

一邊將飽含美味的慕斯狀奶油氣泡淋在肉上面，一邊以較低的溫度慢煎肉的中心。透過慢慢地從上方澆淋來傳導熱度的方式，完成軟嫩多汁的肉排。

讓肉質更美味的方法③

鎖住肉裡的水分（肉汁）

肉裡含有的水分，是決定肉汁多寡的重要因素。肉類經過加熱後，肌原纖維蛋白質及結合組織蛋白質會凝固、收縮，無法鎖住水分。於是，肉裡的水分開始流失，同時也一併釋出與水分共存的美味，如果在加熱的過程拿捏不好的話，就會導致肉汁流失、做出乾巴巴的肉。

想要維持肉裡必要的水分、烹調出飽含水分的佳餚，肉的切法、加熱的溫度與時間的掌控都很重要。不論是煎、烤或是燉煮，各自有不同的烹飪訣竅，目標是要把水分和美味鎖在肉裡，才能好好享受多汁的味覺。

先用高溫煎出焦糖色，再以低溫加熱

肉汁會在 60 ～ 65℃的溫度下大量流失，當中心的溫度超過 70℃時，也可能使肉質變柴。可先以大火將表面煎出焦糖色，再轉小火加熱，或是以低溫烹調方式加熱之後，再以大火讓表面上焦糖色。

涮肉時，用 80℃迅速加熱

吃涮涮鍋處理肉片時，鍋內維持咕嚕咕嚕的小滾狀態，迅速地將肉放進鍋裡涮一遍。注意不可讓鍋裡達到 100℃沸騰的高溫，否則蛋白質會緊縮、水分流失，肉質也會變硬。

利用「澆淋」的方式避免水分蒸發，帶出漂亮的焦糖色

用平底鍋和烤箱烹調時，這種方法很有效。在煎肉時，將平底鍋上的油撈起再澆在肉上面的動作，即為「澆淋」。這個做法就像是在肉的表面上塗層，預防水分蒸發。此外，澆淋含有肉汁的油，可帶來很美味的焦糖色，增添了不同風味。

將肉切成大塊一點烹煮也是一個方法

肉切得大塊一點，由於總表面積會比切成小塊來得小，因此在燉煮烹調時，肉汁不易流失。燉煮時，將肉切成如上圖中程度的大小，可以品嚐到大口啖肉的樂趣和肉的美味。

讓肉質更美味的方法④

活用調味料與酵素以軟化肉質

烹調成軟嫩肉品的要點，並非只有加熱的溫度與時間，調味料在軟化肉質上，也扮演著重要角色。舉例來說，即便使用相同的肉，只要鹽和糖的使用方式不同，就會產生變硬或變軟的差別。此外，使用可幫助分解蛋白質的酵素之食材，也具有軟化肉質的效果。

上述這些作用，視對肉的蛋白質引起的化學反應而異。以下介紹幾個改變肉質的方法，都只會對肉的表面起作用，如果肉比較厚，也可以使用叉子戳洞。但是要注意，也有可能因為加了調味料而導致味道太重、肉質太軟，加熱後變得破爛不成形等情況發生。

1 撒鹽

》鹽可提升肉的保水性

在肉上撒鹽並靜置片刻，會流出溶於鹽水裡的蛋白質，並覆蓋在表面，因此提升肉的保水性。即使加熱也不流失肉汁，讓肉質變軟嫩。

2 加醋燉煮

》降低酸鹼值以軟化肉質

添加醋或檸檬汁可提高肉的保水性，利用肉本身存在的酸性，加速蛋白質分解酵素活性化，使肉質變軟。用醋或紅酒浸泡也很有效，但是浸泡的時間若不夠長，肉質反而會變硬。

3 加砂糖

》延緩蛋白質的熱凝固

砂糖經加熱後具有延緩蛋白質凝固的作用，與肉的水分和膠原蛋白結合後，可提高保水性。烹煮前以預先調味的形式用糖搓揉，或是在烹飪中（例如做壽喜燒時）時撒上糖。

酒精飲料對肉的作用

由於紅酒或日本酒等含酒精飲料都是酸性，因此可軟化肉質。其效果依序為紅酒、白酒、日本酒。再者，這些飲料也具有特殊氣味，可增添肉的風味，有助於完成美味的料理。但是，必須注意的是，若浸漬時間太短（少於 20 分～30 分鐘），會產生肉質變硬的反效果。

4

利用生薑和舞菇

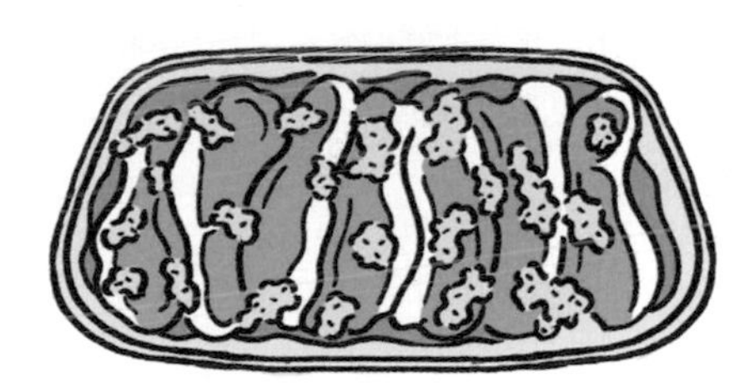

》利用蛋白質分解酵素、軟化肉質

生薑或洋蔥、舞菇的蛋白質分解酵素，可拆解肉的組織，達到軟化肉質。不論是哪一種，都使用生的食材，將其切碎或磨成泥狀，塗抹在肉的表面。因為一旦經過加熱，酵素就無法發揮作用。

5

塗抹橄欖油

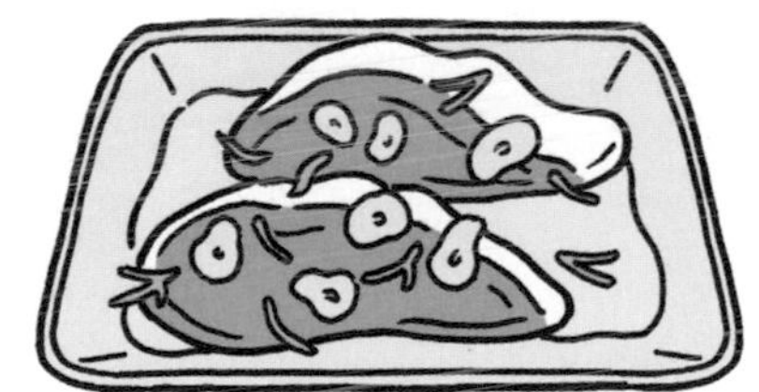

》利用油層抑制水分蒸發

在煎烤肉品之前，在肉的表面塗抹橄欖油等油脂作為塗層。如此可抑制沒接觸到平底鍋那一面的水分蒸發，煎出飽含肉汁的口感。

6

以味噌或鹽麴醃漬

》利用蛋白酶軟化肉質、增添美味

味噌和鹽麴與右側所提及的生薑等調味料一樣，都含有蛋白質分解酵素「蛋白酶」，不但能夠分解蛋白質、軟化肉質，也增加了讓肉質吃起來更美味的胺基酸成分。

讓肉質更美味的方法⑤

使用熟成肉

家畜經過宰殺後，肌肉會收縮變硬，因此需要一段時間「熟成」，牛肉約需10天、豬肉約需3～5天的時間，經過這道程序，就能端出變得軟嫩的肉類。本單元要說明的「熟成肉」，意指比一般熟成程序花費時間更長的肉品。受到日本熱潮影響，台灣最近也新開了不少標榜「熟成肉」的餐廳。

熟成肉的製造方法有「乾式熟成」和「濕式熟成」兩種，前者是美國高檔肉品販賣店裡實施的方法，後者是為方便商品流通而設計的保存方法。肉品經過熟成處理後，肉質因蛋白質受到酵素的作用而被分解變軟，進而形成胺基酸以增添美味。

何謂乾式熟成？

在維持恆溫、恆濕且保持空氣流動的貯藏室裡，以風吹拂牛肉使之熟成的方法。利用肉本身的酵素與外在微生物的作用，轉變成具有獨特風味的乾嫩牛肉。紅肉外層與表皮因水分蒸發，有助於鎖住內部的水分，讓內部維持鮮肉般的質地，因此肉質會更加鮮甜。乾式熟成的肉質，就像是奶油、堅果、焦糖等風味。

溫度、濕度、時間

專用貯藏室的溫度控制在1～3℃、濕度控制在70～80%，一邊送風、一邊靜置熟成14天以上，一般需要40～60天左右。

酵素

存在於肉裡的酵素，將蛋白質分解成胜肽（由胺基酸結合而成的物質）與胺基酸，從而釋出美味，並且生成獨特的味道。

送風與水活性

一邊送風吹拂肉的表面使其乾燥，一邊減少水分。當水分的活性度降低，可望能降低腐敗風險。

微生物

附著在肉表面的黴菌、酵母等，會影響到獨特的熟成香氣形成。為避免這些微生物附著到內部的肉，表面經熟成後需除去，以免污染到肉類。

INFO

SANOMAN（さの萬）

SANOMAN 是日本一家專營肉品加工與銷售的商店，也有開發並銷售乾式熟成牛肉，特色商品是使用日本酒來製作日本首創的熟成烤牛肉。

MEMO

選購經過適當管理的熟成肉，並充分加熱！

由於與熟成肉相關的法律規範尚未明文訂定，因此熟成方法與衛生管理完全仰賴業者的良心，購買熟成肉之前，請先確認店家是否值得信賴，食用前也務必要經過充分加熱處理。在日本，曾經在熟成肉裡發現會導致食物中毒的細菌，絕對不能生食。此外，請最好打消自製熟成肉的念頭。

何謂濕式熟成？

以真空包裝包覆肉品，放進恆溫的冷藏室，利用真空包裝技術將新鮮冷藏牛肉包膜塑形，以肉本身的天然酵素熟成，達到軟嫩多汁的效果。這原本是為了預防肉質劣化、減少損耗，進而促進流通率所設計的方法。如果是特意採取此程序來處理熟成肉品，其風味就好比是製成起司和奶油等濃郁乳製品，入口的感覺會變得比較黏稠軟嫩。

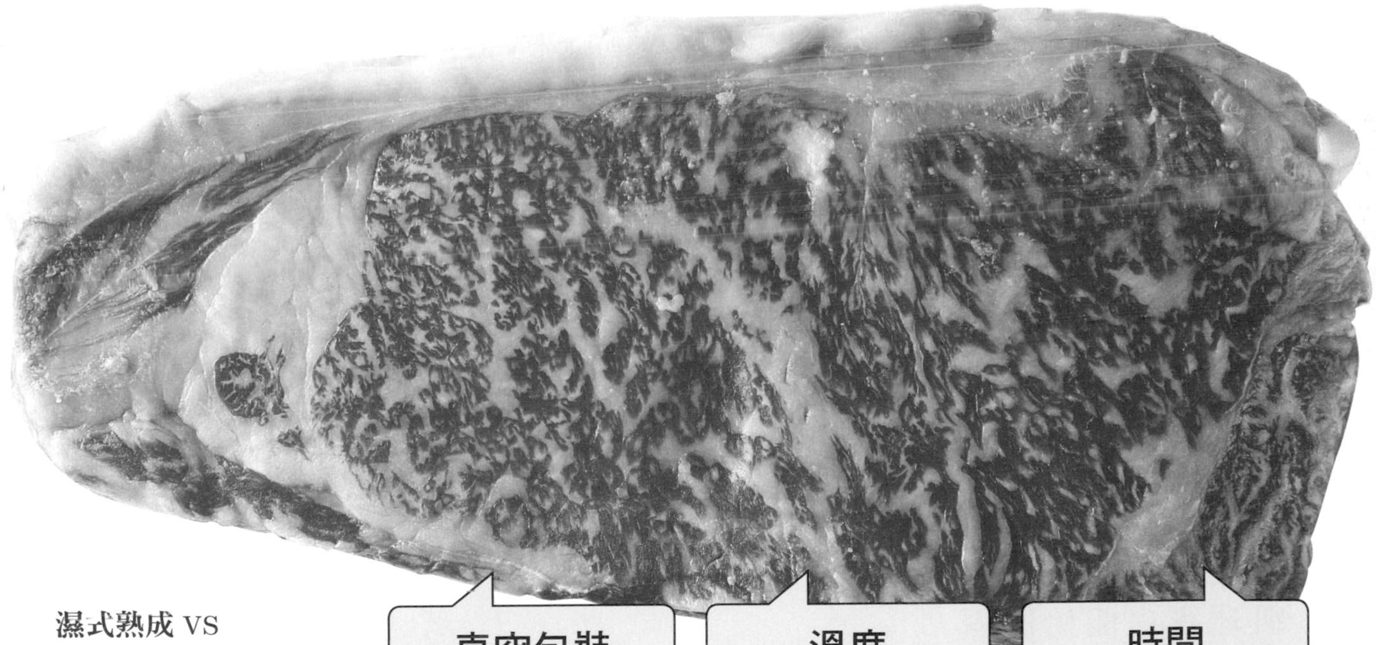

濕式熟成 VS 乾式熟成

油花豐富的和牛，如果以乾式熟成方式處理，脂肪比較容易氧化、特有的香氣會淡化，因此比較適合使用濕式熟成法。但是，根據肉的性質，也有可能採取乾式熟成法。

真空包裝

利用隔絕肉與空氣的方式，預防氧化及細菌附著，進而提高保存性。不過，這種方式不易釀造出乾式熟成特有的風味。

溫度

保存在肉不會結凍、微生物不易活動的溫度下，一般為 0～3℃。

時間

依各專門店的方式而異，有些店家要花費超過 30 天的時間，如此才能一邊去除多餘的水分，一邊濃縮肉的美味。

掌控正確溫度
完成軟嫩濃郁的燉肉

吃進嘴裡幾乎入口即化，這才是好吃的燉肉。一邊觀察加熱溫度對肉的蛋白質所造成的變化，一邊學習烹調出軟嫩燉肉的祕訣吧！

使用膠原蛋白
含量較多的肉
長時間加熱使其明膠化

要製作滷肉等需要長時間燉煮的料理時，請選用膠原蛋白含量多的肉品部位，例如雞翅、腱子肉、尾巴、肋排、豬腳等。利用長時間加熱的方式，讓膠原蛋白變成明膠，才能烹調出濃郁又軟嫩的燉肉。

那麼，以下我們先來理解「加熱」會如何改變蛋白質的結構，開始烹調出頂級的燉肉料理吧！

60℃以下

肌原纖維蛋白質的肌球蛋白開始凝固

肉一經加熱處理，當溫度上升到 50℃時，肌原纖維蛋白質的肌球蛋白會開始凝固。此外，肌漿蛋白質則是從55℃開始凝固，逐漸變化成豆腐狀。在烹煮燉肉料理時，由於是把肉放在液體裡，慢慢地從外側往中心加熱，所以在剛開始燉肉的階段，雖然肉的外側開始收縮，中心卻沒有收縮。

藉由膠原蛋白的明膠化打造多汁的濃郁口感

在烹煮燉肉的時候，肌原纖維蛋白質大約會從50℃開始凝固，當溫度上升到60℃左右，肌漿蛋白質也凝固變硬，而膠原蛋白也從60℃左右開始收縮，因此肉質會變得更硬。不過，當溫度超過75℃時，會以某種程度的速度，加速明膠化，因此請在鍋裡煮滾到冒小泡的狀態，長時間燉煮。直到用竹籤插入肉品可以順利穿透，並且整體感覺鬆軟，就是膠原蛋白明膠化的證據。燉煮到肉可輕易切斷的軟嫩度，即完成軟硬度與濃郁感都恰到好處的極品燉肉。

膠原蛋白的明膠化

膠原蛋白

加熱

超過75℃時……
就會明膠化

75℃～

膠原蛋白加熱分解後成為明膠，使肉質變軟嫩

當溫度上升到70℃左右時，基質蛋白質的膠原蛋白開始明膠化。所以，如果長時間持續加熱，基質蛋白質的膠原蛋白會逐漸明膠化，變成整塊肉鬆弛易爛的狀態。必須在燉肉期間維持煮沸冒泡的狀態，一邊檢視鍋裡的狀況，一邊調整火候。

60～75℃

膠原蛋白收縮肉質變硬

內部溫度提高到60℃左右時，肌原纖維蛋白質與肌漿蛋白質會凝固、收縮；此外，基質蛋白質的膠原蛋白，也會在60℃左右開始收縮，超過65℃開始會加速收縮，並急速變硬。因此，肉汁也悉數流出，整塊肉會縮小。

在燉肉之前先將表面煎過

想要烹調出美味的燉肉，要先將肉的表面煎至上色，這個步驟很重要。因為煎肉的時候能用高溫封住水分，更能釋出肉的風味、色澤和香氣，煎肉的油汁也可作為完成時的調味醬來增加美味，而且此步驟還可防止肉煮過爛變形。此外，在烹煮燉肉時，在肉的表面塗抹一層麵粉，也有增加煎肉時釋出香氣的效果，而且在燉煮期間麵粉會融化，可以增加濃稠感。

適合用來燉肉的肉塊大小

長時間燉肉時，以較大塊的大小（如下圖右）下鍋燉煮，起鍋後再分切，可將肉汁流出的量減少到最小限度，以防止美味流出、肉縮小的狀況。但是，由於肉較大塊，煎烤面積也變小，因此煎烤後的肉香風味也會減少。不過如果有大量製作的需求，這個做法比較有效率。

如果切成3公分大小（如下圖左）的肉塊燉煮，很可能會出現煮爛、肉縮小而出現形狀不一致的情況，不過這樣可煎烤到的面積比較大，且用煎烤的方式更能引出肉香的風味。

3 公分的肉塊會流出肉汁，肉會縮小……

較大塊的肉不易縮小！

在肉的表面塗抹麵粉再煎烤，更能引發「梅納反應」，釋出更多風味、色澤、香氣，煎出來的油汁當作調味醬，吃起來更濃郁。

先將肉的表面煎至上色、再燉煮烹調，風味、色澤、香氣更上一層樓

Q 肉先用紅酒醃過，肉質會變軟嫩嗎？

A 用紅酒醃肉的確會使肉質變軟，但這個步驟主要的用意其實是「去腥味」。不過，最近市售肉品的腥臭味已減少許多，用紅酒醃過的肉品，煎烤時不易上焦糖色，還會增加撈浮沫的程序，因此不建議這麼做。此外，浸泡的時間太短，反而會使肉質變硬。

Q 用壓力鍋燉肉，是讓肉質變軟爛的最快方法嗎？

A 壓力鍋的原理是利用高溫施加壓力，因此膠原蛋白會提早明膠化，非常適合用來燉肉。最好用壓力鍋先把肉煮軟，再用別的鍋具加入調味料煮到透。如此一來，就能在短時間內烹調出美味的燉肉。

燉肉Q & A

讓燉肉料理更入味的調味料添加順序

肉一經燉煮就會溶出脂肪，再加上肌纖維收縮，導致水分（肉汁）被擠到外面、肌纖維之間產生縫隙。此時加入調味料燉煮，就會逐漸入味。

調味料要先從分子大、不易入味的砂糖開始添加，再加入分子較小的鹽，然後依序加入風味容易揮發的醋、醬油、味噌等，這就是加入調味料的基本步驟。

添加調味料的基本步驟

流出多餘的脂肪和水分

調味料從縫隙進入

將一鍋肉燉煮得咕嚕咕嚕作響，不但能煮出濃稠感，肉質吃起來也很軟嫩

外酥脆、內多汁
超美味烤肉排的祕密

想不想自己在家煎出美味的肉排，並大快朵頤一番？先來瞭解烤肉排的結構，就能輕鬆做出外酥內軟的成品！

肥肉、香氣、加熱方式，要怎麼處理？

單純用煎烤就能簡單完成的肉排，是一道能夠直接品嚐肉本身美味的料理。正因如此，更要學會將肉的美味發揮到極致的煎烤方法。重點是，如果肉排帶有肥肉，先仔細煎好肥肉的部分，一邊流出濃郁油脂、一邊釋出香氣，接著再煎烤瘦肉的部分，利用梅納反應釋出香氣、並煎出焦糖色。這麼做不但可以去除水分，也能濃縮肉的美味。接下來的重點，是視自己想要的肉排熟度來加熱。三分熟、五分熟、全熟等等，根據熟度調整火候，並改變煎烤的方法。

蛋白質的變性、肉的保水性與脂肪熔點的關係

煎牛排的重點，在於避免中心溫度上升得太高。尤其是處理厚片肉排時，由於中心不易煎熟，因此要一邊澆淋熱油、一邊用慢火煎，調整到中心達到目標溫度為止。隨著溫度升高，蛋白質會收縮，如果溫度提高到70℃左右的話，肉汁會大量流出、肉質急速變硬，因此建議將中心溫度控制在65℃以下。

至於豬的肥肉和雞皮等脂肪，要以低溫慢煎，使用超過脂肪熔點的溫度，慢慢把油脂煎烤出來。

煎烤菲力牛排時，在表面呈濕潤狀態時翻面

把菲力牛排放入預熱過的平底鍋煎烤時，蛋白質會發生變性、保水性降低，因此肉裡的水分會滲出，表面漸漸呈現濕潤狀態。在這個時間點翻面，才是正確的做法。然後，繼續加熱，待表面又泛出肉汁之後，五分熟的牛排就完成了。將牛排靜置一段時間（約等同於煎烤的時間），切下的剖面呈粉紅色，這就是所謂「玫瑰色狀態」的頂級牛排。

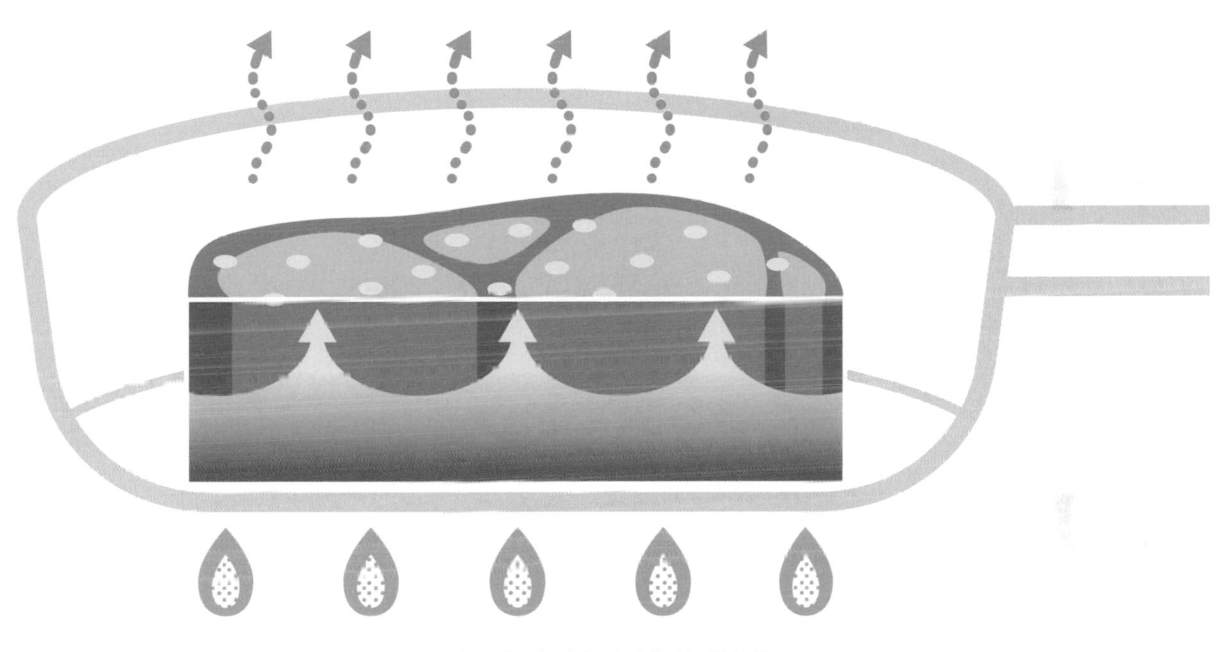

煎出完美肉排的原理

加熱

用加熱過的油煎肉。帶有肥肉的肉排，要先從有肥肉的一面開始煎，邊澆淋油汁，邊煎整塊肉排。

《

肌原纖維、肌漿蛋白質凝固

膠原蛋白收縮

透過梅納反應等過程，上焦糖色、釋出香氣

肌原纖維與肌漿蛋白質的凝固、膠原蛋白的縮小以及梅納反應，都在同時發生。當蛋白質的變性急速進行時，水分會流出並呈現肉質變柴的狀態，因此在煎肉時，要注意火候的調整，一邊確認肉的狀態，一邊煎出理想的肉排。

《

蒸發少許水分，鎖住美味

煎肉時水分會蒸發，因此味道會變濃郁。

煎得恰恰好的美味關鍵——梅納反應

何謂梅納反應？

糖與胺基酸
引起反應

發生各種
化學反應

產生褐色物質
與香氣

煎烤肉的表面時會發生什麼狀況？

先在平底鍋裡熱油再煎肉，表面會發生蛋白質的變性並釋出肉汁。繼續加熱下去，肉和肉汁裡含有的胺基酸與糖會引起化學反應，導致肉的表面呈焦糖色（褐色物質），並產生烤肉的香氣（香氣物質），這個味道上的轉變與香氣的產生，就是「梅納反應」。在煎肉排時促使這種反應發生，是讓香氣爆發的重要關鍵。

煎出香氣和焦糖色增添煎烤後的美味

透過梅納反應帶來香氣和焦糖色，正是煎出美味肉排的真相。首先，將肉放進預熱到約200℃的平底鍋裡，若是較薄的肉排，則直接以大火煎出焦痕。如果是較厚的肉，先在表面煎出香氣，再調弱火力煎出濕潤感，即可完成美味多汁的頂級肉排。

擺盤時朝上的那一面要先煎是關鍵

煎肉排時，先煎擺盤時要朝上方的那一面。因為先煎的那一面，會呈現出恰到好處的漂亮焦糖色。

留意煎肉排時的油脂使用方式！

肉排的厚度不同，平底鍋與油溫的掌控也會不同。如果是比較薄的肉排，平底鍋要充分加熱，迅速地在肉的表面煎出香氣。此時，油溫會逐漸升高，所以建議先用橄欖油煎，容易燒焦的奶油在最後一道步驟才加入，以增添風味；如果是比較厚的肉排，最初的油溫不需要太高，因此一開始即可放入奶油，用慢火從周邊加熱到中心。奶油含80％以上的乳脂肪，水分約占16～17％，因此溫度太高的情況下容易燒焦，請注意溫度的控管。

煎肉排的火候與中心溫度的參考標準

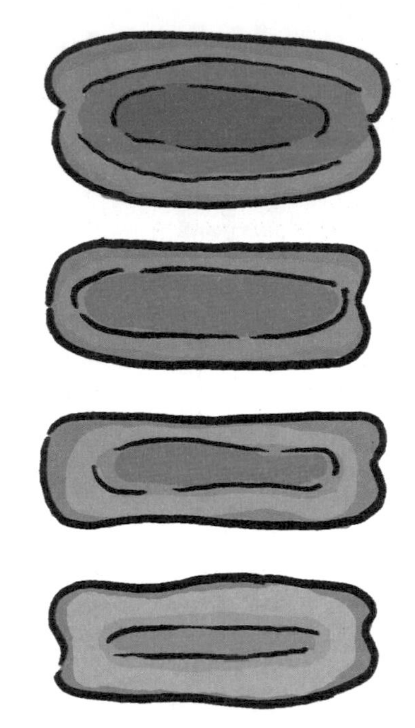

從每塊肉排剖面的顏色與中心溫度，當作肉排熟度的參考指標，以此來掌控火候。請以上圖作為基準，自行挑戰看看！

奶油維持慕斯狀的泡泡

控制好油溫，讓奶油持續呈現慕斯狀的泡泡。若溫度太低或太高，泡泡都會消失不見。

一邊煎、一邊澆淋油汁，透過五感掌握變化

想要將較厚的肉排煎成喜好的熟度，請採取「一邊澆油、一邊慢火加熱」的方式。在肉排上澆淋熱油時，會發出水分彈跳的聲音，透過觀察肉的彈性及溫度的變化，也可以同時調整火候。廚師在做菜時，會專注於「聲音、香氣、外觀及觸感」等細節。請想像自己是餐廳裡的大廚，在家煎肉排時，好好用五個感官注意肉排的變化，這會讓你覺得煎肉是一件很享受的事！

仔細感受品嚐時的溫度

煎肉排時的溫度掌控很重要，品嚐時的溫度亦然。油脂硬化的溫度視肉的品種而異，一旦溫度降低，可能會導致肉的口感變差。像是高級和牛等油花多的頂級肉品，有熔點約20℃的品種，其特徵就是入口即化、口感極佳。

軟嫩又鮮美多汁

做出口感滑嫩的雞胸肉

你是否有過將雞肉水煮後，肉質變得乾柴的經驗？將肉烹調成多汁、滑嫩肉質的祕訣，就在於溫度、保水性與熔點的關係。

想烹調出多汁的水煮雞肉一定要慢慢地加熱

與其他肉品相較之下，雞肉的脂肪較少、容易煮熟，若想要烹調出多汁的口感，務必要善加利用溫度管理，在食材熟透後就要盡快起鍋。此外，為了避免蛋白質快速變性，要使用慢火加熱。例如，水煮一塊雞胸肉，先把水煮到沸騰後，熄火再放入雞肉，蓋上鍋蓋利用餘溫來加熱；如果是水煮一整隻雞，則是將雞放進煮到沸騰的熱水裡，轉中火加熱5分鐘之後，熄火並蓋上鍋蓋，利用餘溫慢慢地花時間加熱，就會煮出多汁的口感。

利用餘溫加熱
肉質多汁！

14.5cm

用熱水持續煮
肉質乾柴……

12cm

保水性降低會導致肉質縮水

當溫度超過 60℃時，肌原纖維蛋白質與肌漿蛋白質會凝固，膠原蛋白纖維開始收縮。所以，持續以高溫加熱會迅速收縮，使肉質變硬，因此流失大量水分。為了避免發生這種狀況，不可使用沸騰的熱水長時間加熱。請以低溫慢煮的方式，預防保水性降低與肉出現縮水現象。

熱源傳導方式因肉的型態而異

同樣是水煮雞肉，在有無帶皮、全雞或是切塊等不同狀態下，也會影響到熱源傳導方式。例如，去皮後切塊的雞肉，熱源傳導得比較快；而脂肪較少的雞胸肉，口感容易變柴。

切薄片的肉想要涮出滑嫩口感，溫度要控制在80℃

用於涮涮鍋等切薄片的牛肉，屬於容易迅速煮熟的類型。若要涮出多汁、滑嫩的口感，重點在於要使用80℃左右的湯頭，快速在湯裡涮15～30秒左右即可。

用這個方法涮肉，因為脂肪融化得恰到好處，肉呈現未過度加熱的狀態，所以能品嚐到滑嫩的口感。牛肉的脂肪熔點為40～50℃，放進80℃的湯裡快速涮煮，脂肪可適度溶解，因此肉片能煮得恰如其分，呈現軟嫩的狀態。

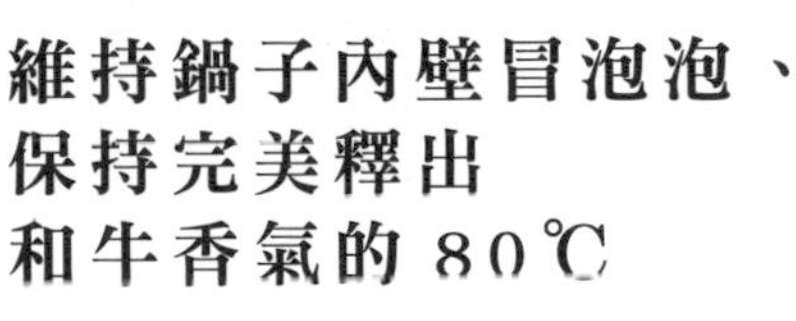

維持鍋子內壁冒泡泡、保持完美釋出和牛香氣的80℃

和牛的脂肪入口即化，口感極佳。溫度80℃是最能釋出具有獨特甜味和牛香的溫度。

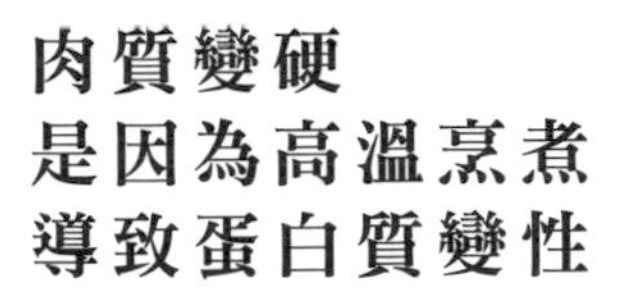

肉質變硬是因為高溫烹煮導致蛋白質變性

若以超過90℃的高溫加熱，蛋白質會瞬間收縮、肉質變硬。

涮涮鍋是最能展現和牛香氣的料理

當和牛加熱到80℃時，會釋放出一種獨特的甜味與香氣，這種香氣正是純種日本和牛的特徵。香氣的來源是來自一種名為「內酯」的產物，和牛含有多數此種成分，而涮涮鍋可說是最適合感受和牛香的料理。

若問其他牛肉是否也能感受到這種和牛香，答案是「NO」，因為台灣牛或進口牛的內酯含量比和牛少。只有不飽和脂肪酸的比例較大、熔點低、口感佳的和牛，才能夠品嚐到無可挑剔的香氣和濃郁口感。

MEMO

冷涮不用冰水涮肉！

所謂的「冷涮」，是指肉片迅速加熱後，再放入冷水裡涮的方式。不過若用冰水等太冷的水涮肉，會因脂肪凝固而使口感變差。請不要使用過冰的水，或是涮過後靜置冷卻即可。

肉質緊實又有彈性！
道地日本味的漢堡排

日本主婦的不敗料理漢堡排，是可以品嚐到肉質鬆軟與大量肉汁的經典肉類料理，這裡將徹底解說在家中做出美味漢堡排的訣竅。

MEMO

牛絞肉：豬絞肉的黃金比例為 6：4

用於製作漢堡排的絞肉黃金比例為牛 6：豬 4，脂肪佔 2 成為佳，也可以此當作基準值，找出自己喜好的比例。最近很受歡迎的 100% 牛肉漢堡排，大口咬下就會品嚐到有彈性的牛肉美味，但缺點是口感容易變柴，因此需要高明的加熱手法。

可同時感受到「鬆軟」與「多汁」才算得上是真正的頂級

用刀叉切開剛起鍋的鬆軟漢堡排，切面瞬間流出肉汁……或許許多人會認為，這就能稱為「頂級漢堡排」。但是，這只是以外觀為主的印象，請想想看，如果那些美味的肉汁在享用之前就全部流到盤子上的話，肉質的水分盡失，根本無法品嚐到肉排的美味。

漢堡排的美味在於鬆軟並帶有彈性的口感，以及咬下去能感受到肉汁在口中蔓延開來的那一瞬間。為了達成這種狀態，重點在於要牢牢掌握「絞肉的揉捏方式」、「成形的方式」以及「加熱的方式」。

訣竅① 絞肉撒鹽後仔細拌勻

撒鹽後再揉捏可以得到的效果

在加入洋蔥、麵包粉和蛋等材料之前，最重要的步驟，是先只撒鹽在絞肉裡再揉捏。此時，絞肉必須在冰涼的狀態，也是不能忽視的要點。

撒鹽之後會溶解出肌原纖維蛋白質的肌球蛋白，繼續揉捏下去就會產生黏性，形成聚在一起的肉團。然後，由於蛋白質形成網眼構造，可大量鎖住水分與脂肪，所以在加熱後肉汁不易流出，完成口感多汁的漢堡排。

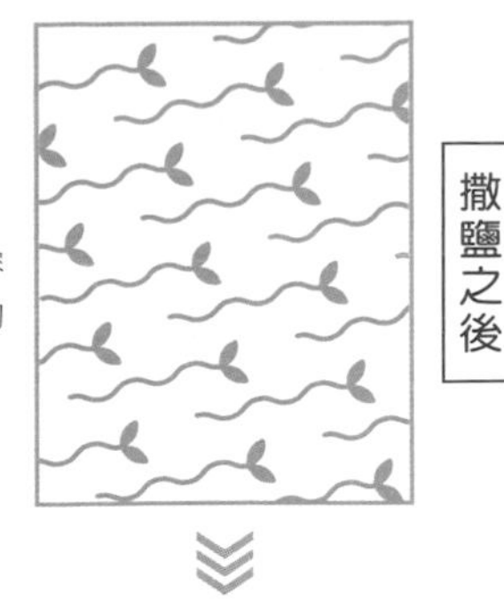

溶解出蛋白質

撒鹽在絞肉裡，就會溶解出肌原纖維蛋白質的肌球蛋白。

增加鎖水性與黏著度

在溶解出肌球蛋白之後再揉捏，蛋白質會變成網眼構造，大量提高鎖水性。

參考：山內文男《食品蛋白質的科學：化學性質與食品特性》P178／食品材料研究會 1986 年

如果溫度過高則不會乳化，也不會揉出黏性

撒鹽並於低溫下揉捏，比較容易產生肌球蛋白的黏性

將絞肉維持在冰涼的狀態

從冰箱裡取出絞肉後馬上揉捏，或是在調理盆裡放冰塊、上面疊著裝有絞肉的調理盆揉捏，都是維持低溫的方法。

在低溫下揉捏比較容易產生黏性

在揉捏絞肉時，重點在於先將肉放在冰箱冷卻，或是將裝有絞肉的調理盆浸泡在冰水之中（如上圖），以維持絞肉的低溫。如果絞肉的溫度升高，肌原纖維蛋白質的肌球蛋白質不會連結在一起，不易產生黏性。此外，揉捏過度也會切斷肉的纖維、無法形成網眼構造，煎烤時就會流出水分，變得硬梆梆、口感乾柴。肌球蛋白要在低溫（參考標準為20℃以下）下揉捏，才比較容易產生黏性、形成網眼構造。

MEMO

備料時避免超過脂肪的熔點

肉品溶解出脂肪的溫度，稱為脂肪的「熔點」，本書 P14 有提到，牛、豬、雞的脂肪熔點都不一樣。在揉捏絞肉時，為避免溫度超過熔點，務必要在冰涼的狀態下處理。從冰箱取出後，直接揉捏是最佳方法。

訣竅② 擠出空氣再成形

用手掌摔打是成形的至要關鍵

撒鹽在絞肉裡再拌勻，待產生黏性之後，加入與牛奶混勻的麵包、蛋、洋蔥、荳蔻等材料。這些材料具有抑制肉的腥味、吸收肉汁、提高黏著度以及形成美味的效果，仔細拌勻即完成肉團。

接著，將肉團拿在手上，以拋接球的方式摔打在另一隻手上，相較於擠出空氣，這麼做的目的是讓漢堡排成形。若要擠出空氣，在調理盆裡摔打幾次肉團會比較有效率。

一隻手拿著肉團，由上往下摔打在另一隻手上，再摔回原來位置。

重複摔打幾次後，就會形成漂亮的橢圓形。塑形成沒有裂痕的平滑表面，也是重點之一。

一開始就在調理盆裡摔打出空氣，比較有效率

放入平底鍋煎時，凹陷面朝上的狀態容易碎裂，因此建議以凹陷面朝下的形態下鍋。

凹陷面不論朝上或朝下都不影響美味

也可以在放進平底鍋之後，再壓出凹痕

在成形後的肉團中央壓出凹痕的意義

整形成肉團之後，在正中央壓出凹痕，是為了要維持起鍋後完整的形狀。這是因為蛋白質收縮時，會使肉團從邊緣開始變小，導致中央部膨脹。將正中央壓出凹痕的肉團，靜置於烘焙紙上，就能在不變形的狀態下移到平底鍋裡，這麼做較省時省力。但事實上，在煎漢堡排時，不論凹陷面朝上或朝下，都可煎出相同的效果。

訣竅③ 美味多汁的火候控制

不要開大火，用小火慢煎

許多人在煎漢堡排時，會想要先用大火把周邊煎硬，但這麼做很容易煎到燒焦。請用中火煎到表面顏色轉變後，再翻面淋橄欖油煎，或是轉小火蓋上鍋蓋慢煎。利用平底鍋裡的水蒸氣循環，從周邊慢慢地傳導熱源，避免肉的表面燒焦。用牙籤插入若流出透明肉汁，就是已經煎熟的證據。或者以肉的彈性來判斷，若邊緣與正中央的硬度一致，則表示完全煎熟。

小火慢煎

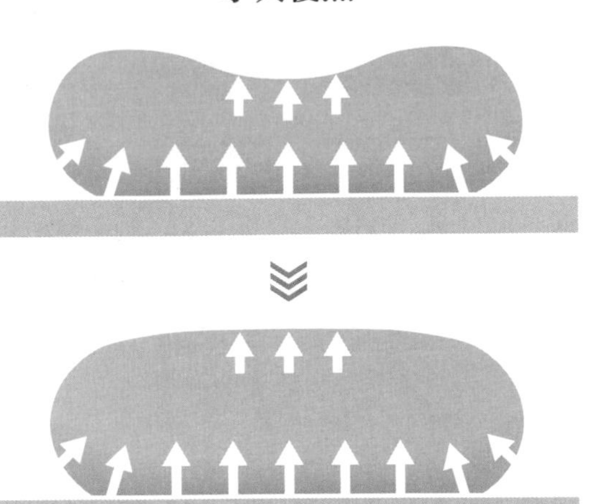

從周邊開始收縮，中心會膨脹

若享用前就流出大量肉汁，美味會打折

切開瞬間就流出肉汁，入口之後能品嚐到的肉汁就會減少。流出的水分中也包含了美味成分，若大量流出，漢堡排的口感就愈乾柴，美味也會扣分。因此要如何鎖住肉汁，成為烹調時的重點。

肉汁不僅存在於肉裡，也包含蛋、麵包粉、洋蔥的水分。由於容易燒焦，烹調後若要用同一把鍋子製作醬汁，先把殘留在平底鍋裡的油倒掉，並用廚房紙巾拭去燒焦的部分，即可使用煎製過程中產生的美味成分製作調味醬。

水分鎖在蛋白質的網眼構造裡的狀態

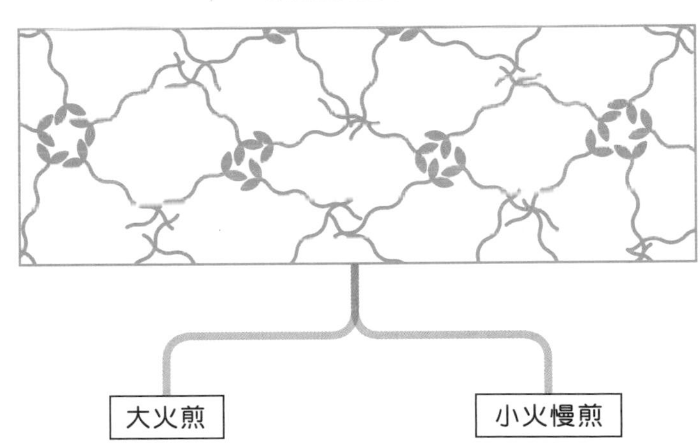

肉汁會流出

水分無法鎖在肉裡，口感變差。

肉汁鎖住

利用小火慢煎鎖住水分，肉質就會變鬆軟。

MEMO

燉煮漢堡排 不必擔心沒煮熟

若要用燉煮的方式製作漢堡排，在表面煎出焦糖色後即可先行起鍋，不必等中心熟透。接著在鍋裡倒入法式紅醬等調味醬，轉小火燜煮，則可在肉質不變硬的情況下完全煮熟，如此也可避免表面焦黑、中心卻沒煮熟的失敗情況。

烤箱機型大不同！
學習用多功能烤箱處理大塊肉料理

說到豪邁大分量的肉料理，就會聯想到烤牛排和烤全雞。現在市面上用來烹調這類料理的烤箱機型分為好幾種，讓我們來看看各種烤箱機種的特色！

旋風烤箱VS一般烤箱各自有優缺點

烤箱不僅有「瓦斯烤箱」與「電烤箱」的分別，還有使用風扇進行熱風循環的「旋風烤箱」，與不用風扇在自然狀態下進行循環的「自然對流式烤箱」。烤箱的原理，主要是利用空氣循環所造成的熱對流與紅外線輻射來傳遞熱源，以此加熱食材。一般來說，瓦斯烤箱比電烤箱升溫快、預熱快；旋風烤箱比一般烤箱的加熱速度快、溫度較均勻。

旋風烤箱（強制對流式）

參考：佐藤秀美《創造美味的「熱」科學》P34／柴田書店 2007 年出版

特徵

- 引發對流、帶動熱風
- 利用熱風的溫度與風勢，改變傳導的熱量
- 風速愈強，表面愈容易乾燥

爐內的大小和熱源的位置，也會造成加熱的差異，因此購入後，請一邊摸索、一邊掌握烤箱的特徵。

烤箱特別適用於長時間低溫烘烤大塊肉類，相較於使用平底鍋，烤箱能夠慢慢地傳導熱源，使表面上焦糖色。具有一定厚度的大塊食材，在烤箱裡烹調的這段期間，會逐漸烤出有香氣的焦糖色；但如果是比較小的肉塊，即使烤熟了也不會烤出焦糖色，此時則要先用平底鍋煎出焦糖色再烘烤。

各類烤箱在加熱能力上的差異

機種	熱導率（$W/m^2 \cdot K$）	利用輻射熱的傳導比例（%）
旋風式瓦斯烤箱	55	25
旋風式電烤箱	42	40
自然對流式電烤箱	24	85
自然對流式瓦斯烤箱	19	50

※以上為市售烤箱的實測案例。旋風式烤箱的數值依風扇的強弱而異，電烤箱則視加熱器的設置位置及溫度而有所不同。／出處：渋川祥子《精通加熱就精通料理》P34／建帛社 2009 年

先煎過再用烤箱加熱？

問題在於是否要在食材上烹調出焦糖色

使用烤箱加熱肉品之前，是否要先用平底鍋煎過，取決於該食材在使用烤箱烹調後，是否會烤出看了令人垂涎欲滴的焦糖色。請依肉的大小及厚度進行調整。

最適合用於燉煮？

大塊肉類最適合使用烤箱

若要燉煮大塊肉類，建議優先採用烤箱加熱的方式。因為用瓦斯爐加熱，容易造成鍋底燒焦，若改用烤箱烹調，不但可以減少攪拌的次數，也能全面地慢慢加熱到熟透。

烤後靜置的理由

利用餘溫煮熟中心部位穩定鎖住肉汁

剛烤好的大塊肉食材，表面溫度比中心部位高溫，使用鋁箔紙包覆，可讓熱源慢慢傳導入中心部位。此外，從外側開始冷卻的方式，可使整塊肉的溫度變得平均，將滿滿的肉汁鎖在裡面。

一般烤箱（自然對流式）

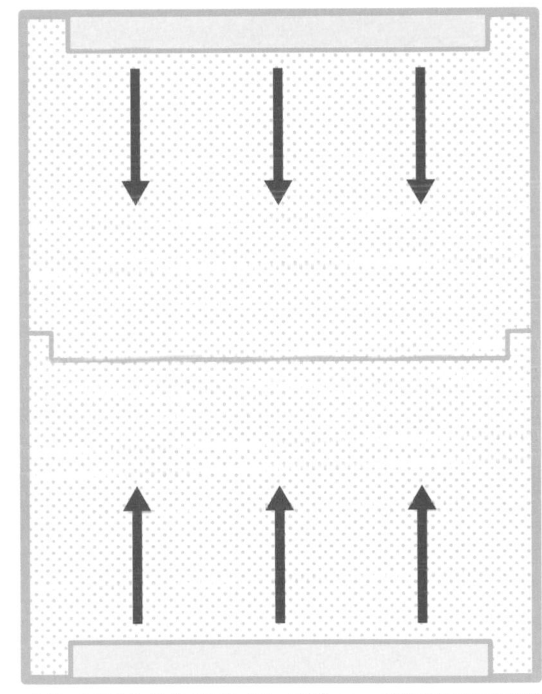

參考：佐藤秀美《創造美味的「熱」科學》P34／柴田書店 2007 年出版

特徵

- 利用紅外線輻射，增加加熱的比例
- 空氣的流動比較少
- 在熱源下方等紅外線集中的部位，加熱速度比較快

酥脆外皮、肉質滑嫩 如何炸出肉汁飽滿的日式唐揚炸雞

雖然很喜歡吃油炸食物，但是似乎有很多人提到油炸就覺得害怕吧？以下教你如何輕鬆做出香脆外皮結合多汁食材的炸物祕訣。

水分與油能確實交換才是理想狀態

所謂油炸，是用大量的炸油加熱材料的烹調方法。將炸雞塊或炸豬排等食材整塊放入炸油裡，主要的作用是要讓麵衣裡的水分蒸發，同時使油進入麵衣，進行水與油的交換作業。充分做好這個步驟，就能夠炸出吃起來咔嗞咔嗞的酥脆

剛開始冒出的泡泡是因為麵衣的水分在蒸發

炸油一經加熱，麵衣含有的水分會因蒸發而冒出泡泡。剛開始的泡泡比較大，隨著麵衣水分減少，泡泡就會變小。

放入的食材表面積約佔油表面積的一半

放太多食材下鍋，會使油溫降低，無法好好達成水分與油的交換作業，因此放入鍋中的食材，不要超過鍋裡油表面積的一半，以此為參考標準。

用「低溫→高溫」的油炸方式可確實逼出油分

第一次用較低的油溫炸，第二次提高溫度再炸一次，這麼做是為了確實逼出油分，利用此變溫油炸的方式，讓炸物吃起來更酥脆。

油要使用新油

使用劣化的食用油炸食物，油會產生黏性等雜質，無法順利進行水與油的交換作業，麵衣也會留下多餘的水分。

料理。

相反地，要是麵衣裡仍有水分殘留，麵衣就會顯得軟趴趴，感覺十分油膩。如果能以水分蒸發的形態，完美炸好麵衣裡的肉，口感就會十分飽滿又多汁。

採用油炸的烹調方法，食物的內部與外側的溫差比較大。有體積大的、比較厚的、帶骨的肉品，加熱的拿捏不容易，因此要以「低溫↓高溫」的油炸方式，把內部炸熟，並仔細瀝乾油分，這是炸出酥脆美食的重要關鍵。

MEMO

麵衣完整包覆好食材才能炸出多汁口感

要仔細完整地將麵衣包覆住食材，才能完整鎖住肉汁，並防止熱油噴濺。如果出現麵衣沒有包覆到的部分，該部分的水分會流失、食材會變硬，因此沾麵衣時務必細心處理。

油炸肉品時的食材變化

先蒸發麵衣的水分

將材料放入油鍋裡，水分會從麵衣的表面滲出，油分進入麵衣。斗大的泡泡伴隨著咕嚕咕嚕的聲音浮出。

暫時平靜下來

這是麵衣的水分釋出的證據，在油鍋暫時平靜下來時，蛋白質會慢慢開始凝固。

鍋中食材的水分釋出發出「噗哧」的微小聲音

食材中心的溫度上升，因蛋白質的凝固與收縮，食材裡的水分得以釋出、蒸發，慢慢發出較大的聲音。

視加熱的方式改變最後的火候

要加熱到熟透，可繼續油炸下去。若要炸出軟嫩的肉質，可起鍋並利用餘溫繼續加熱。

各種炸物的最佳油炸溫度&時間

	開始油炸		起鍋前
日式炸雞	160℃ 4分鐘	》	180℃ 1分鐘
炸豬排	160℃ 4分鐘	》	180℃ 1～2分鐘

※日式炸雞使用雞腿肉，切成4平方公分的肉塊；炸豬排使用厚度2公分的里肌肉切片。
※上述條件所放入的食材，分量約為鍋中油面積一半以下。油溫固定，不可忽高忽低。

MEMO

購買冷凍炸物請注意

市面上的冷凍食品，包括已加熱處理過的熟食以及必須再加熱的半成品，此兩者外觀很相似，但是半成品的裡面是生的，為了避免食物中毒，務必要加熱到熟透為止。

肉食狂熱者必看！

東京排隊名店的五種人氣肉料理

2

各肉品部位 每天都想吃的家常菜肉料理10道

在家裡也能做出餐廳等級的料理！本章介紹讓你可以在親朋好友面前大秀廚藝的食譜，徹底解說肉的不同部位、厚度、溫度與烹調方式之間的美味關係。不論是平日的家常菜，或是特地為客人所設計的菜色，肯定都會讓人讚不絕口！

Mardi Gras的極品牛排調理技法

好想大塊咬下牛肉！有這個想法的時候，大部分人應該都會直接去餐廳吃大餐。不過，看過本書內容之後，以後你就能在家重現專家級的美味牛排。以下就讓大廚親自傳授三星級的頂級牛排，從準備材料到烹調過程中的所有細節與重點。

如何看厚度
決定牛排的烹調方式？

進口牛與和牛，
處理方式有什麼不一樣？

傳授祕訣的大廚是…

Mardi Gras
和知徹　先生

在法國研習多年後，回到日本歷任各大餐廳的主廚。2001年起自行創業，在東京銀座開設法國餐廳「Mardi Gras」。

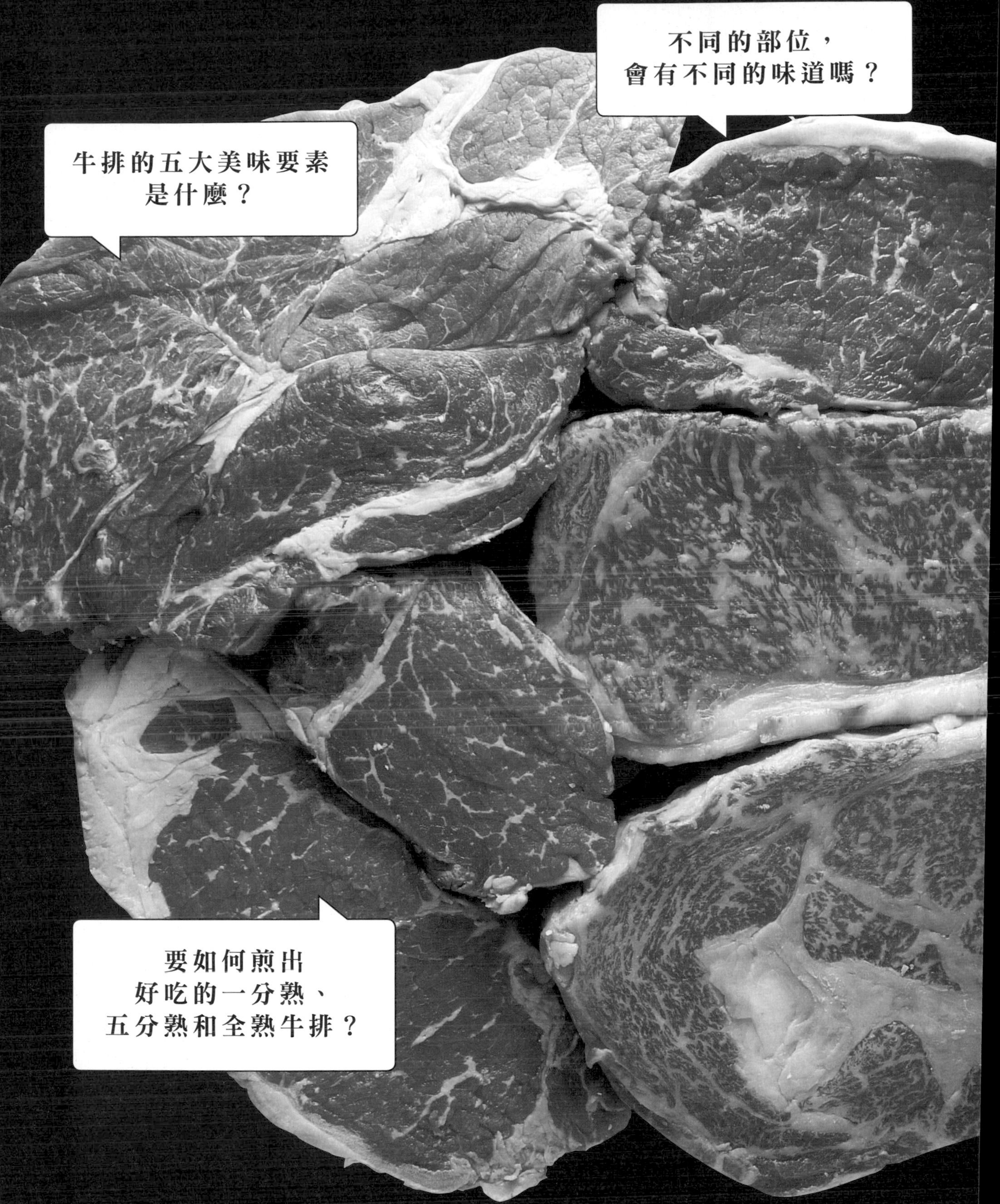
牛排的五大美味要素
是什麼？
不同的部位，
會有不同的味道嗎？
要如何煎出
好吃的一分熟、
五分熟和全熟牛排？

大廚不藏私傳授 煎出鮮嫩多汁 牛排的5大要素！

決定好要使用哪種肉之後，就開始在這塊肉施展魔法，把它變成超豪華的牛排大餐吧！從預調理到起鍋擺盤，有以下五項絕對不可偷工減料的要素，想做出餐廳等級的牛排，請牢記這幾個重點。

1 鹽的用量・油的種類

連細節都毫不馬虎
才能品嚐到食材原始的美味

應該有不少人會喜歡在肉排上淋調味醬，享受其中的甜鹹口感。不過，如果能視肉的重量抓準鹽的用量，即使不加調味醬，也能吃出這塊肉原始的美味。此外，根據肉的種類及厚度選擇正確油品，也是一項重點。在準備材料時，請務必堅持這一點。

2 火力

根據平底鍋裡的狀態
調節火力以維持穩定溫度

煎出美味牛排的祕訣，是維持平底鍋裡的穩定溫度。雖然在食譜裡會提示各道工序的火力，但是辨識當下的狀態、根據冒出的氣泡狀態及煎製時發出的聲音，適當地調節火力，也是很重要的一個環節。最後，有時也會在熄火後，繼續利用餘溫完成烹調。

3 澆淋

一邊煎烤，一邊淋油
讓肉裡釋出的美味持續循環

一面用鍋裡的熱油淋在牛排上，一面持續煎製，這種烹調方法即稱為「澆淋」。在煎牛排時，這道工序很重要。鍋中的油脂帶有肉的美味，再將慕絲狀氣泡淋在肉上面，藉由這個動作讓肉汁不斷循環，即可煎出充滿美味的肉料理。在進行澆淋時，將平底鍋傾斜，比較容易起泡泡。

4 香氣

從帶著甜味的香氣開始，
烹調出肉香四溢的牛排

如果使用奶油煎牛排，剛開始會產生像瑪德蓮小蛋糕般、帶著甜味的香氣，但慢慢地會轉變成濃醇的肉香。若不慎燒焦的話，會產生苦香味，在烹調過程中，也請注意此「香氣」的變化。料理過程中請避免過度觸碰牛排，才能產生表面煎成棕色、香氣濃郁的「梅納反應」。

5 聲音

仔細聽著劈劈啪啪作響的聲
音，掌握烹調的節奏感

在煎牛排的過程中，會聽見劈劈啪啪作響的聲音，將此聲音的節奏控制在一定範圍內也很重要。說到這個「速度感」，如果是較厚的肉片是 8 拍，若是較薄的牛排則是 16 拍，請以此作為參考標準，選擇最適當的煎牛排溫度，若聲音的速度太慢，就要將火力轉強。

瞭解各部位的肉質特色 開始體驗煎牛排的樂趣

部位×美味的關係

想要大口吃肉 就要選里肌肉或肩胛里肌肉

想煎出美味的牛排，就從選對部位開始。一般比較容易買到的牛里肌肉，分別為後腰脊肉（沙朗）、肋眼、肩胛肉等三個部位。後腰脊肉和肋眼的肌理比較細且柔軟，肩胛肉的特徵為纖維較粗、富有嚼勁，請依預算和喜好選購。

至於位在背骨內側的菲力肉，此部位的特徵是肌理非常細密，能夠品嚐到清爽的口感。使用與里肌肉相同的煎烤方式，就能完成美味的料理。

牛里肌肉（進口）

與日本和牛相較之下，霜降比例較低，可品嚐到紮實的瘦肉。據說以冷藏方式保存進口的肉品，會比用冷凍方式保存的肉品更為多汁。

牛肩胛肉（進口）

筋稍微偏多，煎過久的話肉容易變硬，因此在烹調到某種程度之後，可利用餘溫加熱，待肉汁穩定了再進行分切。

牛菲力肉（進口）

跟日本和牛的菲力比起來，肌理比較粗，但價格比較便宜。只要不煎過頭，就能嚐到軟嫩的牛肉美味。

牛排的烹調方法依進口的國家而有所不同!?

品種×美味的關係

帶有油花的日本和牛不需要用奶油煎

雖說一樣是牛肉，但如果任何部位都用相同的方法煎，可能會喪失原本肉質的美味。日本和牛與其他國家的進口牛之間，油花（瘦肉裡呈網眼狀分布的脂肪）的分布有很大的差異，因此最好能根據油花分布的狀況處理。

和牛具有充足的油花，其脂肪擁有像奶油的作用。透過煎製而融化、產生焦痕，如此才能煎出風味絕佳的肉排。

至於其他油花不太多的進口牛，為了增加濃郁口感，煎製時建議使用奶油。

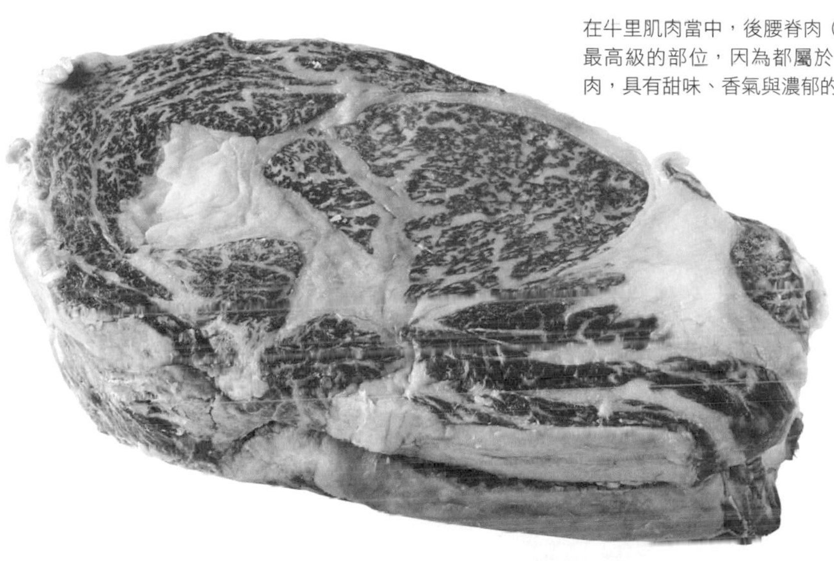

牛里肌肉（和牛）

在牛里肌肉當中，後腰脊肉（沙朗）、肋眼是最高級的部位，因為都屬於油花豐富的霜降肉，具有甜味、香氣與濃郁的口感。

熟成牛里肌肉（和牛）

利用濕式熟成的手法製成的牛肉，以牛肉本身的天然酵素熟成，去除多餘水分並達到軟嫩多汁的效果。

MEMO

和牛與其他進口牛的肌肉纖維

肌肉的纖維束愈細，肉質就愈軟嫩。運動量較少的和牛，由於纖維比較細，所以肉質更為軟嫩；相反地，其他進口牛的纖維束比較粗，口感會比和牛稍硬。

撒鹽方式 × 美味的關係

鹽的用量要精確測量，從上方均勻地撒在肉上面！

建議先混合鹽和胡椒比分開處理更有效率

鹽的用量要用量匙精確量取，最好使用可以測到微小重量的電子秤。

量好的鹽先和胡椒均勻混合，再撒在肉的表面，會比分開撒在肉上更有效率。胡椒的主要用途是去除肉的腥味，除此之外，也有提香的作用，胡椒特有的辣味和肉的風味相互調和之下，會讓肉變得更加美味。從肉表面的胡椒粉分布狀態，即可判斷出是否整塊肉都有撒均勻。

混合鹽和胡椒

參考肉的重量，量取適量的鹽（用量請參考 P53）。

以 1/4 小匙為參考標準，加入胡椒拌勻。

撒遍整塊肉

將肉放在盤子裡，並從較高的位置撒上胡椒鹽。

側面也要撒均勻。

最後用肉去抹盤子，把所有的胡椒鹽都能均勻沾在肉上。

掉落在盤子裡的胡椒鹽也要全部沾上！

鹽的用量&油的種類 × 美味的關係

鹽的用量正確 更能發揮出肉的美味

光是準確地拿捏鹽的用量，就能使肉排更美味。另外一個重點，在於要使用粒子比較小的細鹽，若使用粗鹽，肉汁很容易流失。撒鹽之後靜置的時間、鹽的粒子粗細，都會影響到肉質。

油的種類則關係到加熱時的溫度。奶油的水分多，因此容易維持低溫，適合慢慢澆淋較厚的肉排；相反地，橄欖油溫度偏高，適用於快速煎且厚度較薄的肉排。

根據肉的厚度，拿捏鹽的用量與油的種類，完成頂級美味

厚度 1.5cm

鹽用量

牛排重量的 **0.8%**

&

油的種類

＋

橄欖油　　奶油

較薄的肉排重量大約落在100～150克之間，鹽用量與肉的重量比，以0.8%為最佳狀態。先用高溫加熱過的橄欖油煎單面，最後加入奶油以增添風味。

厚度 3cm

鹽用量

牛排重量的 **1%**

&

油的種類

只用奶油

厚度紮實的肉排，要撒牛排重量1%的鹽量。以加溫過的奶油，花時間一邊仔細澆淋，一邊加熱到內部。

厚度&煎法×美味的關係

目標是完成飽含鮮美肉汁的牛排

煎牛排的過程，其實就是在去除肉的水分。透過去除水分的步驟，將美味濃縮、香氣增強、口感變硬。請一邊想像心目中的完美牛排，也就是希望煎出什麼樣的成品，一邊進行動作。

較薄的牛排，中心部較快煮熟、肉汁容易流失，因此只煎單面；較厚的肉排，中心部不易煮熟，因此用較低的溫度澆淋，仔細將每一面都煎到喜好的狀態。

薄片牛排煎單面，厚片牛排煎兩面是基本原則！

厚度 5cm

一面澆淋熱油，一面將熱源傳遞到整塊肉排上。

每一面都仔細慢煎，即使是較厚的牛排也能確實煎熟。

厚度 1.5cm

以均勻預熱過的油，將其中一面煎出漂亮的色澤。

翻面後利用餘溫加熱，煎出外側酥脆、裡面濕潤的成品。

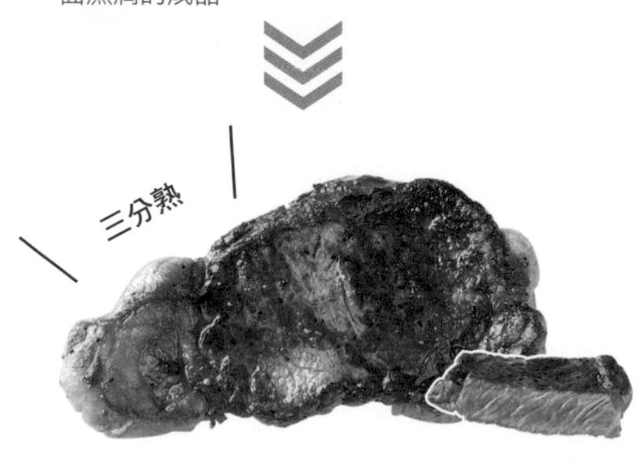

牛排熟度 × 香氣&聲音 美味的關係

根據顏色、油泡、聲音，判斷牛排的熟度

牛排的熟度分好幾種，這裡區分成一分熟、三分熟、全熟等三階段來介紹。

決定好想要的牛排熟度之後，根據自己的喜好澆淋、進行煎製。此時的重點，不只是觀察牛排的顏色，也要注意從奶油或油裡冒出氣泡的狀態、香氣、滋滋作響的聲音，視狀況調整火力。請參考下表的說明，找出最佳狀態。

利用香氣與聲音分辨一分熟～全熟的狀態

＼ 這些是基本！ ／

	全熟	三分熟	一分熟
熟度	 帶有光澤，雖然不會從剖面流出肉汁，但也不會乾澀。中心略呈粉紅色，肉質濕潤、極富彈性，味道也很濃郁。	 外側煎到不會變硬，內側幾乎維持紅色。整塊肉煎成相同的口感，不但比較容易咀嚼，也能感受到肉汁和美味。	 只微煎表面，內側大致呈生肉狀態。肉沒有收縮，大小跟原本一樣。想要品嚐到美味，肉的加熱程度很重要。
火力	肥肉部分以中火煎，但是基本上用小火慢煎。以香氣和氣泡等狀態作為判斷依據，調節火候以確實煎熟整塊肉。	一開始放入奶油，開中火煎肥肉。採用澆淋的方式時，基本上都是用中火，火太大的話，則轉小火以避免燒焦。	以中火加熱，煎到奶油的水分釋出、產生氣泡後，放入肉排。一邊用中火煎、一邊注意不要燒焦。
澆淋	從開始煎肉時就澆淋，慢慢地讓肉汁循環並加熱。用比處理三分熟更弱的小火，花時間慢慢地澆淋，是煎到全熟又不乾澀的最大祕訣。	一點一點地從四面用澆淋方式加熱，讓肉汁充分循環。自訂每一面的煎製時間，確認產生香氣與氣泡的節奏，就能煎出理想狀態。最後以叉子撈起肉排，利用餘溫加熱。	熱鍋後放入奶油，採取澆淋的方式加熱。開始煎時，奶油已充分加熱，所以當熱油淋在肉的表面就會馬上泛白，持續不斷地翻面、澆淋。不要過度加熱，就能成功烹調到一分熟的狀態。
香氣	從奶油帶著甜味的香氣，轉變成肉的香氣。香味的特徵是比三分熟的感覺更紮實，能感受到濃郁的肉香精華。	澆淋時，剛開始會散發出像瑪德蓮蛋糕一般的奶油甜香，然後慢慢轉變成凝縮著美味的肉香。	從最初的澆淋階段，就已經很接近全熟時最後濃縮的香氣。因此，在最後收尾時，會釋出相當濃郁的香氣。
聲音	雖然幾乎全程用小火煎，但是要一直保持著劈劈啪啪的聲音。	固定聲音的節奏很重要，若節奏變快就要轉小火。	由於溫度高，因此要一直保持著劈劈啪啪如跳動般的聲音。

進口牛里肌肉（厚度1.5cm）

單面煎（牛排）

較薄的肉排用橄欖油只煎單面

材料（1片）

進口牛里肌肉（厚度1.5cm）…1片
A 鹽…肉重量的0.8%
胡椒…適量
橄欖油…1大匙
奶油…10g

預先調味

1 在要煎肉的前一刻將牛排從冰箱取出，撒上A（詳見第52頁）。

正式烹調

2 將橄欖油倒入平底鍋，以中火確實加熱。若想在更短時間裡煎好肉，這個預熱的步驟很重要。

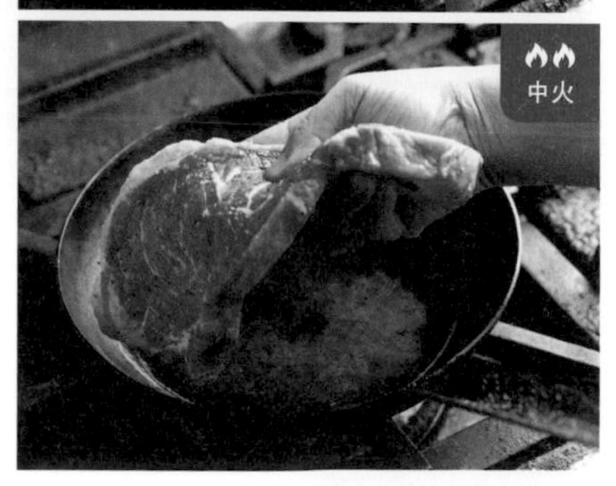

3 開始聞到香氣後，放入步驟1的牛排。在產生氣泡、發出劈劈啪啪的聲音之前，都不要觸碰牛排。

4 以持續發出聲音的狀態，繼續煎到側面泛白前，此時都還不可以翻動。

5 待側面約有7～8成泛白後，提起肉排檢視焦糖色，若整面顏色都已經煎得很平均，就可以翻面。

6 將鐵串插入肉裡，再將鐵串觸碰嘴唇試探溫度，如果熱度接近泡澡的熱水時，則表示OK。

7 加入奶油，待奶油融化後熄火。將奶油淋在肉上面，靜置2分鐘，以餘溫加熱。

MEMO

單面煎7～8成的程度最為恰當

厚度比較薄的牛排如果兩面都煎過，肉汁會流出，口感會變得不好。因此翻面後以餘溫加熱即可，收尾時用奶油增添濃郁感。

三分熟

進口牛里肌肉（厚度5cm）

三分熟（牛排）

較厚的肉排
只用奶油煎兩面

材料（1片）

進口牛里肌肉（厚度5cm）…1片

A 鹽…肉重量的1%
　胡椒…適量

奶油…40g

預先調味

1 在肉上面撒上A（詳見第52頁），在室溫下靜置1小時左右。

正式烹調

2 將奶油放入平底鍋，以中火加熱到融化後，放入步驟1有肥肉那一面。火候維持在讓奶油微焦的顏色。

3 持續煎5分鐘之後，肥肉面呈現平均的焦糖色即OK。注意，從頭到尾都要小心避免奶油燒焦。

4 將鍋子略傾斜，肉排放平，在肉排上澆淋慕斯狀氣泡，持續動作到整片都呈現均勻的焦糖色，煎7分鐘。

中火　煎製時間 7分

5 豎起肉排，一邊澆淋、一邊煎5分鐘，在翻面時，火候要控制在維持慕斯狀氣泡的狀態。

6 另一側也要仔細澆淋慕斯狀氣泡、煎7分鐘之後將火轉強，將肉汁收乾使成呈現有光澤的模樣，熄火。

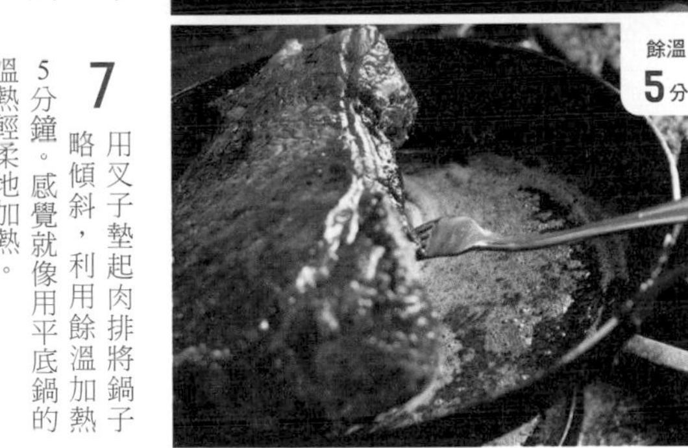

7 用叉子墊起肉排將鍋子略傾斜，利用餘溫加熱5分鐘。感覺就像用平底鍋的溫熱輕柔地加熱。

煎成三分熟的祕訣！

所有步驟都不可馬虎

香氣一開始會帶著甜味，然後調整火候直到煎出香氣。最後，澆淋能夠增加光澤的肉汁、利用餘溫加熱。在煎製的過程中，儘量不要觸碰到肉排。

光澤鮮艷，賣相佳！

進口牛里肌肉（厚度5cm）

一分熟（牛排）

一開始就澆淋肉汁
讓美味循環

材料（1片）

進口牛里肌肉（厚度5cm）…1片

A 鹽…肉重量的1%
　胡椒…適量

奶油…40g

預先調味

1 在肉上面撒上A（詳見第52頁），在室溫下靜置3小時以上。

正式烹調

2 將奶油放入平底鍋，以中火加熱並確實提高溫度。當氣泡開始消失時，放入步驟1從肥肉開始煎。

3 在中火的狀態下，一邊澆淋，一邊仔細煎肥肉3分鐘。適時地調節火力，以免燒焦。

中火 煎製時間 3分

4 將肉排放平，煎大面積肉排。由於油溫很高，澆淋肉汁時肉色會變白。持續澆淋肉汁並煎3分鐘。

中火 煎製時間 3分

5 持續澆淋，將肉排豎起，煎1分鐘。此時的目的在於提升肉的溫度，不要加熱太久。

中火 煎製時間 1分

6 持續澆淋，另一側也煎1分鐘。

7 用鐵串確認是否已經煎好（詳見第56頁步驟6）。不用餘溫加熱，直接起鍋。雖然沒有煎出焦色，但是呈現帶有香氣的狀態。

MEMO

「一分熟牛排」與「炙燒」的差異

裡面雖然還是生肉
但是有溫熱感！

牛排要烹調成一分熟時，不可像炙燒那樣只用火焙烤，要不斷用肉汁澆淋整面肉排，才能製作出真正的多汁美味。

進口牛里肌肉（厚度5cm）

全熟（牛排）

慢慢地煎
仔細去除水分

材料（1片）

進口牛里肌肉（厚度5cm）…1片

A 鹽…肉重量的1%
胡椒…適量

奶油…40g

預先調味／正式烹調

1 在肉上面撒上A（詳見第52頁），在室溫下靜置約2小時左右。將奶油放入平底鍋，以中火加熱到融化。

2 從有肥肉面開始煎，上色後轉小火，以不斷冒出的細密氣泡澆淋加熱。

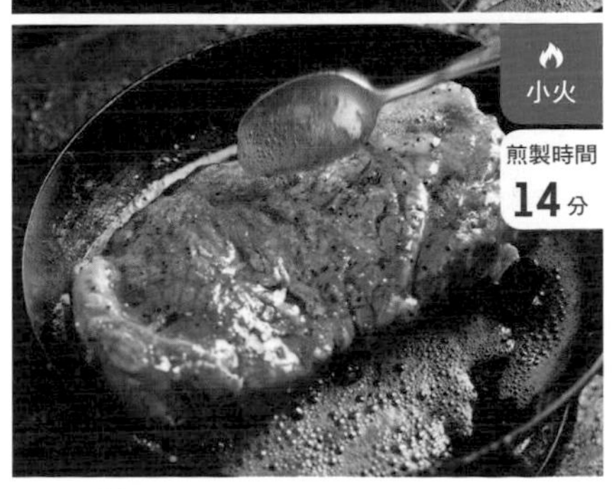

3 待適度上焦糖色之後放平肉排，從大面的肉排開始煎。煎製時間14分鐘，加熱期間反覆澆淋4次左右。

4 一邊澆淋並將肉排豎起，一邊煎肉。調節火候，以便能維持劈劈啪啪作響的聲音與氣泡。

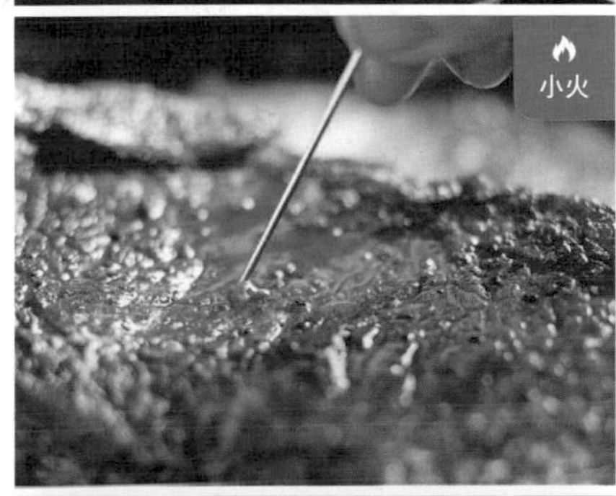

5 另一側也進行煎製，用鐵串插入肉裡，若流出紅色肉汁，則表示OK。這裡仍要繼續澆淋的動作。

6 一邊頻繁澆淋、一邊煎5分鐘，熄火後利用餘溫加熱。此時，肉汁會滲出到肉的表面。

7 翻面，再以餘溫加熱3分鐘。

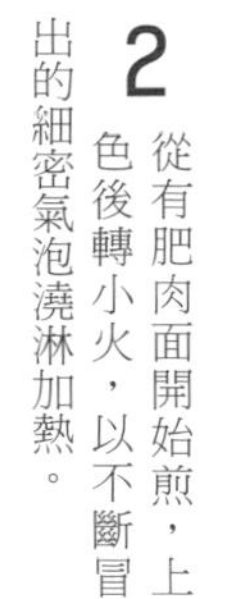

煎成全熟的祕訣！

中心部位只保留些微的粉紅色

以小火慢煎即可去除水分、濃縮精華，能夠品嚐到強烈的美味。在紅色肉汁未流失一滴的狀態下煎肉，就能完成美味可口的全熟牛排。

美味成分最濃郁

和牛熟成肉（厚度5cm）

三分熟（牛排）

材料（1片）

和牛熟成肉（厚度5cm）…1片

A 鹽…肉重量的1%
　胡椒…適量

葵花油…1大匙

預先調味

在肉上面撒上A（詳見第52頁），放進冰箱保存一夜，要煎之前的2小時前取出，置於室溫下備用。

正式烹調

1 將葵花油倒入平底鍋，以中火加熱到微微冒煙後，將有肥肉的一側煎成褐色，煎製時間3分鐘。

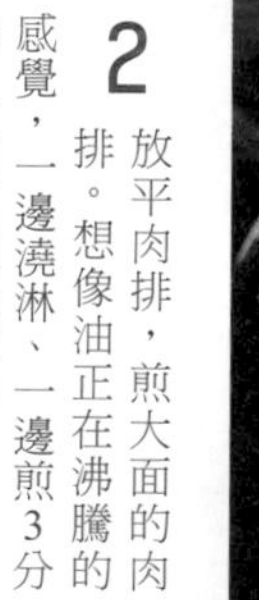

2 放平肉排，煎大面的肉排。想像油正在沸騰的感覺，一邊澆淋、一邊煎3分鐘，直到呈現焦黃色。

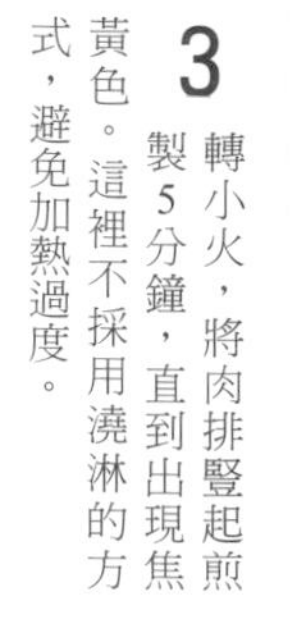

3 轉小火，將肉排豎起煎製5分鐘，直到出現焦黃色。這裡不採用澆淋的方式，避免加熱過度。

4 持續以小火煎另一邊的側面。肉汁最好能澆淋到幾乎收乾的狀態，因此火候不宜加強。

5 稍微翻開肉的背面檢視，如果焦糖色不夠，則要稍微加強火候。想像牛排在油裡做半身浴的情境，煎出焦黃色。

6 熄火，用叉子墊起肉排，並將鍋子傾斜，利用餘溫加熱15分鐘，約與煎製時間相同。

煎熟成肉的祕訣！

利用「油浴」烹製 外觀和味道都超棒！

用足量的油煎！

若要用平底鍋處理不易掌握加熱方式的熟成肉，就要採用「油浴烹調法」。如此一來，容易煎出漂亮的焦糖色，也不易流失肉汁，絲毫不辜負熟成肉的美味。

MEMO

「煎烤」和「油浴」的差異

所謂油浴，是以中火將足量的油加熱到沸騰狀態、再將肉放在沸騰的油裡加溫烹調的方法。相對於油浴，煎烤是單純以大火加熱的油烹調肉類，比較常用於煎一分熟肉排的情況。

進口牛肩肉（厚度5cm）

三分熟（牛排）

剖面大的牛排
正反兩面都要煎

材料（1片）

進口牛肩肉（厚度5cm）…1片
A 鹽…肉重量的1%
　胡椒…適量
葵花油…6大匙
奶油…10g

預先調味

肉置於室溫回溫，撒上A（詳見第52頁），靜置2小時以上。

正式烹調

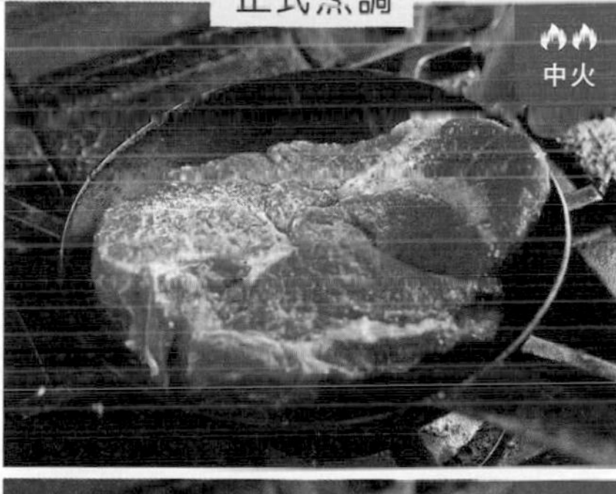

1 將葵花油倒入平底鍋，以中火加熱到微微冒煙後，將肉放入鍋裡。此時，鍋裡會泡出氣泡。

2 一邊澆淋、一邊加熱，煎5分鐘到肉的側邊下半部顏色變白的程度。

3 將肉抬起來檢視焦糖色，若背面呈現褐色則可翻面。

4 加入奶油直到融化，以增添風味。

5 一邊澆淋，一邊續煎5分鐘。等背面呈現褐色後熄火。

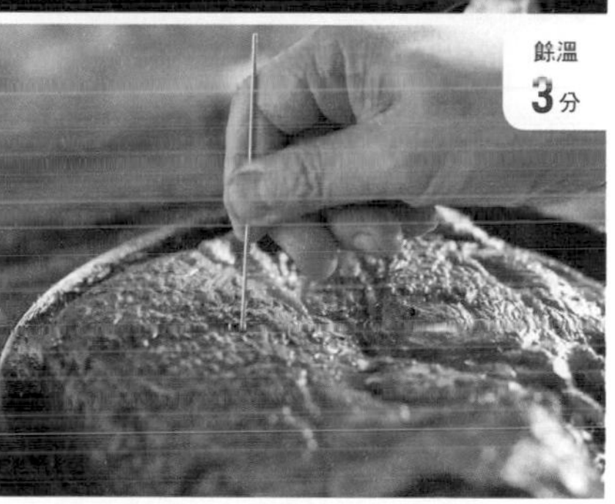

6 用鐵串確認是否已經煎好（詳見第56頁步驟6）。直接放著，讓肉在鍋中靜置片刻。

MEMO

煎好後靜置的時間

牛排煎好後靜置的時間，通常與煎製的時間相同，但是近年來美國牛的油花少，靜置過久會泛白，所以靜置時間要稍微縮短一些。牛排起鍋時，中心部位最紅、向外側的顏色逐漸變淺，這種不明顯的漸層色為最佳狀態。牛排的色調落差若太大，口感會變差。

有關平底鍋的尺寸與用油

這裡使用的是直徑24～25公分、尺寸偏小的鐵製平底鍋，若使用較大的鍋子，油的用量會增多，而且有油溫容易降低的缺點。

人氣肉料理②

Le Mange-Tout的黃金脆皮鮮嫩烤雞

說到烤雞，就會令人聯想到聖誕大餐的主食，外觀美味、酥脆焦香的外皮以及多汁柔軟的帶骨肉。這裡要傳授的食譜，是使用全雞、橄欖油、鹽的簡易食譜。請利用這位知名餐廳大廚親自傳授的方法，好好享受頂級的滋味！也可以在家裡依個人喜好調整烹調方法，自由變化出屬於自己的創意。

部位 × 美味的關係

使用全雞可以享受到各種不同的味道

使用整隻雞製作的烤雞，具有特別的美味。烤全雞的祕訣之一，是用低溫從雞的腹部空洞處逐漸向外傳導，如此一來就能享受到以高溫無法製造出的軟嫩與多汁。此外，可以在餐桌上分切，一次享用到各種不同部位，也是烤雞的魅力。雞腿肉、雞胸肉、雞翅膀與雞骨頭周邊等，不同的味道總令人吃不膩。想要製作出美味的烤雞，第一個重點就是懂得如何挑選全雞，因為脂肪含量的不同會決定味道的差異，請參考下方的說明。

第一次烤雞，就挑戰烤全雞！

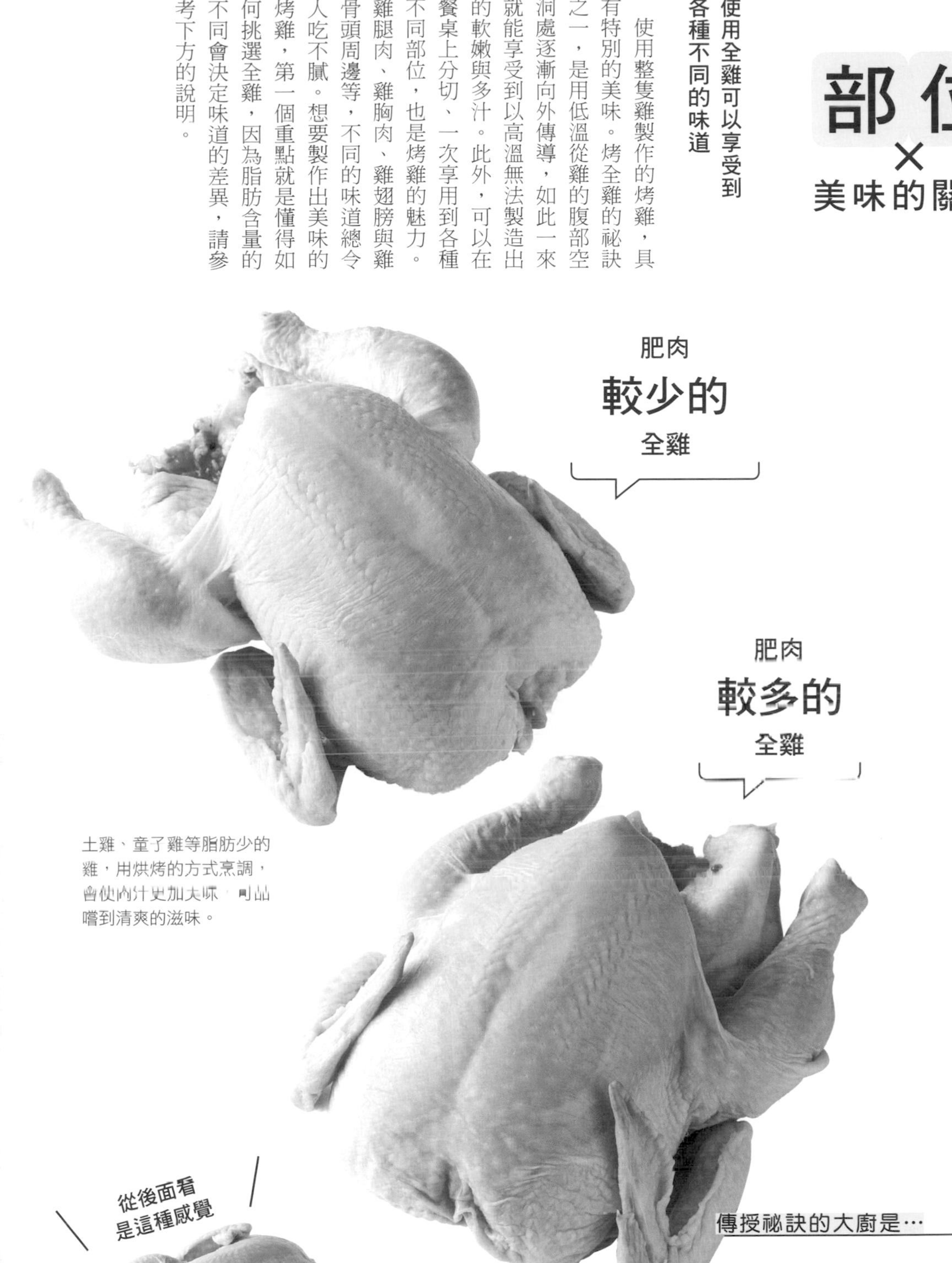

土雞、童子雞等脂肪少的雞，用烘烤的方式烹調，會使肉汁更加美味，可品嚐到清爽的滋味。

脂肪偏多的雞，在用平底鍋煎烤時，一邊澆淋從雞身上流出的油脂與肉汁，一邊將皮煎到酥脆。

傳授祕訣的大廚是…

Le Mange-Tout
谷昇　老師

曾二度前往法國三星級餐廳進修，鑽研法式料理。1994 年於東京新宿開幕的「Le Mange-Tout」，連續 12 年榮獲米其林 2 顆星的殊榮。

形式 × 整方 美味的關係

餐廳講究美觀 在家裡採用簡單的方法即可

在餐廳裡提供的烤全雞，由於要講求視覺上的美味，如何烤得漂亮也很重要，因此會使用烹調專用長針和棉線，謹慎地整形。花費的工時自然不在話下，因此有接受專業訓練的必要。

如果是在家裡製作，就不需要那麼費工，只要烤得好吃即可。本書會在第70頁詳細介紹，任何人都能上手的烤雞簡易整形方法，烤好時雖然有點醜，不過味道絕妙，請務必嘗試看看。

專業用與家庭用的處理方式，味道有差異嗎？

\ 廚師的基本方法！ /

專業用

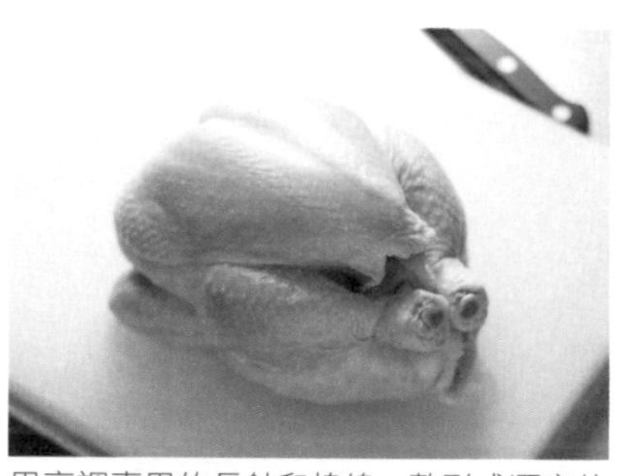

用烹調專用的長針和棉線，整形成漂亮的外觀。

用烤箱烘烤

〇 外觀漂亮 味道也是頂級

這就是烤得很漂亮的烤雞，按照P66的步驟，用長針和棉線仔細整形，在分切時就能輕鬆拆下棉線，漂漂亮亮地上桌招待客人。

\ 輕鬆不費工 /

家庭用

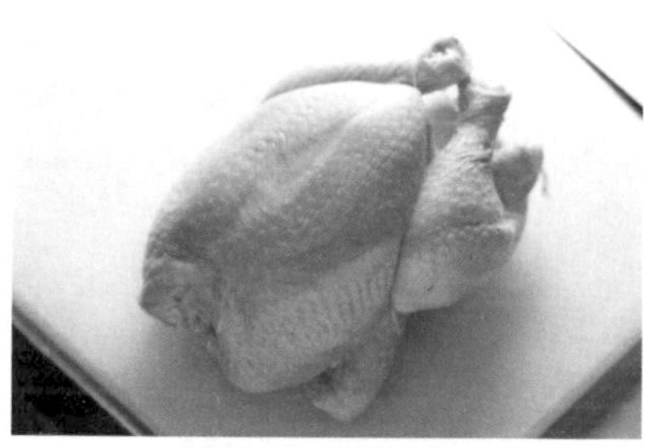

以腿的下端為中心，用棉線綁牢即可。

用平底鍋煎

〇 即使外型看起來狂野 味道卻一級棒

以方便為主、簡單地整形，用平底鍋煎，腿肉會稍微分開變形。雖說如此，卻不影響到美味，建議在家裡採取這種輕鬆的方法。

烤箱和平底鍋，用哪一個煎烤比較美味？

煎烤方式×美味的關係

要整隻烤得均勻 還是把表面烤得酥脆？

使用烤箱時，熱源會在烤箱裡產生對流，從四面八方平均地對整隻雞加熱；使用平底鍋時，加熱方式是由下往上，周邊的空氣也受到影響而提高溫度，從而產生對流。不過，由於熱氣會向外流散，所以要一邊翻轉肉、一邊澆淋、一邊煎烤（詳見第71頁）。

使用平底鍋比較費工，但兩者的成品都很美味，難分高下。可根據剛起鍋的香氣與外側的上色程度，依照個人喜好選擇加熱狀況。

平底鍋

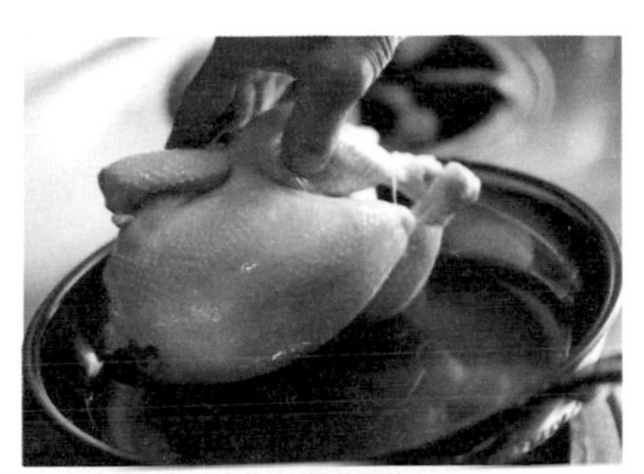

從腿部開始煎，再往整體煎烤。

將含有從肉的細胞膜滲出蛋白質的水分，不斷澆淋、煎烤到最後。

○ 表面呈現酥脆感，煎烤得香噴噴

熱源從肉的下方傳導到上方，慢慢地加熱。加熱時反覆澆淋肉汁，煎得皮焦黃酥脆是其特徵。

烤箱

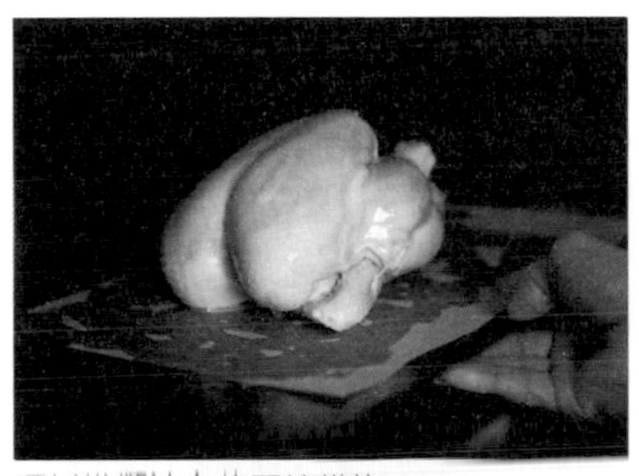

抹好橄欖油之後開始烘烤。

不停改變方向、抹橄欖油，並繼續烘烤。

○ 整體均勻地烘烤上色 口感鬆軟、清爽

以設定好的溫度產生對流，可均勻地烘烤整隻雞。雖然肉容易收縮，但出爐後口感鬆軟。

用烤箱烤全雞

〔油脂較少的烤雞〕

十分講究外觀的正統派！

材料

整隻雞（內臟掏空、去除水分）…1隻（800g～1kg）
橄欖油…適量
鹽…適量

調整形狀

1 先取出雞的鎖骨。將整隻雞的背部朝下放置，用菜刀順著倒V字的鎖骨淺淺地切開。

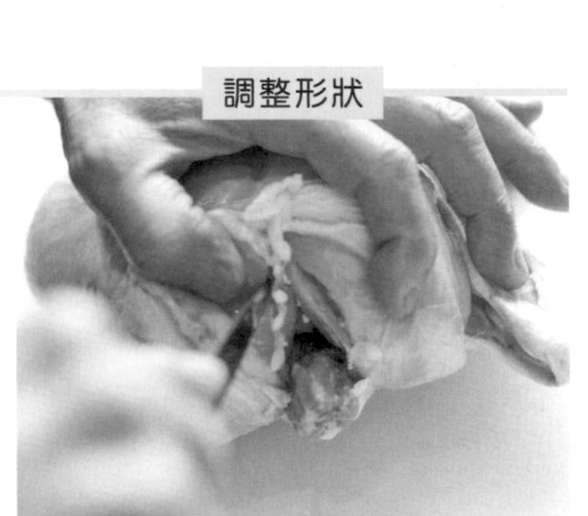

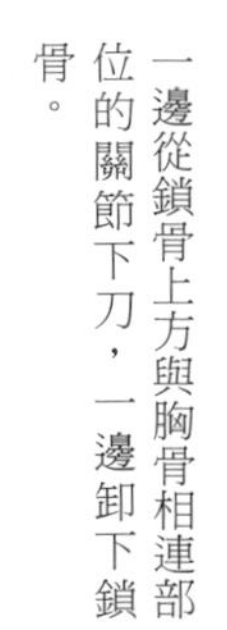

一邊從鎖骨上方與胸骨相連部位的關節下刀，一邊卸下鎖骨。

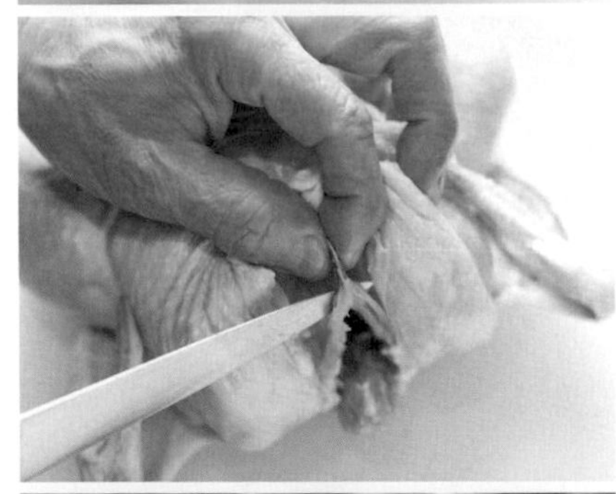

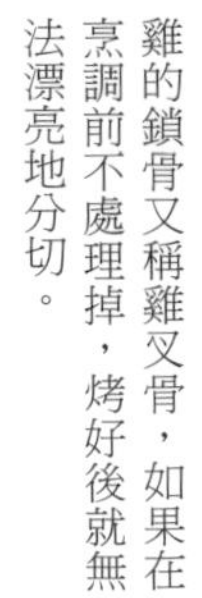

雞的鎖骨又稱雞叉骨，如果在烹調前不處理掉，烤好後就無法漂亮地分切。

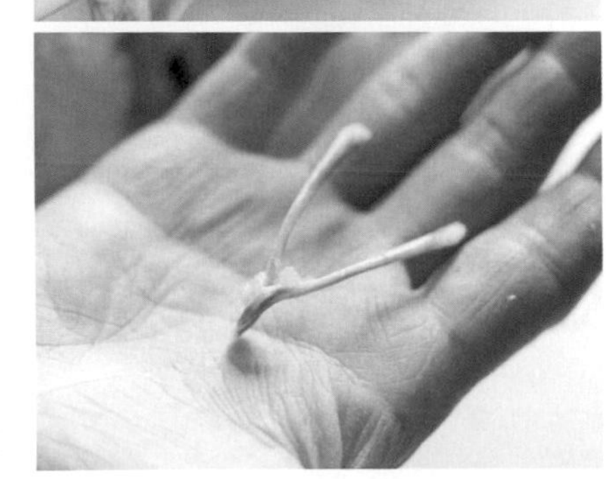

2 接著，去除頸部的關節。將菜刀插入雞脖子裡面，切斷關節。

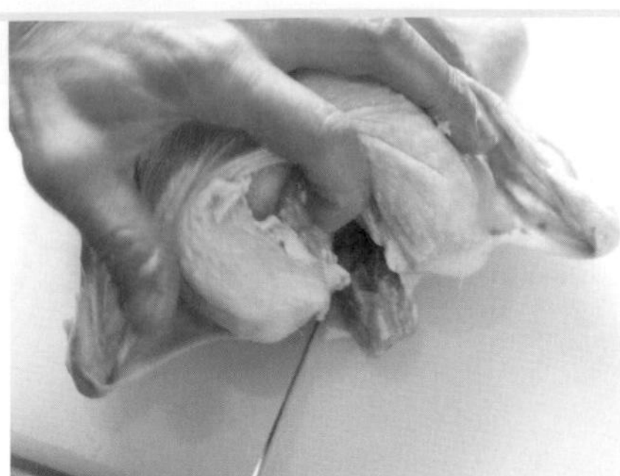

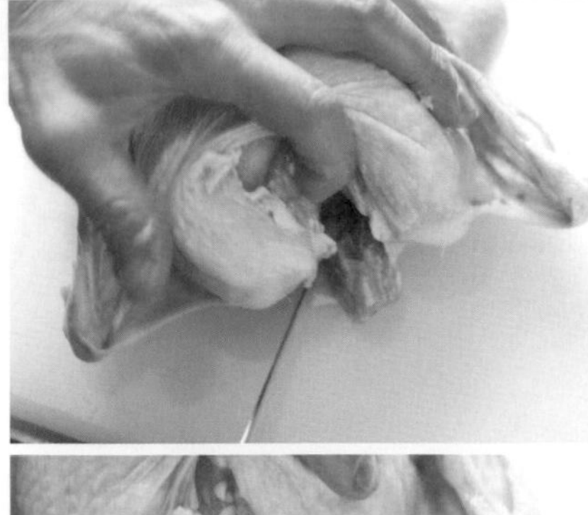

去除關節後，用棉線綁好肉。這時脖子的部分會看起來比之前乾淨清爽。

3 從上方往下方扭轉雞翅到身體兩側，再將頭部朝左擺放。

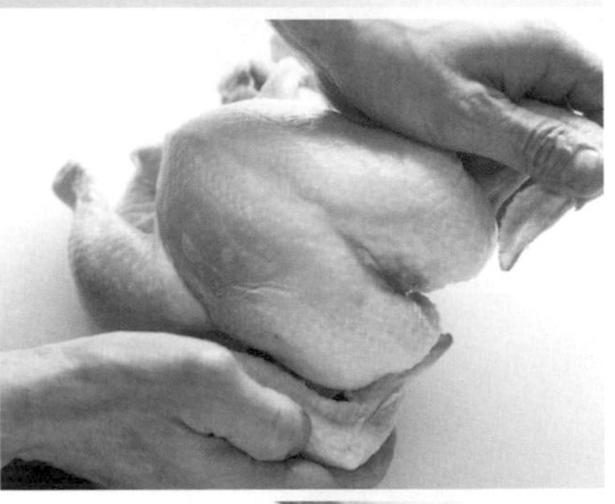

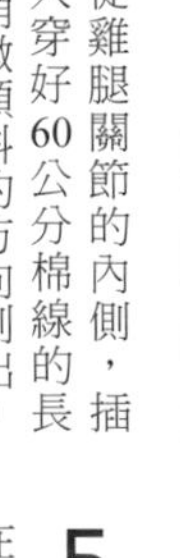

4 從雞腿關節的內側，插入穿好60公分棉線的長針，往稍微傾斜的方向刺出，保留10公分的長度。

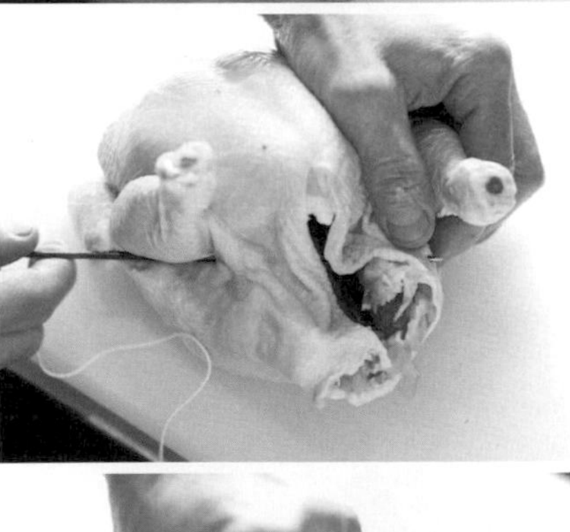

5 抓著雞屁股上的皮、穿入針。此時，棉線會掛在腳上。

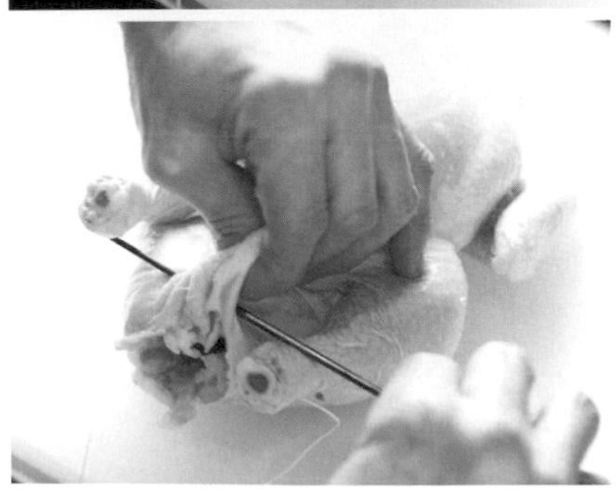

6 把線也掛在另一隻腳上，朝雞腿的關節內側插針。

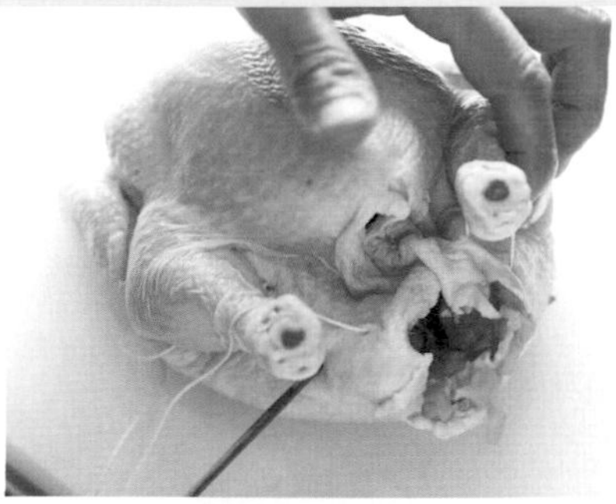

7 刺出針並拉出線。

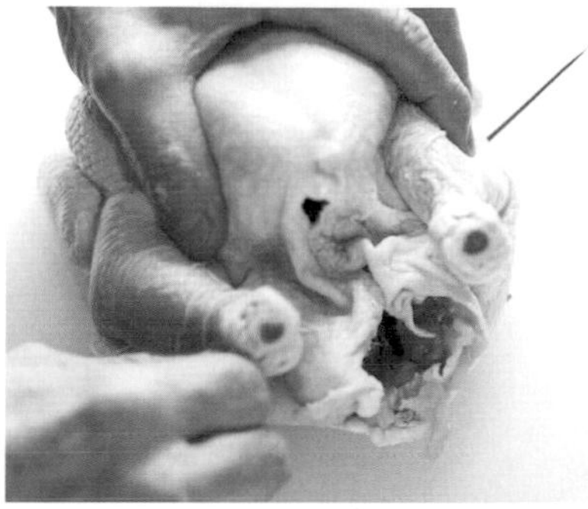

8 用力拉緊線的兩端。

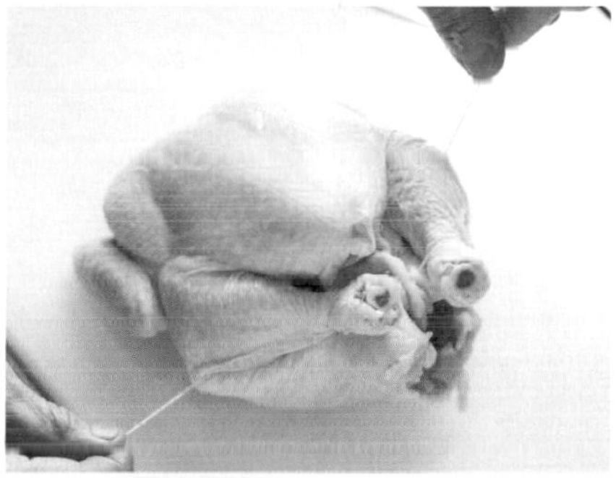

9 在這裡翻面。將針插入翅膀中段的兩根骨頭之間，接著也刺向翅尖。

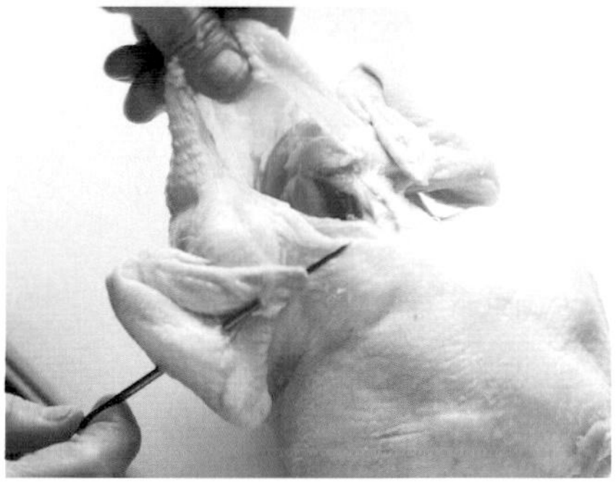

10 將皮覆蓋在頸部開口處，插入長針以封口，依序將針插入與步驟9的另一邊的翅尖、翅膀中段的兩根骨頭之間。

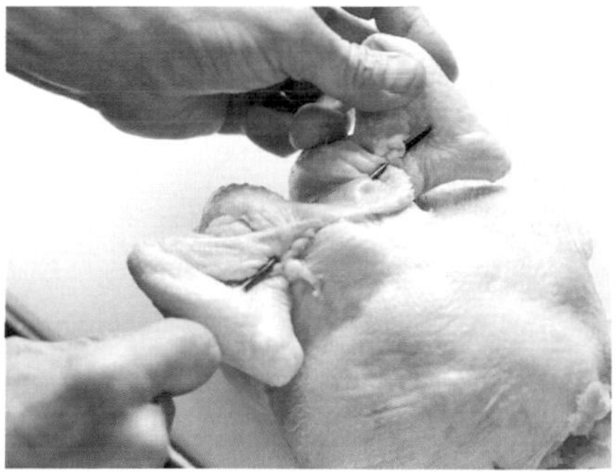

11 取出長針，拉扯線的兩端，調整形狀。

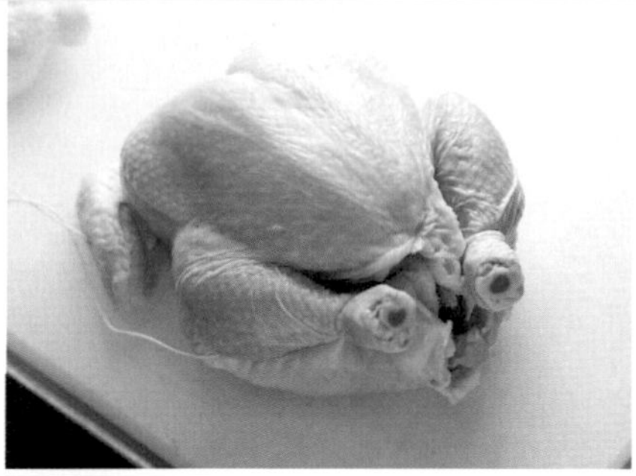

12 抓著線提起雞，利用雞的重量拉緊線。

13 交叉線的兩端，線頭鑽入形成的線環，每一邊各繞兩次。拉緊兩端線頭，肉較厚的部分就會緊靠在一起。

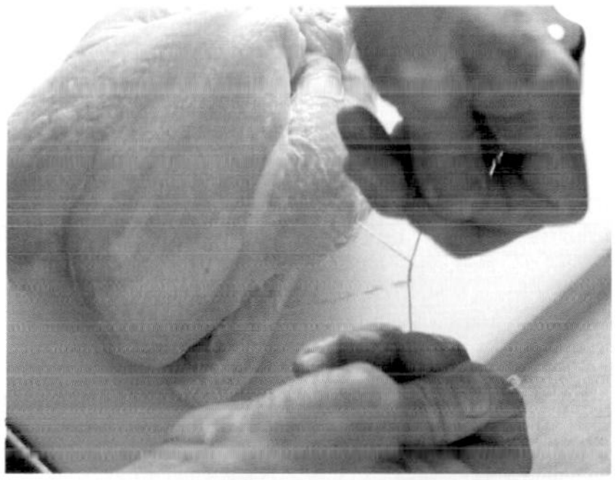

14 最後打球結固定，剪掉剩下的線頭。

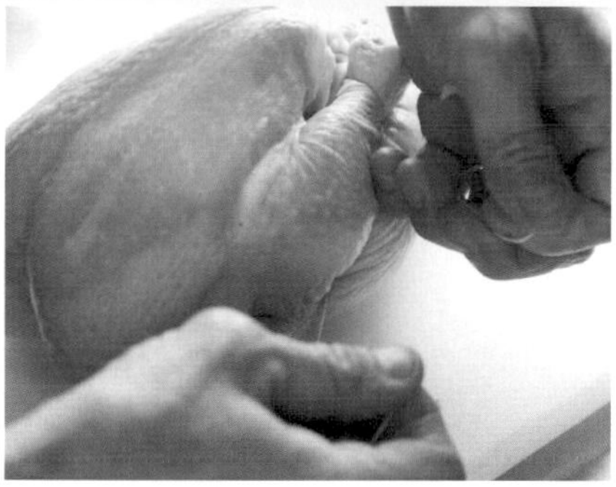

15 手指沿著雞腿與雞腿之間調整形狀，使雞胸均匀展開。

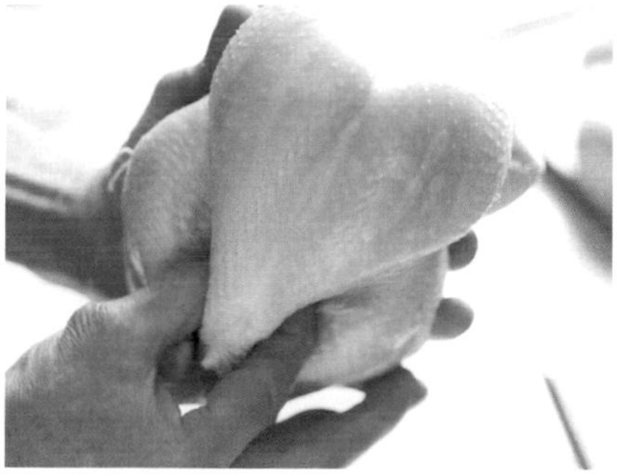

澆淋熱開水

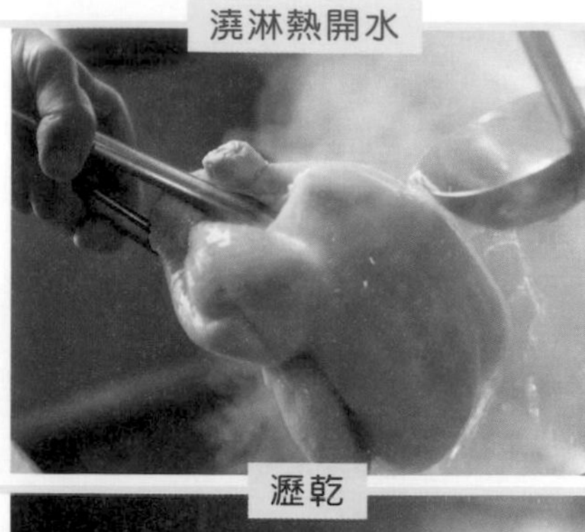

16 用夾子從雞屁股開口處插入夾住，提起整隻雞，用沸騰的開水整體澆淋。這個步驟的目的在於避免肉質再度收縮、維持鬆軟狀態。

瀝乾

17 將步驟16放涼後放進冰箱裡瀝乾一夜，如此，肉的脂肪會浮到表面，便於煎烤。

用烤箱烘烤

18 在烤盤上抹橄欖油、鋪上烘焙紙，再將步驟17放在上面，用刷子在表面塗抹一層橄欖油。

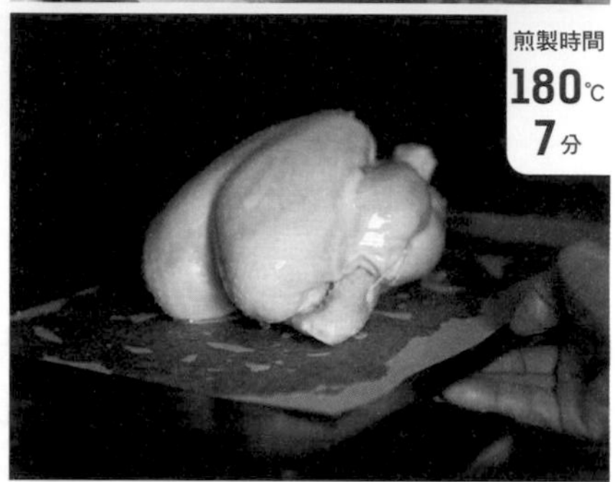

煎製時間 180℃ 7分

19 烤箱預熱到180℃，烘烤7分鐘，待表面乾燥、呈現些微焦黃色之後，取出塗抹橄欖油。

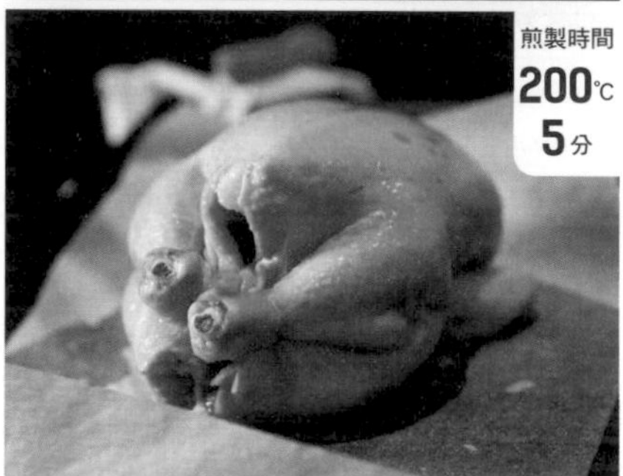

煎製時間 200℃ 5分

20 將溫度調高到200℃，烘烤5分鐘。待表面乾燥之後，取出塗抹橄欖油。此時會從肉裡滲出脂肪，但不可用雞油塗抹。

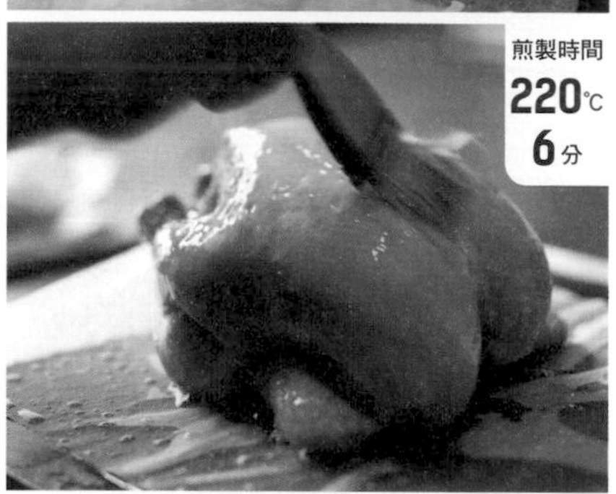

煎製時間 220℃ 6分

21 繼續調高溫度，用220℃烘烤6分鐘、塗抹橄欖油。

MEMO

澆淋熱開水和瀝乾的工序是中華料理的手法

澆淋熱開水再瀝乾的方法，是中華料理裡以北平烤鴨等名菜為代表的手法。「皮」對烤雞而言至為重要，因此務必要花時間做澆淋和瀝乾的步驟。如此一來，可預防雞皮收收縮，順利烤出外觀漂亮的烤雞。

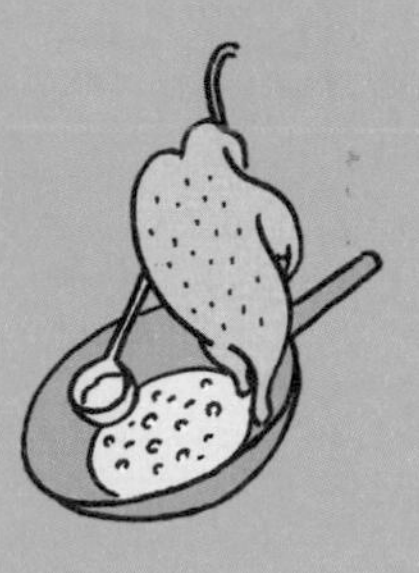

22 溫度維持不變，持續烘烤2分鐘，塗抹橄欖油。

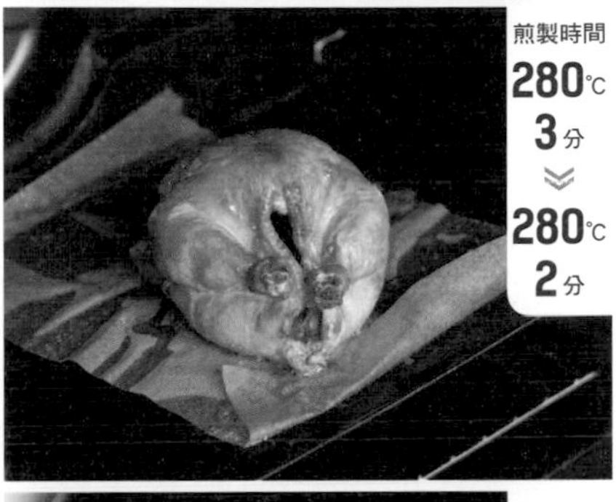

23 調高溫度以280℃烘烤3分鐘，塗抹橄欖油，再烘烤2分鐘。

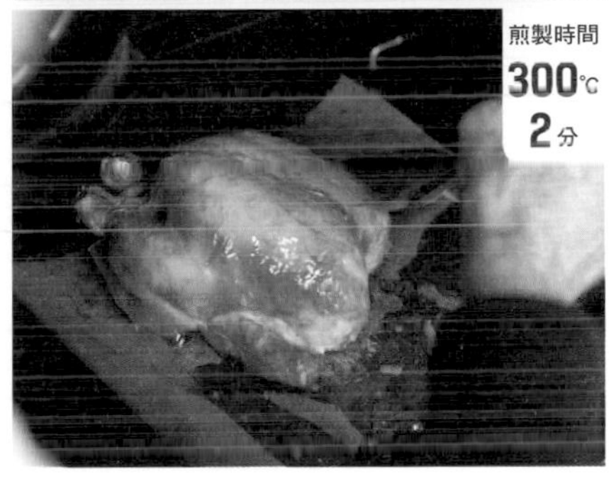

24 以300℃烘烤2分鐘，逼出油脂。

25 為了判斷是否有確實烘烤完成，取出烤雞、傾斜屁股開口部，檢視從背骨流出的肉汁。

26 若肉汁呈現淡粉色，則表示OK。如果是紅色，則要再度加熱。先劃開肉，用180℃烘烤未烤熟的部位數分鐘。

27 烤熟後，置於瓦斯爐附近等比較溫暖的場所，靜置約5分鐘。擺盤，在整隻雞上均勻撒鹽。

判斷烘烤完成的祕訣！

肉汁呈現淺粉紅色即OK

想要判斷用烤箱加熱的肉是否有烘烤完成，可用裡面的肉汁顏色辨識，流出的肉汁正是決定烤雞是否成功的關鍵。如果流出來的是紅色肉汁，則表示需要再加熱，此時要先切開雞胸肉，以免肉質變乾澀。

用平底鍋烤全雞

〔油脂較多的烤雞〕

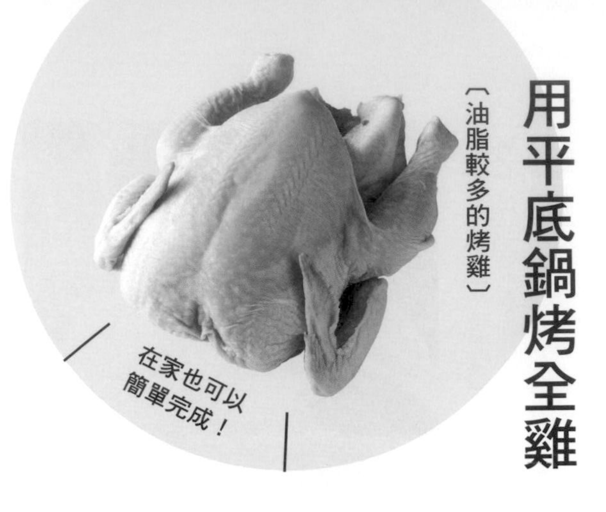

材料

整隻雞（內臟掏空、去除水分）…1 隻（800g ～ 1kg）
橄欖油…1 大匙
鹽…適量

調整形狀

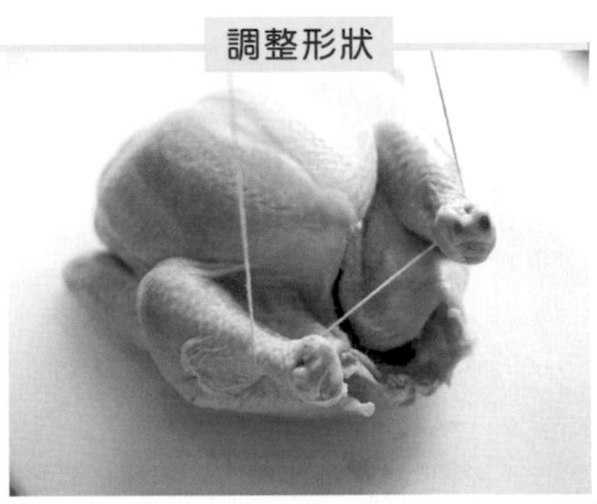

1 將整隻雞的背部朝下放置，取60公分的棉線，左右平均地掛在兩腳的下方。

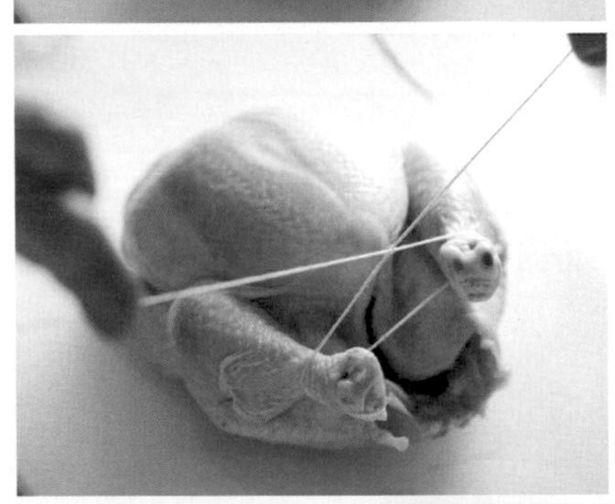

2 將線交叉拉緊。

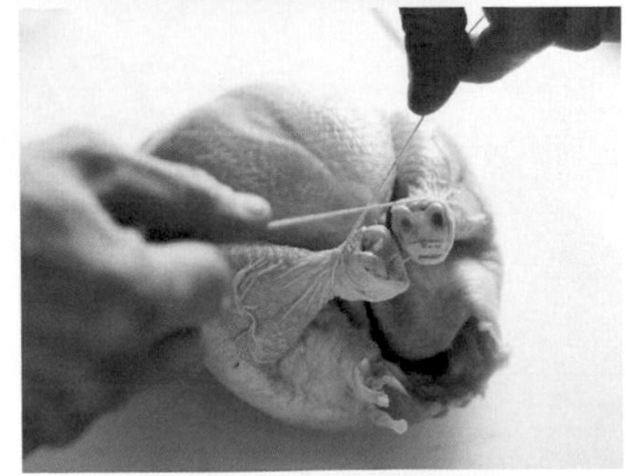

3 拉緊後將兩隻腳綁牢。

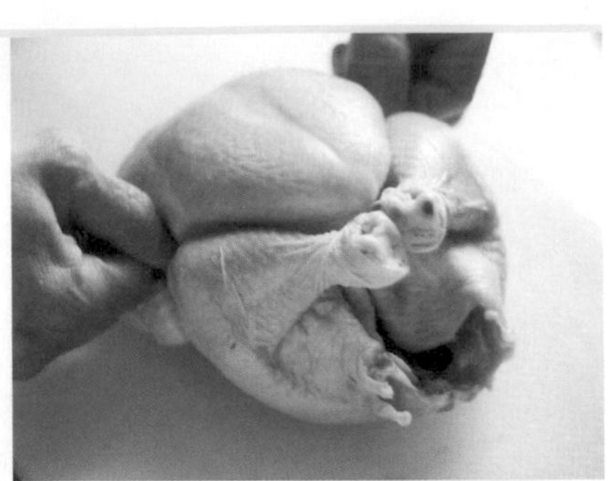

4 一邊拉著線，一邊穿過腿部與胸部之間。

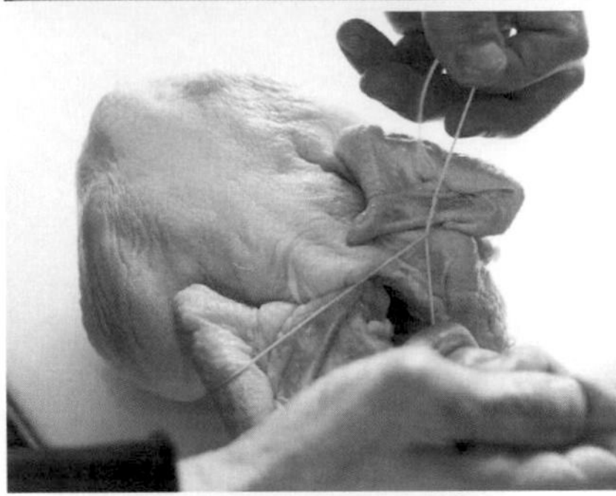

5 翻面，將線在雞翅部分交叉。線頭鑽入形成的線環，每邊各繞兩次。拉緊兩端，使肉緊靠在一起。

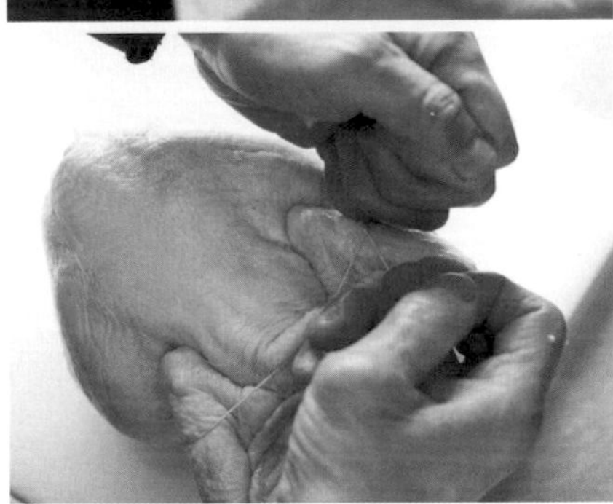

6 最後打球結，剪掉多餘的線頭。

線打結的祕訣！

在有肉的部位打兩個結

用棉線調整全雞的形狀時，最後的收緊與打結方法，是很重要的關鍵。由於沒有插針、穿線，所以肉容易鬆弛，因此將兩腳緊靠時、以及一邊拉線一邊調整形狀時，都要確實用力。最後用棉線打結的步驟，請緊緊地拉住線，感覺就像線要陷進肉裡似的，打兩個結固定。

澆淋熱開水／瀝乾

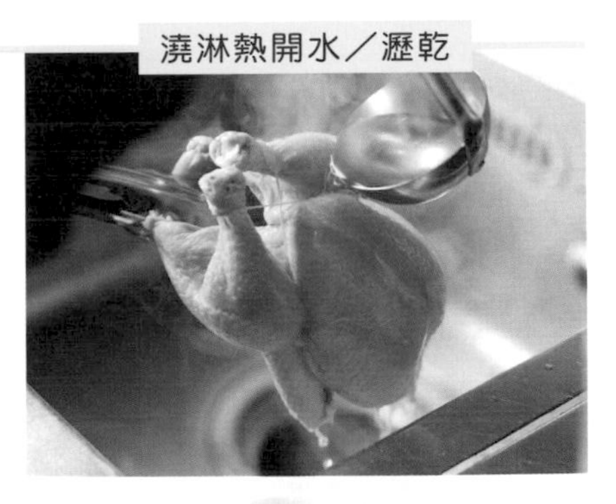

7 用夾子輕輕地從雞屁股開口處插入夾住，用沸騰的開水澆淋整隻雞。待涼後把雞放入冰箱裡靜置一夜。

調整形狀後隔日開始正式烹調！

用平底鍋煎

8 以較強的中火適度預熱平底鍋，倒入橄欖油，從雞腿開始煎，整隻雞約煎2分鐘。

9 所有的肉都用油煎過之後轉小火，整隻雞約煎2分鐘30秒。待開始發出劈劈啪啪的聲音之後，維持此狀態，再煎2分鐘。

10 一邊翻轉整隻雞，一邊煎3分30秒。在這個步驟會開始煎出焦糖色的色澤。

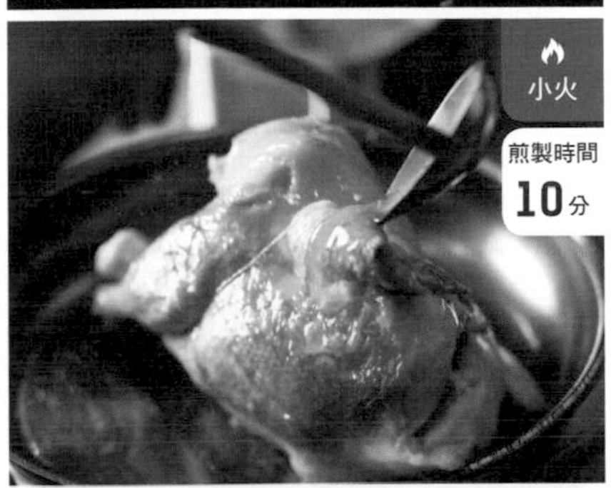

11 繼續煎10分鐘左右，若發出噗哧聲並流出水分的話，則用流出的肉汁一邊澆淋、一邊繼續煎肉。

12 若聲音變大就調弱火候，繼續澆淋約10分鐘，直到油脂的顏色變深後，再持續澆淋10分鐘左右。

13 煎好後，放在瓦斯爐附近等溫暖的場所，靜置約5分鐘。擺盤，在整隻雞上面撒鹽。

這才是理想的油脂顏色

當蛋白質的胺基酸遇到高溫就會變成焦糖色，這就是美味的精華，但是不能變全部焦黑。

MEMO

加熱方式因部位而異

雞腿肉與雞胸肉的肉質與筋的分布方式完全不同，雞腿肉的筋很多，不易煎熟；雞胸肉則相對容易煎熟。因此煎的時候，要不停翻轉整隻雞，才能夠均勻加熱。

如何分切烤全雞、製作調味醬

〔烤雞〕

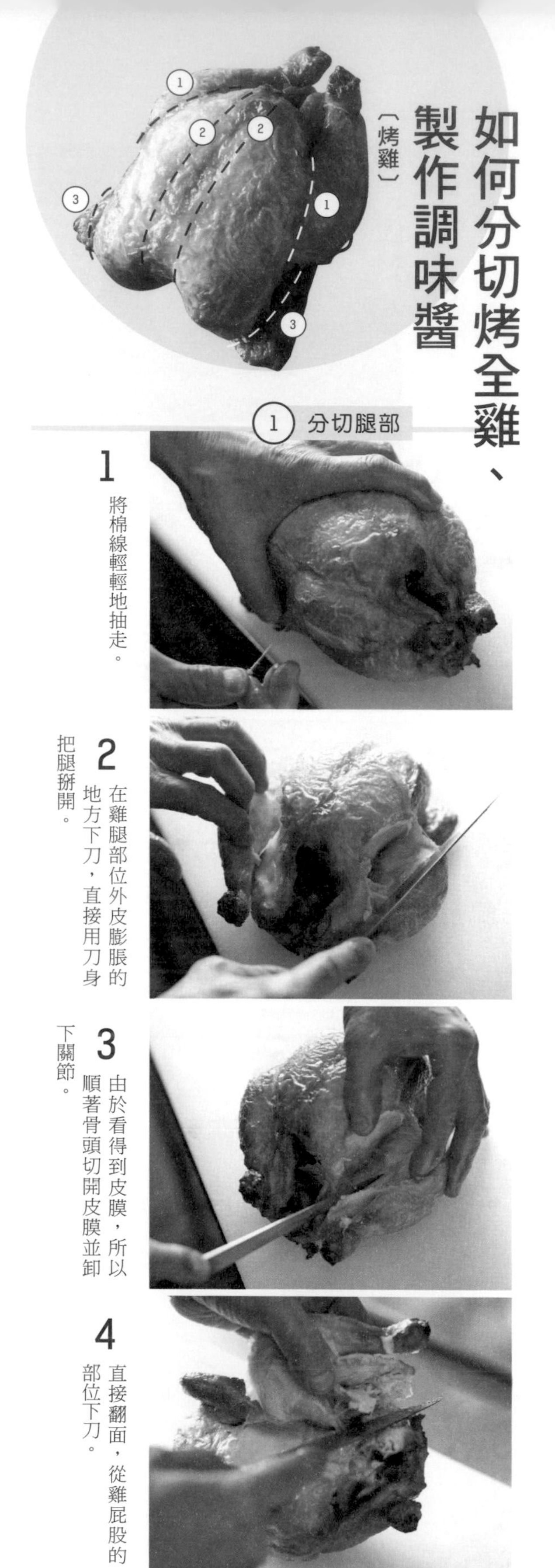

① 分切腿部

1 將棉線輕輕地抽走。

2 在雞腿部位外皮膨脹的地方下刀，直接用刀身把腿掰開。

3 由於看得到皮膜，所以順著骨頭切開皮膜並卸下關節。

4 直接翻面，從雞屁股的部位下刀。

5 朝背骨用力下刀，拉開雞腿。

6 切開雞皮、卸下雞腿。另一邊也用相同的方式切下。

② 分切胸部

7 讓頸側靠近自己，在骨頭的兩側下刀。

8 由於胸部有關節，所以要直接下刀，將雞胸肉往上拉起。

9 另一側抓著雞胸肉，以相同的方式分切。

3 分切其他部位

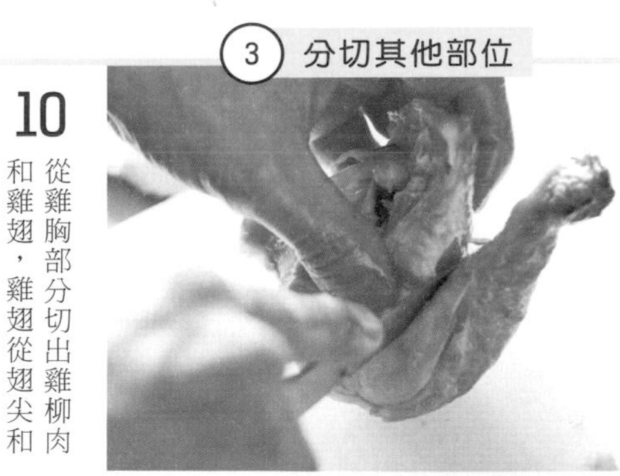

10 從雞胸部分切出雞柳肉和雞翅，雞翅從翅尖和腿翅的部位切開。

11 翅尖、腿翅、腿肉、胸肉、雞柳肉都分切完成的狀態。

12 剩下的骨架裡，含有大量美味精華。由於要用這個製作調味醬，先切成適當的大小備用。

製作調味醬

13 將步驟12已切塊的骨架放入平底鍋，加入600ml的水燉煮。

14 燉煮出香味後，用濾網過濾，留下過濾後的湯汁，放回平底鍋。

15 在鍋裡加入30g的奶油，以中火加熱融化。等煮到泡泡變細密、散發出堅果般的香氣後，倒入步驟14攪拌後熄火。

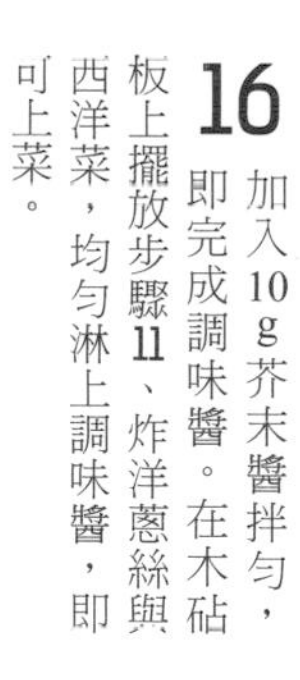

16 加入10g芥末醬拌勻，即完成調味醬。在木砧板上擺放步驟11、炸洋蔥絲與西洋菜，均勻淋上調味醬，即可上菜。

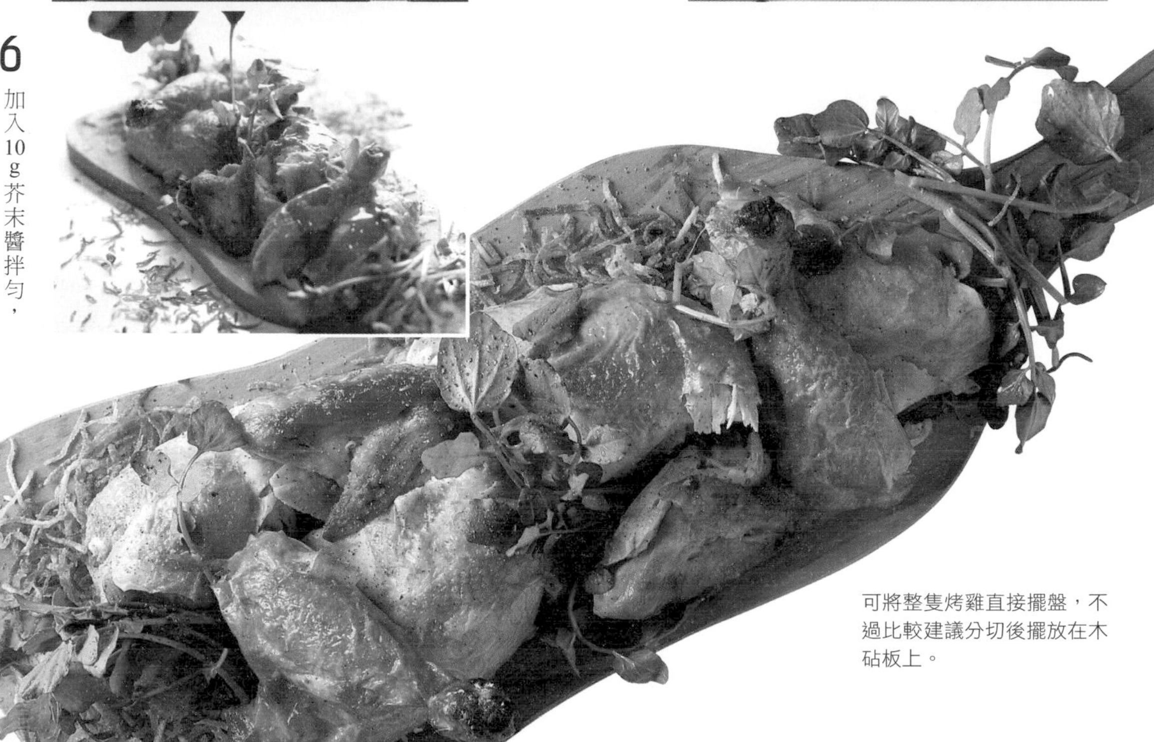

可將整隻烤雞直接擺盤，不過比較建議分切後擺放在木砧板上。

人氣肉料理③

trattoria29的最強爆漿漢堡排

漢堡排是日式招牌菜色之一，如何做出好吃的漢堡排也成為日本家庭主婦的課題。從肉品的選擇到烹飪方法，大師傳授的重點豐富又有變化，不妨跟著大廚一起試著改變肉的種類與搭配，讓你在家就能做出餐廳的美味！

部位×美味的關係

可以品嚐到美味與濃郁口感的三個部位

要做出讓人驚豔的漢堡排，請從講究「肉的部位」開始，在這裡最推薦使用牛腱肉和牛頸肉。這兩個部位的肌肉發達，加上有很多筋，因此經常用於燉煮，也可以剁碎後使用。由於美味都濃縮在筋的周邊，所以才能品嚐到香氣濃郁的漢堡排。此外，也建議加入豬五花肉以增加肥肉的口感。將這些肉切成2.5～5 mm大小不等的碎肉，在口感上會產生變化，變得更美味可口。

牛肉要選用濃縮美味的牛腱肉和牛頸肉

美味豐富的
牛腱肉

因為筋很多，是美味具有層次、最耐人尋味的部位。除了用來燉煮，也可剁碎成絞肉入菜。

有深度、味道濃郁的
牛頸肉

脂肪含量少、筋很多，肌理粗且偏硬。即使切薄片，也大多用於燉煮，剁碎的話，特別適合做成漢堡排。

具有濃郁味道的
豬五花肉（切片）

帶著適度的脂肪是其重點，不論搭配哪個部位的牛肉都很適合，添加了油脂豐富的豬五花肉，可以增加肉排的多汁口感。

傳授祕訣的大廚是…

trattoria29
竹內悠介 老師

曾在義大利的肉品店與高級餐廳研習，不僅精進了烹飪技巧，也習得肉的肢解與熟成方法等好本領，目前在日本開設以肉類料理為主的義式餐廳。

絞肉×比例

美味的關係

以瘦肉4：肥肉1的比例製作出的漢堡排最剛好！

牛腱肉和牛頸肉都是脂肪很少的瘦肉，若只使用這些肉，雖然口感清爽卻有些美中不足，如果能在裡面添加肥肉，就會產生恰到好處的多汁口感，製作出更加美味濃郁的漢堡排。

肥肉的部分，最推薦使用豬五花肉。各種肉的分配比例為「牛腱肉2：牛頸肉2：豬五花肉1」，這是最適合漢堡排的黃金比例，這個比例也適用於製作波隆那肉醬以及番茄肉醬。

根據牛的部位和特色搭配出最佳的絞肉比例！

牛腱肉

VS

牛頸肉

豬五花肉

2 ： 2 ： 1

在脂肪含量少的牛腱肉和牛頸肉裡，添加帶有油脂的豬五花肉，揉捏到產生黏性。

○ 好好享受在嘴裡化開的牛肉美味

牛腱肉和牛頸肉的美味很突出，適合打造出口感有層次的漢堡排。具有恰到好處的密實度，也散發出十足的肉汁香氣，可以充分享受柔嫩厚實的超幸福美味。

MEMO

要剁碎到什麼程度？

若想要有嚼起來有口感，最好用手工剁肉。不必侷限肉塊的大小，大約剁成2.5～5mm之間即可。如此一來，不但能做出柔軟細緻的口感，也能品嚐到漢堡排的原汁美味。

使用100％瘦肉以及市售絞肉製作而成的肉餡

除了瘦肉4：肥肉1的漢堡肉以外，也可以嘗試其他比例的搭配。其一，是用牛腱肉和牛頸肉以1：1比例做出的100％全牛肉肉餡，無添加任何多餘的黏合物，擁有牛排般的美味。

另一種，則是使用市售絞肉的基本漢堡排，例如購買牛絞肉和雞絞肉，以1：1的比例融合，就能製作成富彈性又清爽的味道。不同的搭配比例可發揮出各種肉的美味特徵，請務必挑戰看看！

牛絞肉　雞絞肉

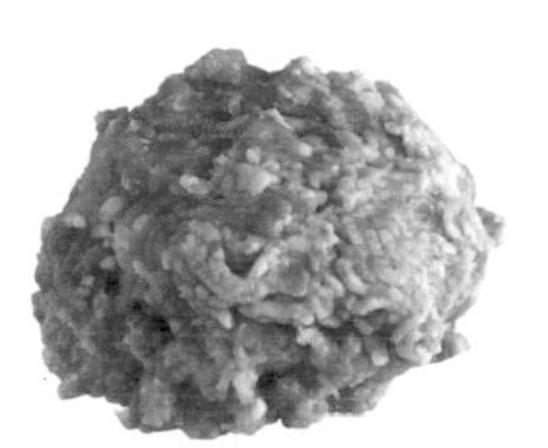

1 ： 1

使用市售絞肉雖然輕鬆多了，但是不易吃出口感的變化。添加雞肉能讓口感更清爽。

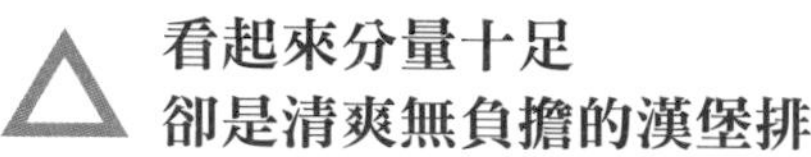

△ 看起來分量十足 卻是清爽無負擔的漢堡排

市售絞肉不易表現出肉本身的口感，但是有分量大的感覺和紮實的密度，肉汁也比較多，因此吃起來滿足感偏高。若煎成較厚的漢堡排，吃起來味道清爽，也有令人滿意的口感。

VS

（牛100%） 牛腱肉　牛頸肉

1 ： 1

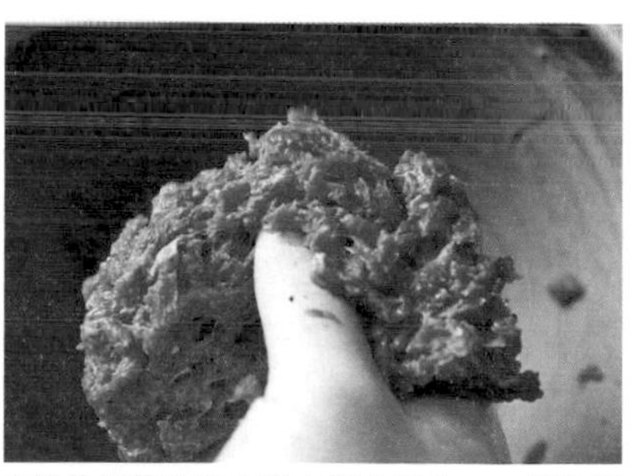

直接使用筋多的牛腱肉和牛頸肉，口感會偏硬，不過剁碎了就能感受到肉的彈性與美味。

△ 口感不像漢堡排 更像牛排的感覺

可直接品嚐出牛腱肉和牛頸肉的美味，成品很接近牛排。正因為未使用黏合物，才能品嚐到只有手工剁肉能嘗試到的口感。

溫度&揉捏方式

美味的關係×

在冰涼的狀態下揉到肉排呈白濁狀

好吃的漢堡排，一定要吃起來軟嫩有彈性又飽滿多汁。想要實現這種理想狀態，最大的重點是絞肉的溫度和揉捏方式。在絞肉必須為冰涼狀態的前提下，製作肉餡時，要確實混合絞肉的脂肪與水分並使其乳化。如果絞肉的溫度和室溫一樣，脂肪便會融化並產生分離現象，因此要揉捏冰涼的絞肉到產生白濁現象。只要掌握這一點，就能完成超美味的漢堡排。

絞肉的溫度與揉捏方式會影響成品的外觀!?

恢復室溫的絞肉

一旦與室溫相同，脂肪會融化並分離。

在冰箱裡冷卻過的絞肉

仔細揉到肉的脂肪和水分乳化。

捏成型

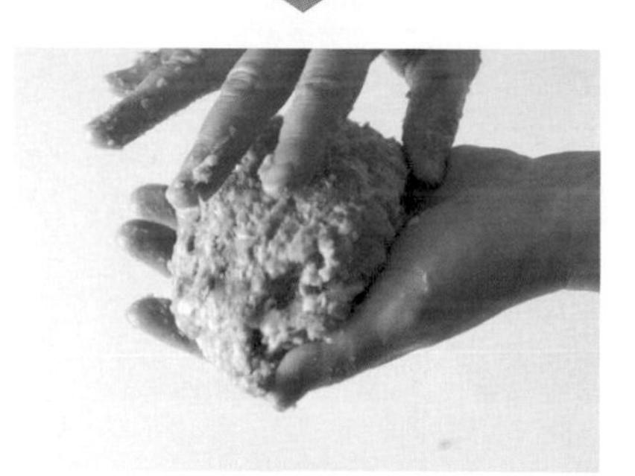

不易塑形，形狀容易崩壞。

持續揉捏肉餡，比較容易塑形。

形狀扭曲、口感乾澀…

✕ 絞肉若恢復到室溫，脂肪會融化，因此不易塑形，美味容易流失。

鬆軟、多汁！

○ 經過確實乳化的肉餡，成品很軟嫩，形狀也完整漂亮。

厚度 & 煎製方式 × 美味的關係

不同厚度的漢堡排煎製方式也不一樣

讓我們來探討厚度的差異與美味之間的關係。一般漢堡排的厚度約2公分，若只用平底鍋煎，只要把表面煎出焦糖色，之後蓋上鍋蓋、轉小火，就能煎出濕潤多汁的口感；另一方面，如果只用平底鍋煎3公分厚的漢堡排，在裡面煎熟之前，外面已經煎到燒焦，因此最好的方法是與烤箱合併使用。先將漢堡排兩面煎一下，再使用烤箱，從外側慢慢地加熱，則可實現富彈性、肉汁飽滿的美味。

厚度2cm和3cm的漢堡排，煎製方式有什麼不同？

厚度 3cm

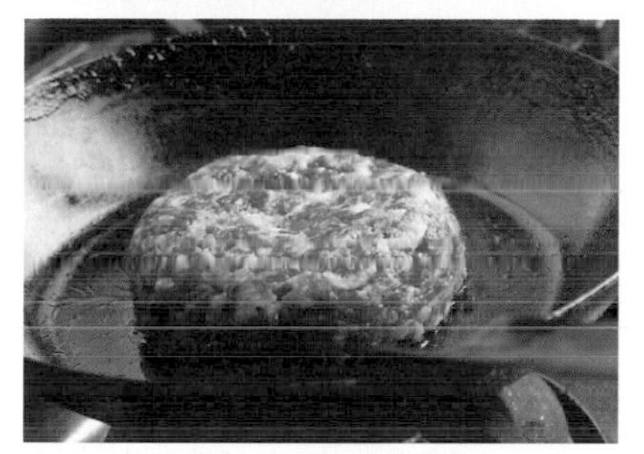

先用平底鍋將兩面煎到呈焦黃色。

由於厚度的關係，因此放入烤箱以160℃烘烤。

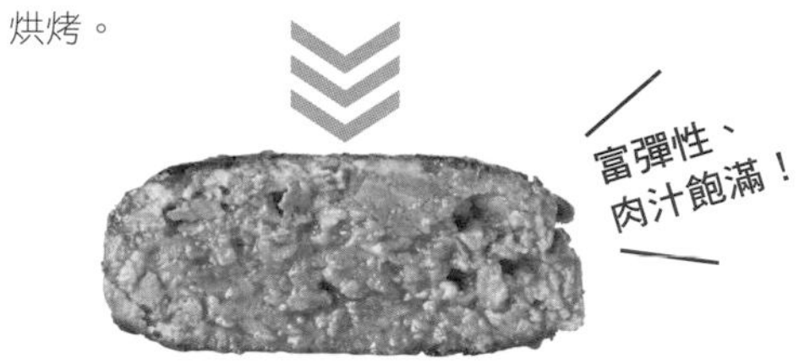

○ 不但維持了厚度，也完成外側焦酥、裡面鬆軟且多汁的成品。

厚度 2cm

基本的漢堡排，用平底鍋煎製完成。

轉最小火，慢慢地加熱到內部煎熟。

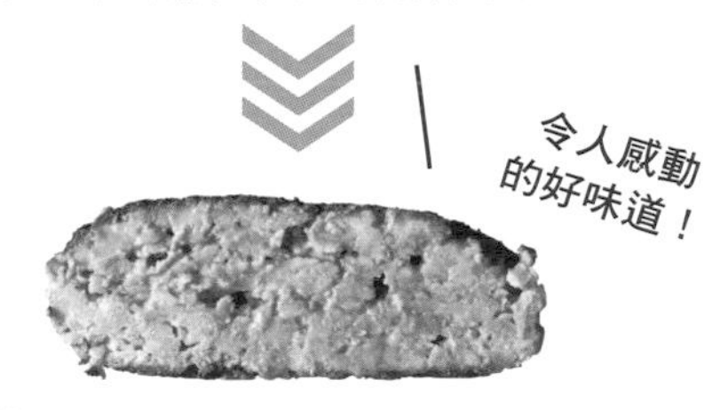

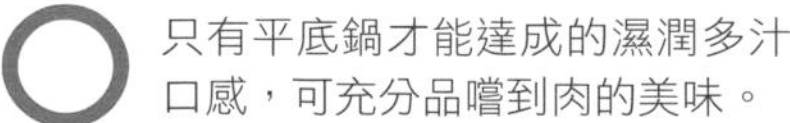

○ 只有平底鍋才能達成的濕潤多汁口感，可充分品嚐到肉的美味。

用牛頸肉＋牛腱肉＋豬五花肉製作〔漢堡排〕

材料（2片）

牛頸肉…160g
牛腱肉…160g
豬五花肉薄片…80g
A 洋蔥…1/2個
（切碎、用橄欖油炒好備用）
蛋…1個
麵包粉…20g
帕瑪森起司粉…10g
鹽…2.5g
粗粒黑胡椒…適量
橄欖油…1/2大匙

正式烹調

1 肉切成2.5～5mm碎末，剛開始以切斷纖維為重點。

2 將步驟1放進冰箱冷藏約30分鐘，放進調理盆裡。若事先冰鎮調理盆，效果會更好。

3 加入A。洋蔥要炒到如圖中的顏色。加入帕瑪森起司粉，這是美味的祕密武器。

4 先略微抓揉一下，均勻地混合材料。

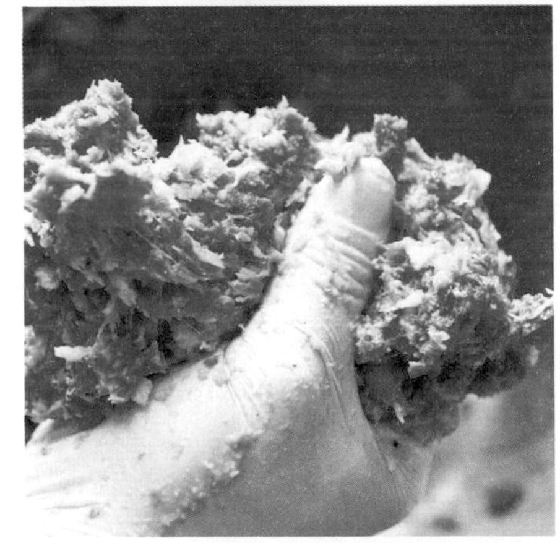

5 用手掌擠壓，仔細揉捏到泛白。透過乳化作用，完成有彈性的肉餡。

揉捏的祕訣！

仔細揉捏以抓出彈性

仔細抓揉到肉餡呈現白濁狀（泛白、拉絲的感覺），若黏性不夠就會不容易塑形，做不出有彈性又充滿美味的口感。

6 捏好一個漢堡排之後，再接著做另一個。捏的重點是用左手握著肉餡、將肉餡拋打在右手上的感覺，藉此拍出空氣。

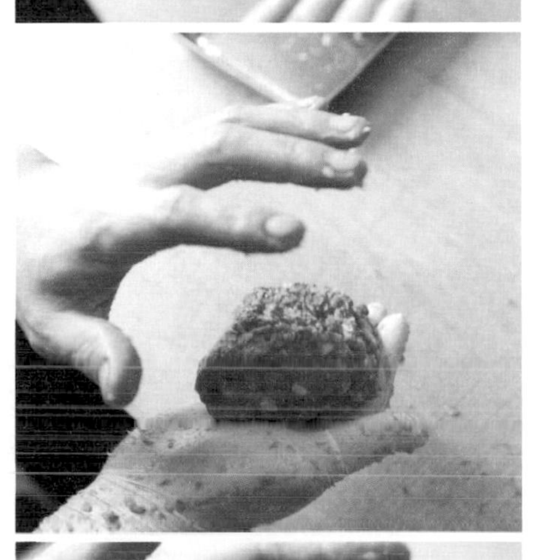

7 重複幾次抓、拋的動作，把肉餡裡的空氣完全排出。拋下時，要用較強的力道拍下去。

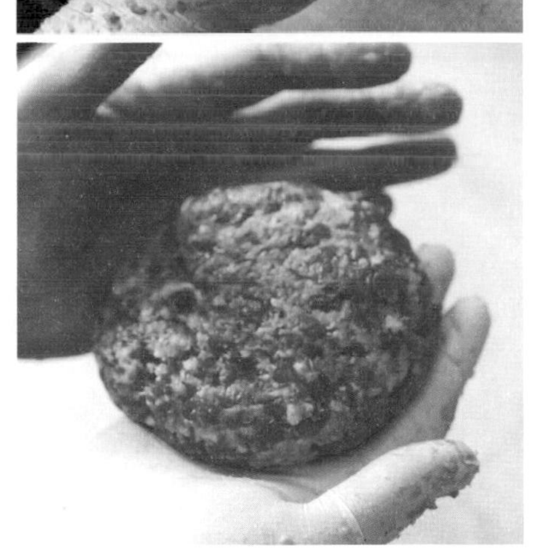

8 將肉餡塑形。如果無法調整出完整形狀，原因可能是揉捏的程度不夠，或是絞肉溫度過高而導致變形。

9 將橄欖油倒入平底鍋，開中火加熱、放入肉餡。轉小火煎3分鐘，翻面繼續煎約2分鐘。

最小火
煎製時間
蓋上鍋蓋
5分30秒
3分30秒
不超過3分

10 蓋上鍋蓋，以最小火煎5分30秒。再度翻面、蓋上鍋蓋，繼續煎3分30秒後，再翻面、蓋鍋蓋，繼續煎不超過3分鐘。

11 用鐵串插入漢堡排，取出鐵串後用嘴唇試溫度（或觀察有無血水滲出），若感覺有點燙，則表示已煎熟。

預防沒煎熟的祕訣！

用鐵串檢查肉排裡面是否有煎熟

將鐵串插入漢堡排，若內部溫度比體溫略高，就是裡面有煎熟的證據。如果偏冷，就要繼續加熱。

用100%的牛肉製作〔漢堡排〕

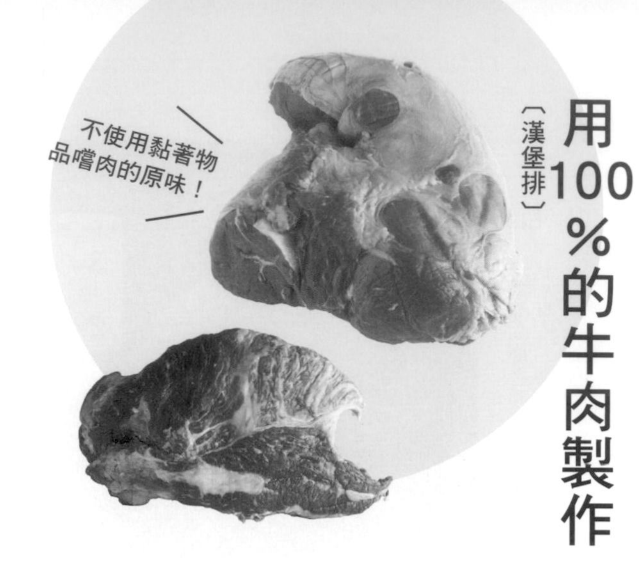

材料（1片）

牛頸肉…100g
牛腱肉…100g
A 融化的奶油（無鹽）…20g
　鹽…1.2g
　粗粒黑胡椒…適量
橄欖油…1/2 大匙

正式烹調

1 將肉剁碎（詳見第80頁，步驟1），用菜刀剁切碎肉直到產生黏性，放進冰箱冷卻約30分鐘。

2 將步驟1和A放進調理盆裡混合，仔細揉捏（詳見第80頁，步驟4～5）。

3 將橄欖油倒入平底鍋，開大火加熱、放入已塑形完成的肉餡（詳見第81頁，步驟6～8），轉較弱的中火煎5分鐘。

4 翻面，煎3分30秒，熄火。

5 蓋上鍋蓋、置於瓦斯爐附近等比較溫暖的場所，靜置約3分鐘，再確認裡面是否有煎熟（詳見第81頁，步驟11）。

直到完成都維持形狀完整的祕訣！

仔細拍打肉、產生黏性

用100%牛肉製作的漢堡排，因為未添加麵包粉和蛋等黏著材料，比較容易變形。因此，下鍋前先仔細拍打絞肉、使其產生黏性，可以預防煎好時散掉。

用牛絞肉＋雞絞肉製作〔漢堡排〕

材料（2片）

牛絞肉…200g
雞絞肉…200g
A 洋蔥…1/2 個（切碎再用橄欖油炒過）
　蛋…1 個
　麵包粉…20g
　帕瑪森起司粉…10g
　鹽…2.5g
　粗粒黑胡椒…適量
橄欖油…1/2 大匙

正式烹調

1 將絞肉放進冰箱裡冷藏約30分鐘，取出後放入調理盆。如果調理盆也事先冰鎮過，效果會更好。

2 將A加入步驟1混合、仔細揉捏（詳見第80頁，步驟4～5）。

3 將橄欖油倒入平底鍋，開中火加熱、放入已塑形完成的肉餡（詳見第81頁，步驟6～8），轉小火煎4分30秒，翻面繼續煎2分30秒。

4 再度翻面，用預熱到160℃的烤箱，每一邊烘烤5分鐘。確認裡面是否有煎熟（詳見第81頁，步驟11）。

竹內大廚推薦的調味醬

自製番茄醬

將2大匙橄欖油倒入平底鍋裡加熱，加入切成碎末的1/2瓣大蒜、1/2個洋蔥拌炒，添加丁香粉、荳蔻粉、茴香籽、肉桂粉各一小撮，炒出香氣。加入番茄切片（罐頭）250g、鹽適量、蜂蜜2大匙、紅酒醋1大匙，慢火煮約10分鐘。倒入攪拌機攪拌均勻即完成。

義式綜合蔬菜醬

將西洋芹的莖1根、葉3片、紅洋蔥1/2個、紅蘿蔔1條、去蒂及籽的紅椒3個，倒入食物調理機裡磨碎，加入50g紅酒醋、適量的鹽，混合拌勻。要吃的時候，加入適量的橄欖油。

羅曼斯可醬

將2個紅椒放進預熱到250℃的烤箱烘烤10分鐘、剝皮。加入1/4瓣大蒜切薄片、30g杏仁片、1/2大匙番茄糊、1大匙紅酒醋、1小匙紅椒粉（Paprika）、2大匙橄欖油、適量的鹽混合，用食物攪拌機攪拌。

人氣肉料理④

のもと家（Nomoto）的金黃酥脆炸豬排

剛起鍋的炸豬排，麵衣酥脆、肉汁飽滿，真想在家裡挑戰一次看看啊！覺得餐廳裡一份好幾百元的豬排飯太貴了嗎？這裡要教你做出讓人百吃不厭的厚片炸豬排製作方法，從豬肉部位的挑選、麵衣的沾裹方式、視厚度調整的油炸方式等祕密，一步步為您揭曉！

部位×美味的關係

根據各部位的特徵靈活運用豬里肌肉的三個部分

一頭豬身上只能取得4條的完整豬肉塊

炸豬排是一道可以體驗肉的細緻肌理，又能品嚐到肥肉甜味的料理。使用的部位，最推薦以摻雜著一些脂肪、美味與口感濃郁的肩胛肉（梅花肉），以及帶有適量脂肪、肌理細且軟嫩的里肌肉。

在這家店裡，使用的是日本鹿兒島霧島高原知名的「六白黑豬」，從一頭豬身上只能取得4條大塊肉條中，使用肩部到背部的里肌肉條。店家將肉條分成三個部分並靈活運用，其中正中央的部位，肉質介於肩胛肉與里肌肉之間，最適合用在厚片炸豬排。

傳授祕訣的大廚是…

のもと家（Nomoto）
岩井三博 老師

在日本料理店工作 10 年之後，開始將事業擴展到居酒屋。所經營的「のもと家」是一家對食材和調味料都很考究的東京炸豬排名店，用餐時刻經常大排長龍。

里肌肉炸豬排（160g）

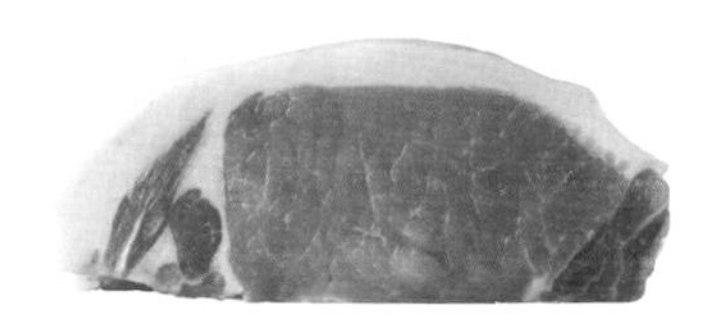

筋膜偏多，此部位也用於製作火腿

雖然帶著適量的肥肉，但瘦肉的部分幾乎沒有油花，是筋膜偏多的部位，也用於製作火腿等加工食品。

厚片里肌肉炸豬排（240g）

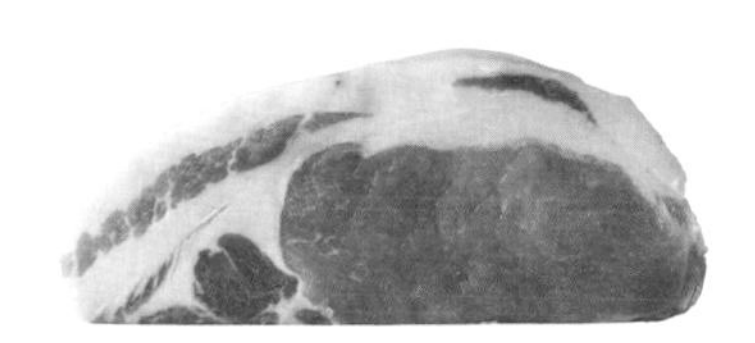

特徵是恰到好處的肥肉和肉質的軟嫩

介於肩胛肉與里肌肉之間的部位，適量的肥肉與軟嫩的肉質為其特徵，因此最適合用在厚片炸豬排。

特選里肌肉炸豬排（160g）

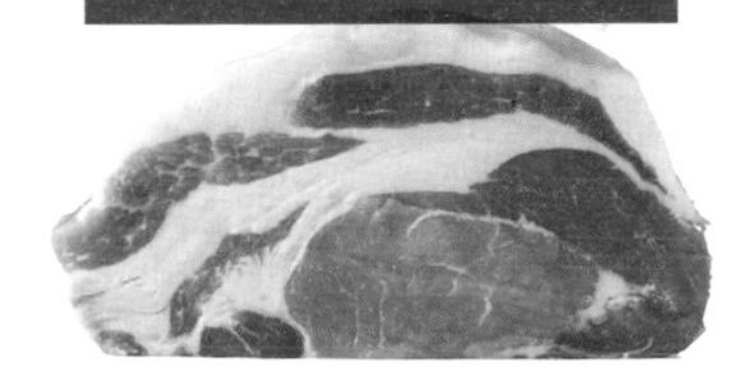

相當於肋眼的部位，可以切稍微厚一些

特色是在瘦肉部分摻雜著適度的脂肪，因此擁有更為強烈的美味和濃郁的口感。也可以製作成稍微厚一點的炸豬排。

衣&溫 麵×油 美味的關係

想要炸出美味佳餚，爽脆的完整麵衣很重要

剛炸好的豬排會發生麵衣剝離的狀況，可能是豬肉的水分沒去除、麵包粉乾燥等原因。除此之外，也要確認炸油的溫度是否過低，或是沉到鍋底的肉因浮力上升時，麵衣也會因上升的力道而剝離。

也就是說，只要避開這些會讓麵衣剝離的因素，就能炸出麵衣酥脆的炸豬排。請務必掌握好繁瑣的前置處理步驟與麵衣的沾裹方式，才能炸出酥脆的頂級豬排。

麵衣的沾裹方式視水分、麵包粉、油溫以及浮力而不同

生麵包粉＋中溫油炸

用生麵包粉（新鮮麵包粉）沾裹豬里肌肉，以 160℃的油溫慢慢地油炸。

160℃為不易失敗的溫度，麵衣呈現立起來的狀態，炸出外皮酥脆的口感。

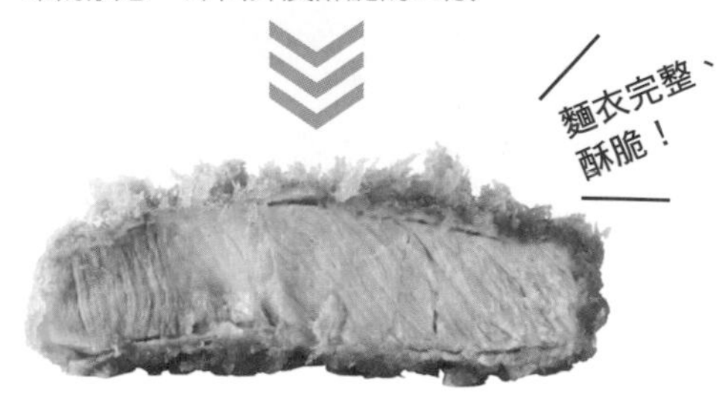

○ 往上立起來的麵衣是其特徵，緊緊地黏在肉上面。肉汁飽滿、外皮酥脆的口感十分美味。

乾燥麵包粉＋低溫油炸

用乾燥麵包粉沾裹豬里肌肉，以 140～150℃的油溫慢慢地油炸。

剛開始下鍋油炸時，麵包粉會散開，炸好時肉排變形，麵衣也呈現乾澀、硬梆梆的狀態。

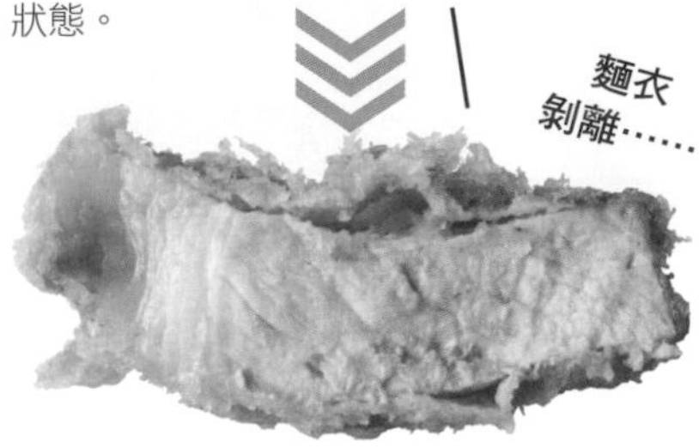

× 麵衣從肉的表面膨脹、剝離。外皮不酥脆，而且乾澀又硬梆梆的。肉的口感也偏硬，肉汁很少。

厚度&油炸方式×美味的關係

根據肉的特徵使用不同的油炸方式

在大量的炸油裡，豬排持續進行著麵衣的水分與炸油的交換作業。因此想要製作出美味的豬排，炸油的溫度與油炸時間很重要，要根據不同的部位與厚度進行調整。以下用里肌肉炸豬排和厚片炸豬排來做比較，從油溫控制到油炸時間都有明顯的差異。厚片肉需要更長的加熱時間，因此油溫比較低、要花多一點時間油炸，炸的時候用筷子稍微提起肉片，以便能從肉的下方加熱。最後再轉高溫油炸將油逼出，即可完成外皮酥脆的炸豬排。

不同的豬肉部位與厚度需要改變油炸方式嗎？

厚片炸豬排

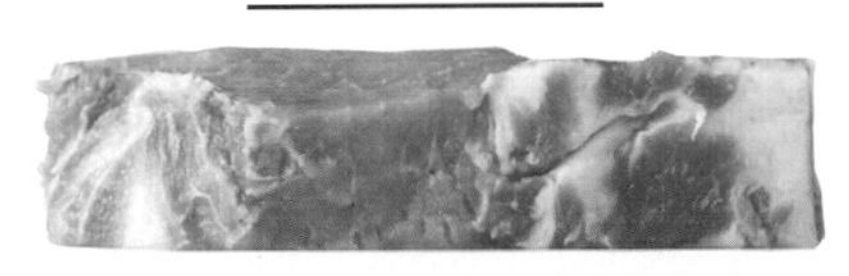

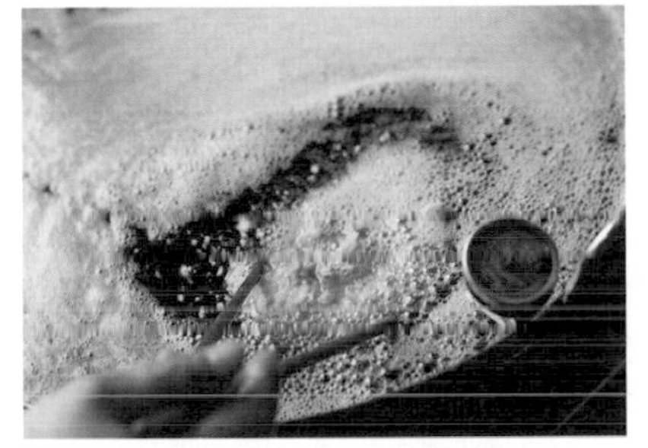

將肉排放進較低溫的 150℃炸油裡。

在靠近鍋子的邊緣

油炸 14 分鐘之後，提高油溫再炸 3 分鐘。

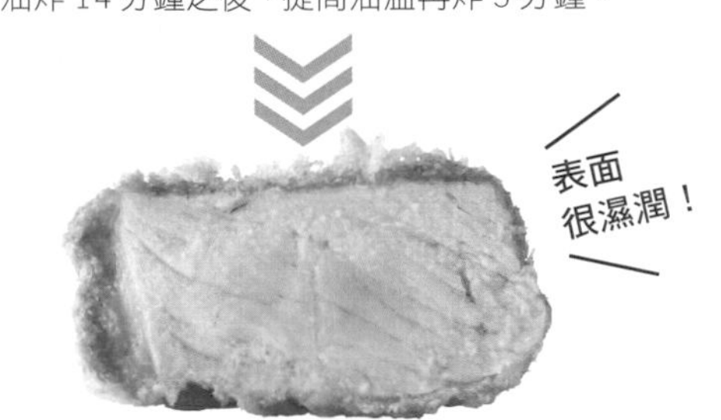

表面很濕潤！

○ 切面呈粉紅色，軟嫩又多汁。一口咬下去，就能品嚐到飽滿的肉汁和脂肪的甘甜。

里肌肉炸豬排

將肉排放進 160 ～ 170℃的炸油裡。

在鍋子的正中央

以固定的油溫炸 6 ～ 7 分鐘。

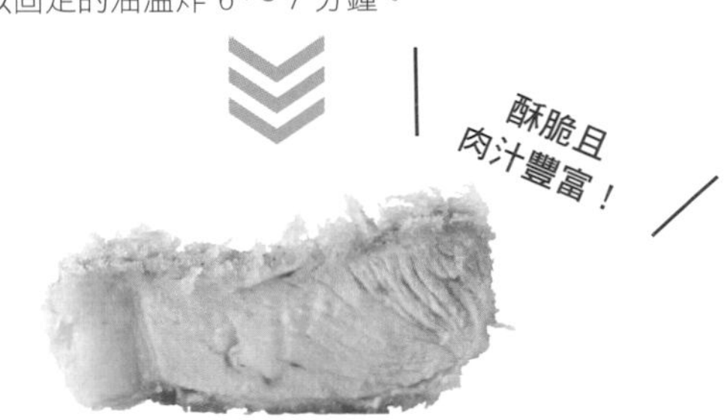

酥脆且肉汁豐富！

○ 麵衣酥脆、肉汁飽滿。一咬下就能感受到清脆的口感，瞬間就能吞下肚，也能品嚐到肥肉的甜味。

用豬里肌肉製作（160克）

〔炸豬排〕

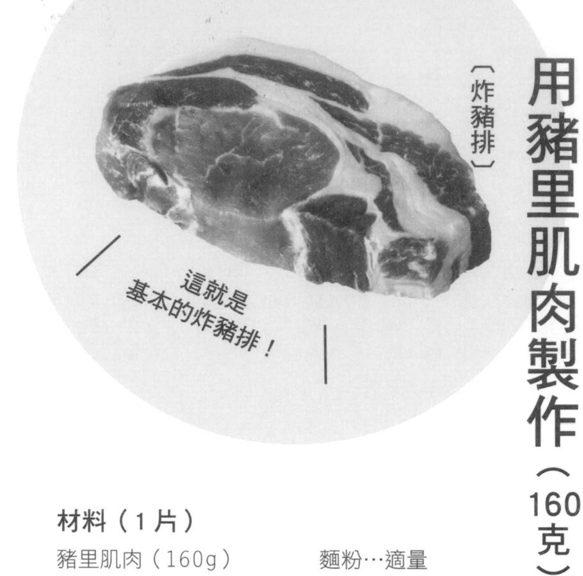

材料（1片）

豬里肌肉（160g）…1片
鹽（海鹽）…少許
白胡椒粉…少許
麵粉…適量
蛋液…適量
生麵包粉…適量
炸油（豬油）…適量

前置處理

1 肉片去除水分，將肥肉與肉之間的筋膜共7處切斷。背面也以相同的方式切斷筋膜。

2 使用肉錘敲打整塊肉，使肉質變得更軟嫩。注意不要敲打過度，以免破壞纖維組織。

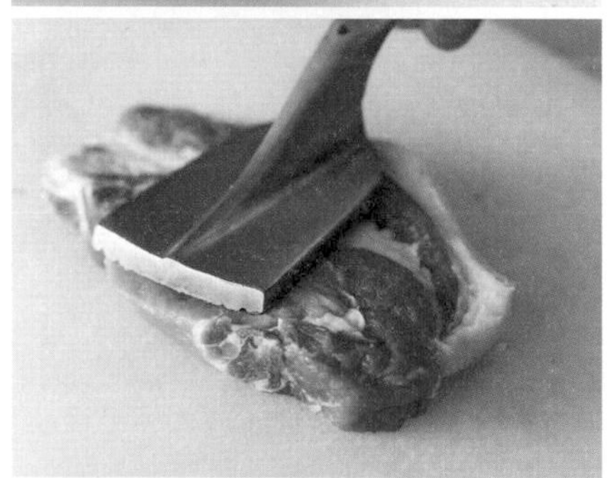

3 在肥肉部分多撒些鹽，瘦肉則輕輕撒一點，也撒上胡椒粉。將處理好的肉排放進冰箱裡靜置3小時，表面會顯露著光澤。

4 在烤盤裡鋪上麵粉，放入步驟3的肉排，將整塊肉排塗滿麵粉，並將多餘的麵粉抖掉。

5 將蛋液倒入另一個烤盤，把塗滿麵粉的肉排放入，讓整片肉沾到蛋液。最後，再瀝掉多餘的蛋液。

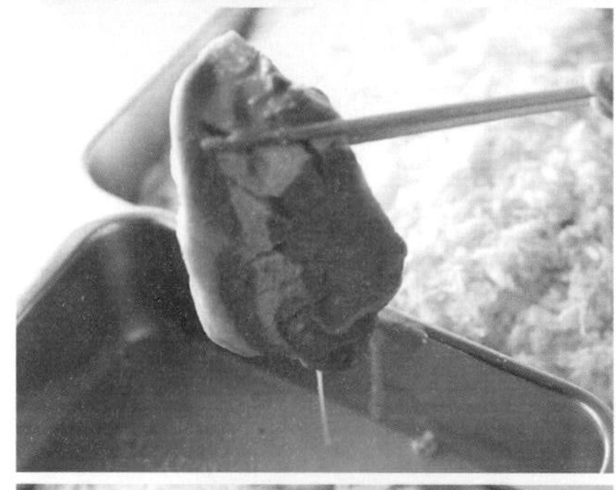

6 在另一個烤盤裡鋪滿大量生麵包粉，將步驟5的肉排置於麵包粉上。從肉排的周邊蓋滿麵包粉再擠壓。

沾裹麵衣的祕訣！

沾取適量的麵粉和蛋液 整體覆蓋上大量的麵包粉

麵衣必須緊緊地黏在整片肉上面。將麵粉和蛋液均勻地沾裹肉排，大量的麵包粉要覆蓋在肉上面，但也要注意避免沾取過量。

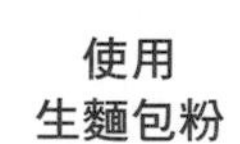

MEMO

在肥肉上多撒點鹽的理由

在炸豬排時，為了去除豬肉多餘的水分、發揮肉的美味，所以要撒鹽。這是因為鹽具有不易進入肥肉、容易進入瘦肉的特性，因此鹽量要依肥肉和瘦肉的比例調整，才能均衡地發揮出肉的美味。

7 店裡使用的炸油有兩種，是根據不同用途分別使用的兩款精製豬油，目的在於增添美味與濃郁味道，其香氣成分可增加獨特的風味。

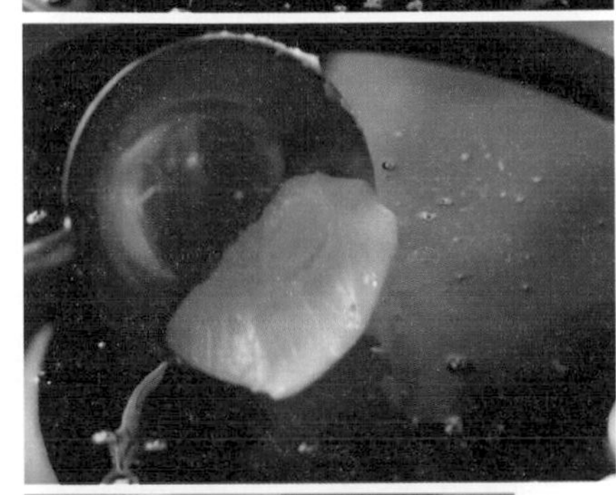

8 將溫度比較高的豬油，混入步驟7的油鍋裡。這就是炸出酥脆和美味豬排的祕訣。

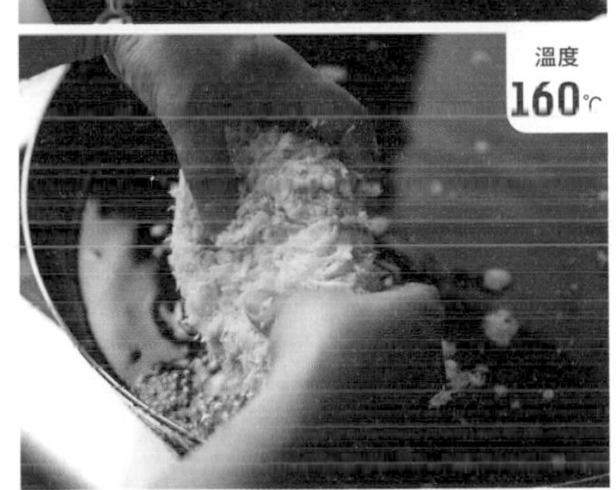

9 炸油加熱到160℃，將步驟6的肉排緩緩放入靠近自己的油鍋裡。如此就能炸出麵衣立起來的感覺。

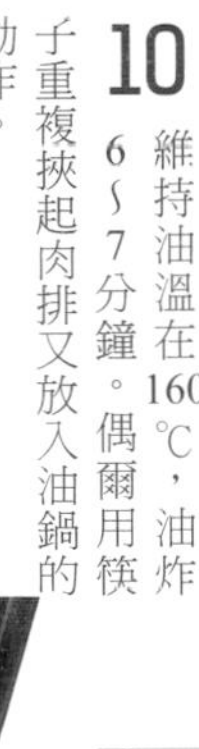

10 維持油溫在160℃，油炸6～7分鐘。偶爾用筷子重複挾起肉排又放入油鍋的動作。

11 待泡沫變小後，使用漏勺取出並仔細瀝乾油分。若此時的油呈透明狀，則表示油炸作業完成。

12 炸好後放在網架上瀝乾油分，這個步驟的另一個目的是利用餘溫加熱、讓肉質吃起來的口感更加濕潤。

13 將步驟12炸好的肉排放在砧板上，以從上方下刀的方式切開肉排。可一邊用濕毛巾擦拭刀身、一邊切肉排，就能切出漂亮的剖面。

MEMO

精製豬油與調和豬油的差別

所謂豬油，基本上是指豬背的脂肪。精製豬油是將豬的脂肪精製而成100%的豬脂肪，而調和豬油則是以精製豬脂為基底，再混合牛油和棕櫚油而成的油脂。

用豬里肌肉製作（120克）

〔炸豬排〕

即使是 120g 看起來也分量十足！

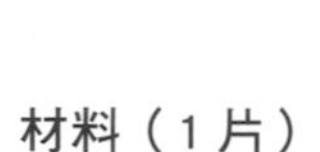

材料（1片）

豬里肌肉（120g）…1片
鹽…少許
白胡椒粉…少許
麵粉…適量
蛋液…適量
生麵包粉…適量
炸油（豬油）…適量

前置處理

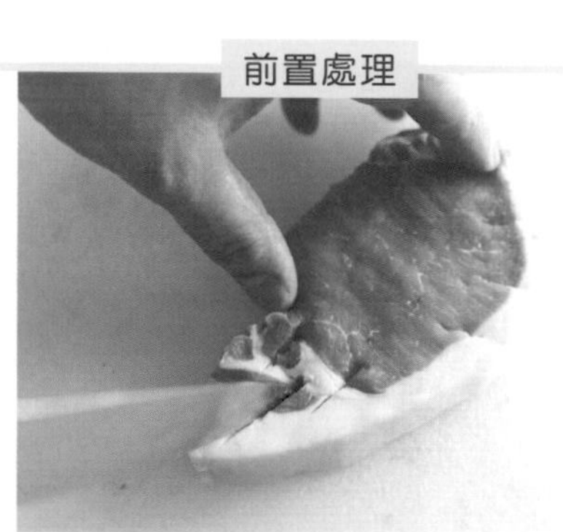

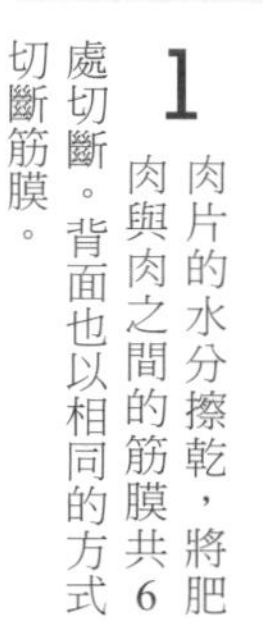

1 肉片的水分擦乾，將肥肉與肉之間的筋膜共6處切斷。背面也以相同的方式切斷筋膜。

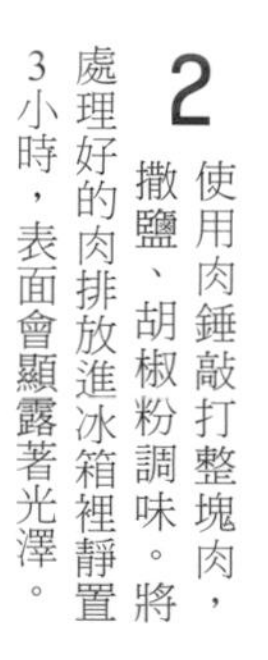

2 使用肉錘敲打整塊肉，撒鹽、胡椒粉調味。將處理好的肉排放進冰箱裡靜置3小時，表面會顯露著光澤。

3 依序在步驟2的肉排上沾裹麵粉、蛋液以及麵包粉（詳見第88頁，步驟4～6）。

正式烹調

油炸時間
160℃～170℃
6分～7分

4 將炸油加熱到160～170℃，放入步驟3的肉排（詳見第89頁，步驟9）。維持溫度並油炸6～7分鐘。

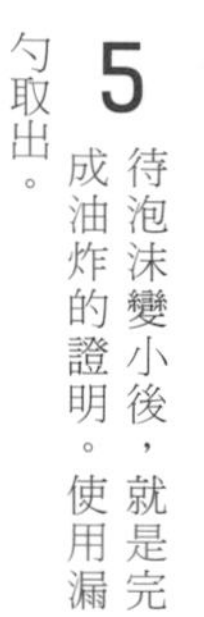

5 待泡沫變小後，就是完成油炸的證明。使用漏勺取出。

6 提起漏勺，將豬排上的油分充分瀝乾。

7 放在網架上瀝乾油分，用菜刀分切肉排（詳見第89頁，步驟13）。

MEMO

瀝乾油分的重要性

處理炸豬排時，仔細瀝乾油分的步驟很重要。此時，如果油看起來十分清澈，則是完成油炸的證明。若油脂混濁，代表肉沒有炸熟，請再次加熱。

用厚片豬里肌肉製作（240克）

〔炸豬排〕

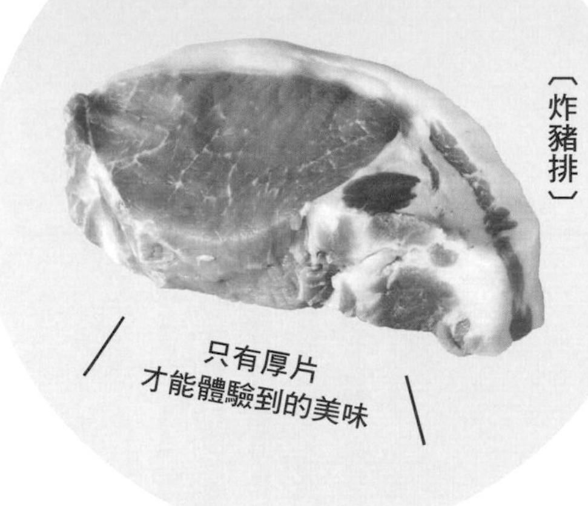

材料（1片）

豬里肌肉厚片（240g）…1片
鹽…適量
白胡椒粉…適量
麵粉…適量
蛋液…適量
生麵包粉…適量
炸油（豬油）…適量

前置處理

1 肉片的水分擦乾，將肥肉與肉之間的筋膜共7處切斷。背面也以相同的方式切斷筋膜。

2 使用肉錘敲打整塊肉，撒鹽、胡椒粉調味。將處理好的肉排放進冰箱裡靜置3小時，表面會顯露著光澤。

3 依序在步驟2的肉排上沾裹麵粉、蛋液、麵包粉（詳見第88頁，步驟4～6）。

正式烹調

4 將炸油加熱到150℃，放入步驟3的肉排（詳見第89頁，步驟9）。1～2分鐘之後，用筷子提起肉排，讓下方也能加熱到。

油炸時間
150℃

5 經過14分鐘之後，將油溫提高到170℃，油炸約3分鐘。如此即可炸出酥脆的外皮。

油炸時間
150℃ 14分
170℃ 3分

6 從中心位置的直線所冒出的泡沫，是麵衣的水分蒸發、炸油進入的證明，也是口咬下去會有酥脆口感的參考依據。

7 用漏勺取出並充分瀝乾油分、放置在網架上瀝油後，用菜刀分切肉排（詳見第89頁，步驟13）。

MEMO

麵衣水分與炸油的交換機制

這個過程，就像是將水分擰乾的海綿放入水中，海綿就會因水滲入孔縫裡而膨脹。同理，在油炸豬排的過程中，麵衣中水分蒸發之後，炸油就會滲透進麵衣裡，如此才能做出外皮酥脆的口感。

人氣肉料理⑤

肉山的頂級烤牛肉

不惜重本、使用整塊肉的豪華烤牛肉，必須在半年前預約的夢幻料理！現在，不需遠赴日本，傳授給您在家也能完美複製的極致美味。從肉品選擇、前置處理以及火候控制，告訴你更輕鬆簡單的料理方式，即使是冰在冷凍庫裡的肉品，也能做出餐廳等級的好味道。

部位×美味的關係

建議採用脂肪量較少的腿肉或腰臀肉

烤牛肉原本發源自英國，是一道用烤箱烘烤的大塊牛肉料理，道地的品嚐方式是將一整塊燒烤牛肉分切裝盤後，再澆上肉汁趁熱吃，通常使用沙朗等帶有脂肪的部位。

這裡要介紹的是日本人改良過後的做法，特色是「冷卻後也很美味」，建議選用脂肪量較少的腿肉或腰臀肉。腿肉的部分雖然肌理有些粗，但只要烤的火候得宜，味道仍是一級棒！腰臀肉若能選用日本國產牛，就能烘烤出美味的牛肉。

想要做出頂級的烤牛肉 一定要選擇瘦肉部位

清爽的味道

牛腿肉

相較於偏硬的外大腿肉，脂肪少、味道清爽的內大腿肉，比較適合烹製成烤牛肉。

肌理細緻、軟嫩

牛腰臀肉

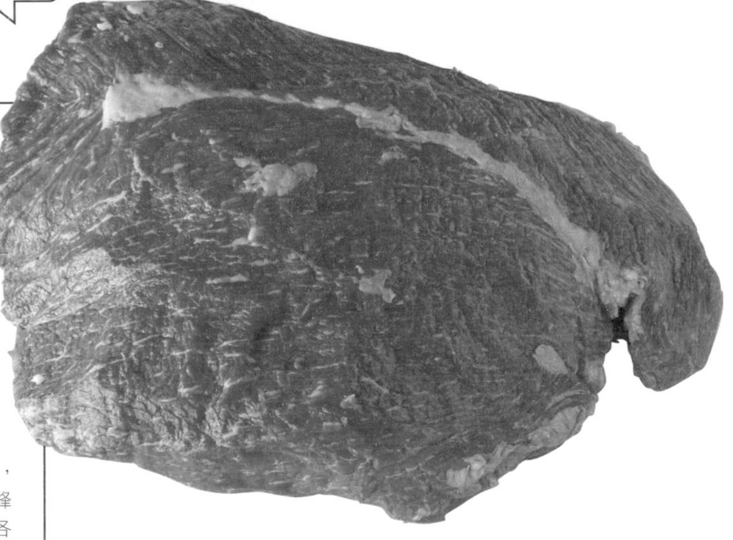

肌理細緻、軟嫩的牛腰臀肉，帶有一些適度的脂肪。各種烹調方式都OK，最適合烹製成烤牛肉。

傳授祕訣的大廚是…

肉山　吉祥寺店

光山英明 老師

於2012年開業的「肉山」，店名有「登上肉的最高峰之意」，目前正在全國各地展店中，是預約爆滿的人氣名店。

厚度×美味的關係

薄肉片也可利用煎烤方式烹調出美味

烘烤整塊肉排的豪邁型烤牛肉，若使用5公分厚的牛肉，除了可享受到一分熟的口感，濃郁的美味也十分迷人。

雖說如此，對於大塊牛肉的昂貴價格望之卻步的人，不妨用1.5公分厚的牛排肉試試看吧！請參考第98頁的食譜，就能用薄片牛排做出好吃的烤牛肉。即使肉的厚度不同，只要選擇適當的烘烤方式，也能品嚐到美味的烤牛肉。

牛肉的美味會因為厚度不同而改變?!

厚度 5cm

VS

厚度 1.5cm

分切成烤牛肉的基本厚度。

分切成像牛排的一般厚度。

用平底鍋煎

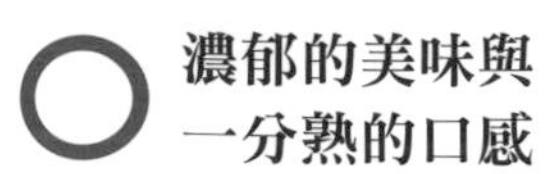

濃郁的美味與一分熟的口感

厚度5cm、重量約500g的肉，是烤牛肉的經典款。用平底鍋開大火煎到最後表面呈現焦黃色，就能充分品嚐到夢幻一分熟牛肉的鮮甜美味。

濕潤多汁、美味濃郁

與經典的厚切烤牛肉相較之下，稍微改變了烹調方式，不過這個厚度也能製作出十分美味的烤牛肉，重點就在於火候與烘烤時間的掌控。在短時間內以較弱的中火煎表面，即可品嚐到濕潤的口感與香濃的美味。

溫度×美味的關係

恢復室溫後再煎？直接以冷凍狀態下鍋？

即使未解凍，薄片肉也能做出頂級美味

冷凍肉需要花時間解凍，但如果解凍的時間沒有拿捏好，很可能就浪費了頂級好肉。因此，學會在未解凍的狀態下煎出美味，是更為實際的做法。

就煎肉時的理論而言，一般建議要使用恢復到室溫的肉較佳，但如果是厚度約1.5公分的肉，在冷凍的狀態下直接下鍋煎也沒問題。這是因為，對於厚度較薄的烤牛肉來說，想要讓中心部呈現一分熟的程度時，在冷凍的狀態下進行更加適合。

直接使用冷凍肉 VS **解凍並恢復室溫**

用大火煎厚度 1.5cm 的肉。

以較弱的中火煎厚度 1.5cm 的肉。

用平底鍋煎

○ 充分品嚐到一分熟的鮮嫩美味

從冰凍狀態煎成的烤牛肉，可品嚐到與恢復到室溫、厚度 5cm 的肉相同的一分熟口感，兩種方法都很美味。

○ 火候剛剛好 肉質軟嫩多汁

恢復到室溫的肉，煎製時只要留意火候，就能品嚐到多汁的口感與美味。可依個人喜好，製作出一分熟～五分熟之間的熟度。

用厚度5cm的牛腰臀肉製作

〔烤牛肉〕

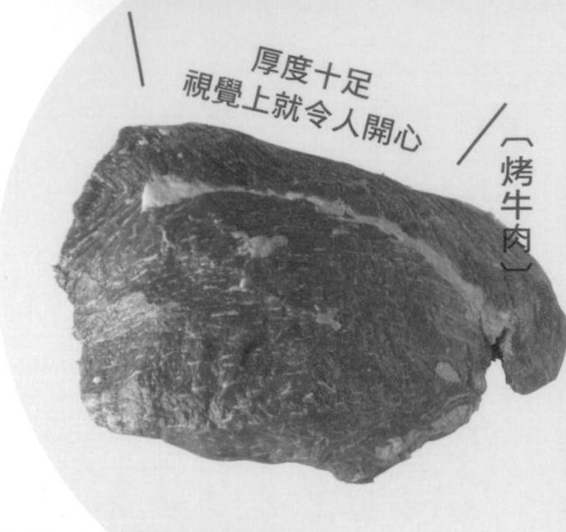

材料（容易製作的分量）

牛腰臀肉（塊）…400g
鹽…適量
牛油…適量

正式烹調

1 用大火預熱平底鍋、放入牛油，使其充分融化並均勻塗抹於平底鍋上。

2 牛肉下鍋煎之前，先在整塊肉上均勻撒鹽。

3 將步驟2的肉塊放入牛油融化的平底鍋中，直接用大火煎38秒。

4 翻面，再用大火煎38秒。

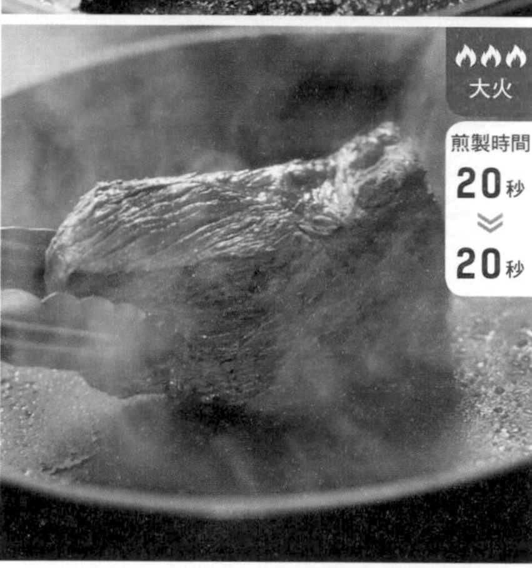

5 豎起肉排，並將側面較大面的兩側，各煎20秒。

在煎肉前均勻地撒鹽

鹽具有鎖住肉品美味的效果，並且可以幫助適度排出水分使肉質緊實、讓肉更好煎。不過，撒鹽後請勿放置過久，否則反而會流失肉汁、失去美味。均勻地撒鹽可使熱的傳導方式及焦糖色分布均勻。

煎製的祕訣！

厚度5cm的肉 從頭到尾都用大火煎

厚度足夠的肉，要加熱到中心部分，需要花時間。因此，從頭到尾都要用大火煎，這也是鎖住肉汁的重點。

6 將側面較小面積的兩側，各煎10秒。

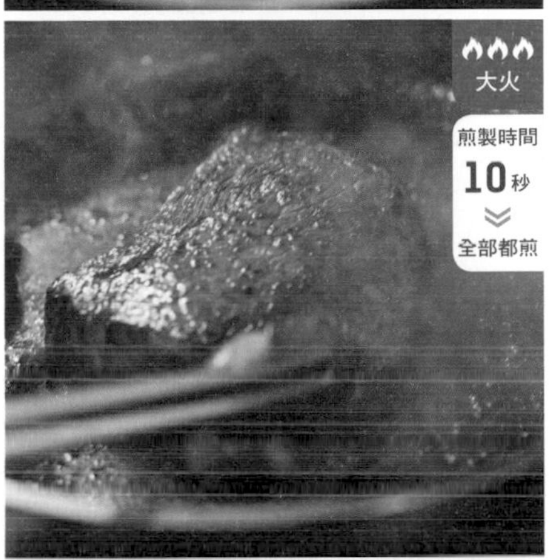

7 全部都煎出焦黃色之後，再一次每面都煎10秒。

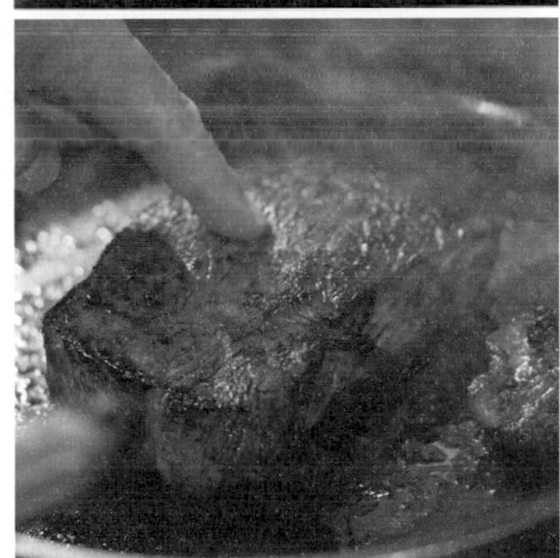

8 用手指壓一壓肉的表面，若能感覺到彈性，代表已經煎製完成。

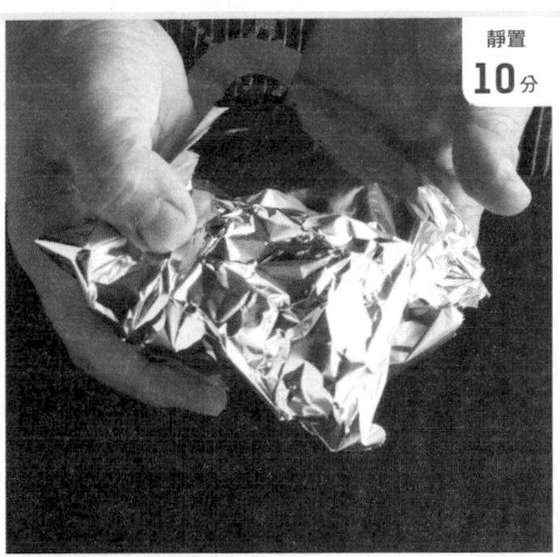

9 將肉排取出，用鋁箔紙包覆後靜置約10分鐘，利用餘溫繼續加熱。

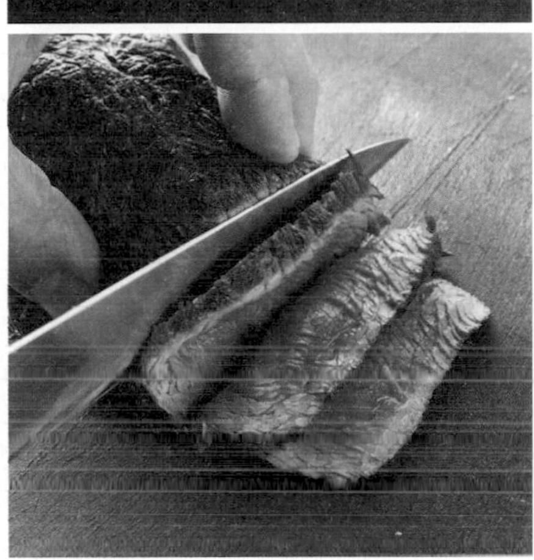

10 鋁箔紙打開後，切成0.5cm的薄片。

肉汁飽滿的祕訣！

流出到鋁箔紙上的肉汁較少才正確

成品是否肉汁飽滿的判斷依據，是檢視流出到鋁箔紙上的肉汁量。如果肉汁量少的話，則證明火候剛剛好。

MEMO

切面呈現紅色是血紅蛋白的反應

烤牛肉在剛切好時，切面會呈現粉紅色，時間拉長就會變成紅色。這是肉裡的血紅蛋白接觸到空氣後，與氧產生反應而呈現的顏色，並非半生不熟。

用厚度1.5cm的牛腰臀肉製作

〔烤牛肉〕

充分展現出肉的美味！

材料（容易製作的分量）

牛腰臀肉（厚度1.5cm）…100g
鹽…適量
牛油…適量

正式烹調

1 用大火預熱平底鍋、放入牛油使其充分融化。放入均勻撒好鹽的肉，以較弱的中火煎45秒。

2 翻面，同樣煎45秒。

3 豎起肉排，每面各煎8秒，全部都煎到變色。

4 將肉排取出，用鋁箔紙包覆後靜置約5分鐘，利用餘溫加熱。

5 鋁箔紙打開後，切成0.5cm的薄片。

一般家庭也能做出美味的烤牛肉

若想在家裡輕鬆烹製出美味的烤牛肉，建議使用厚度1.5公分的肉。和厚度5公分的大塊肉相較之下，價格較便宜，烹調上也比較輕鬆，卻能完成與大塊肉相同的美味。請務必用超市販售的牛排肉試試看！

煎製的祕訣！

以較弱的中火煎厚度1.5cm的肉

較薄的肉比較容易加熱到裡面，因此要調弱火力。此外，煎肉時間也要設定得短一些，調整到中心煎成一分熟的時間。

用厚度1.5cm的冷凍牛腰臀肉製作〔烤牛肉〕

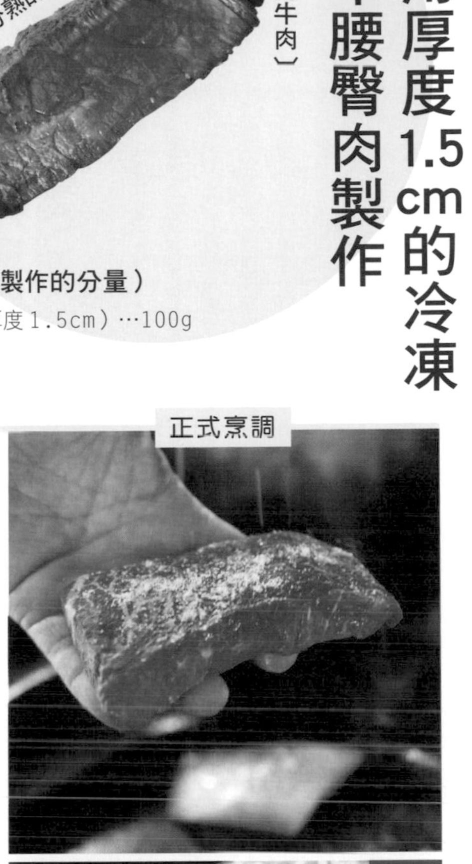

材料（容易製作的分量）

牛腰臀肉（厚度1.5cm）…100g
鹽…適量
牛油…適量

正式烹調

1 用大火預熱平底鍋、放入牛油使其充分融化。在肉上面均勻地撒鹽，放進平底鍋。

2 將肉排的每一面各煎50秒，一邊用牛油煎肉的周邊到出油、一邊煎烤。

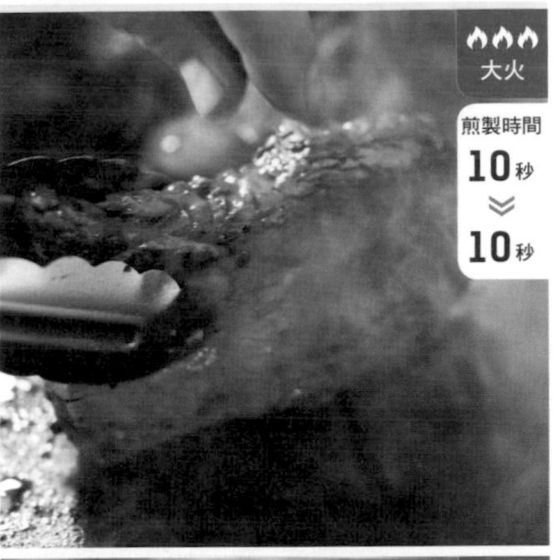

3 把肉排豎起，將側面面積較大的兩側，以大火各煎10秒。

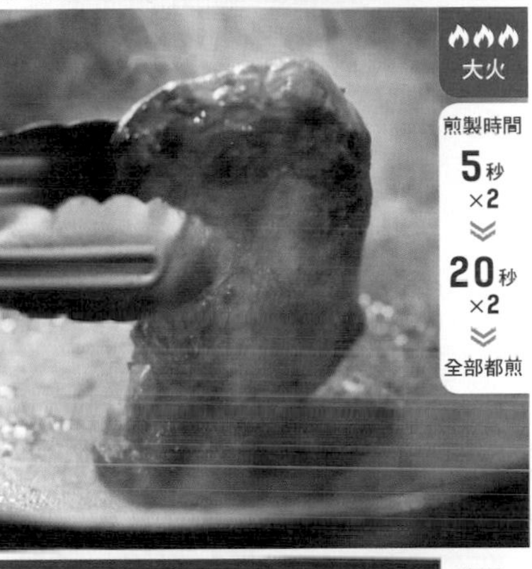

4 將側面面積較小的兩側，以大火各煎5秒，剩下的兩側各煎20秒，直到把四個側面都煎出焦黃色。

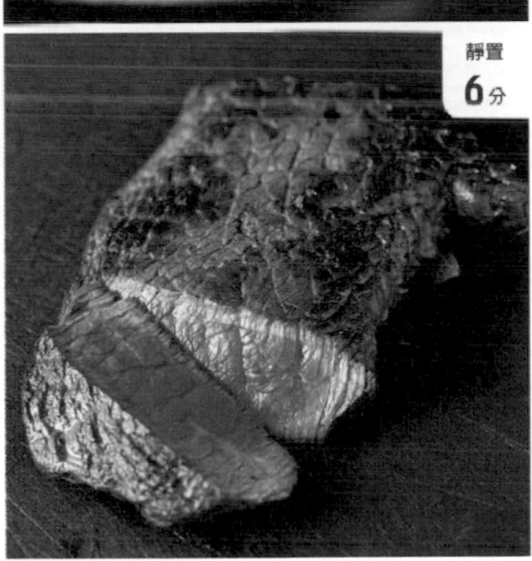

5 用鋁箔紙包覆，靜置6分鐘用餘溫加熱，打開後切成0.5cm的薄片。

即使直接用冷凍肉也非常美味

冰箱裡若有事先冷凍保存的牛肉，也可直接用冷凍肉料理烤牛肉。尤其是厚度約1.5公分的肉，即使只用平底鍋煎，也能煎得十分美味，還能實現中心為一分熟的絕妙好滋味。

煎製的祕訣！

用大火煎整塊冷凍肉的表面

因為是冷凍肉，所以在煎製時，從頭到尾都要維持大火。此外，牛油的使用方式也是重點，以一邊融化脂肪、一邊煎烤的感覺煎牛肉。烹製時，要比處理厚度5cm的牛肉時更小心翼翼。

肉山推出的另一道佳餚！

肉汁飽滿的低溫炭烤豬肉

兼顧營養與口感的低溫炭烤豬肉，是肉山的另一道招牌菜。如果在家裡也能品嚐到這道職人級佳餚，肯定令人興奮不已。在這裡介紹炭火直烤和平底鍋煎烤兩種烹調方式，兩者的重點都放在表面不過度燒焦的情況下、也能把中心內部煎熟的技巧。請務必嘗試看看！

煎烤方式
×
美味的關係

離爐火稍遠慢煎可避免半生不熟，肉汁更飽滿

只用平底鍋煎肉時，要一邊留意使用大火的加熱時間，一邊要把握時間煎遍整塊肉。由於肉的中心不易煎熟，請用手指確認煎烤狀況。

另一方面，若使用炭火搭配平底鍋煎烤，可先用炭火烤出焦痕，再用平底鍋煎到表面焦黃、變硬，鎖住肉的美味，最後用炭火慢烤到中心部位熟透。使用炭火的話，可實現「離火稍遠的大火」的理想狀態，因此可絕妙地烤熟肉的中心。這個煎烤方式可讓肉的風味更上層樓，做出餐廳級的好味道。

合併使用炭火&平底鍋，成品會有什麼不同？

只使用平底鍋煎烤 VS 使用炭火&平底鍋煎烤

只使用平底鍋煎烤

用平底鍋先把每一面都煎一遍。

一邊換面煎，一邊繼續加熱。

△ **中心煎成粉紅色**

煎成周邊偏硬、中心呈現粉紅色的狀態，肉汁飽滿軟嫩。若擔心沒煎熟，可稍微增加最後的煎烤時間。

使用炭火&平底鍋煎烤

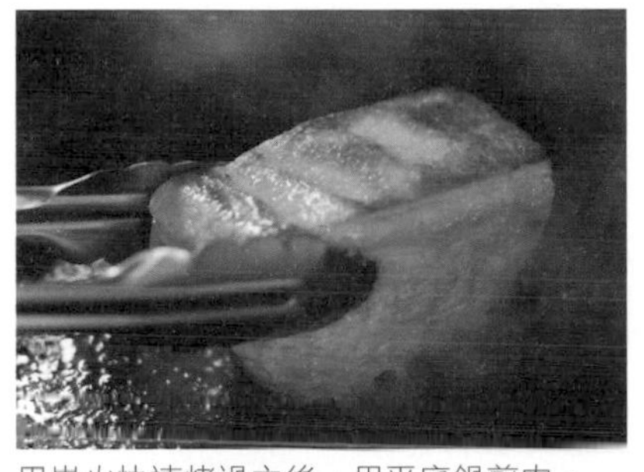

用炭火快速烤過之後，用平底鍋煎肉。

再次用炭火烤，這次要用慢火烤。

○ **加熱到中心部完成多汁口感**

帶著只有炭烤才具有的風味，形成無比的美味。可絕妙地烤到肉的中心，完成多汁軟嫩的口感。

用炭火&平底鍋煎豬里肌肉

〔炭烤豬肉〕

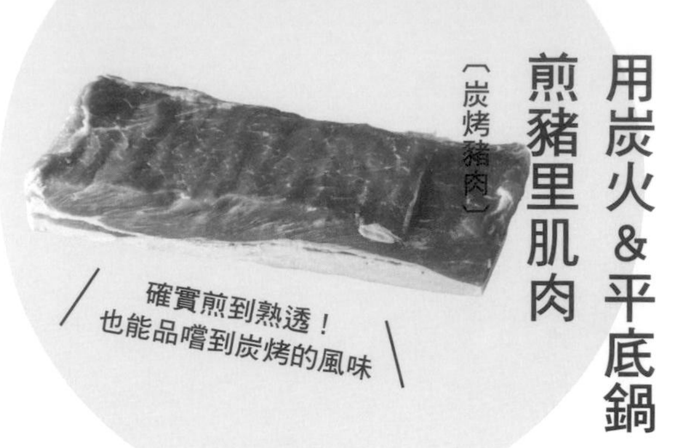

確實煎到熟透！
也能品嚐到炭烤的風味

材料（容易製作的分量）

豬里肌肉（塊）…300g
海藻鹽…適量

前置處理

肉買回來後，先用廚房紙巾拭去水分。

正式烹調

1 在要烹調前的2～3小時，將肉從冰箱裡取出，放置於室溫下退冰。要煎烤前，在整塊肉上均勻地撒上海藻鹽。

2 放在網架上，用炭火烤表面。一邊烤、一邊翻面，直到每一面都烤到變白。

3 用大火預熱平底鍋，將肉塊的肥肉部分放在鍋面煎1分30秒。

4 轉小火，豎起肉塊，將其他每一面各煎10秒。表面煎到變硬，即可鎖住美味。

5 再次放回網架上，用距離較遠的炭火烤約9分鐘。

6 用手指壓壓看肉的表面，若能感覺到彈性，代表已煎烤完成。

7 用鋁箔紙將肉塊包覆，靜置約15分鐘，利用餘溫加熱。

煎製的祕訣！

利用較遠的大火和餘溫慢火加熱

如果使用炭火的話，可用距離遠一點的大火烤，就能有「遠紅外線效果」。如此一來，可慢慢地加熱到肉的中心，烤出絕妙的多汁口感！最後，不要忘了使用鋁箔紙包覆，利用餘溫加熱。

只用平底鍋煎豬里肌肉

〔炭烤豬肉〕

只要注意加熱狀況，即使只用平底鍋也 OK

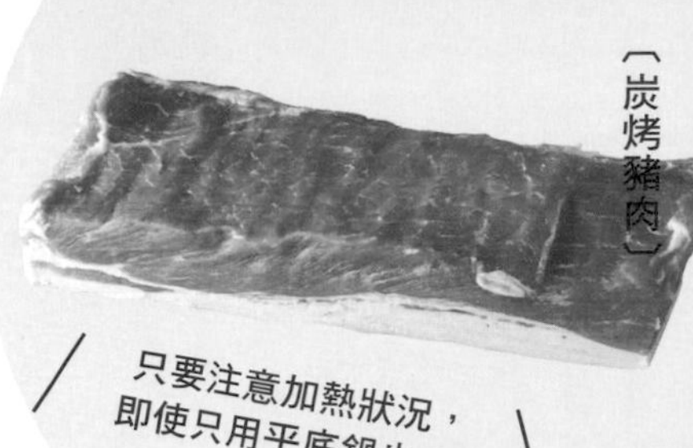

材料（容易製作的分量）

豬里肌肉（塊）…300g
海藻鹽…適量

前置處理

肉買回來後，先用廚房紙巾拭去水分。

正式烹調

1 在要烹調前的2～3小時，將肉從冰箱裡取出，放置於室溫下退冰。要煎烤前，在整塊肉上均勻地撒上海藻鹽。

2 用大火預熱平底鍋，將肉塊的肥肉部分放在鍋面煎2分鐘。

3 翻面，續煎20秒。

4 豎起肉塊，以大火先煎側面面積較小的2側各5秒。

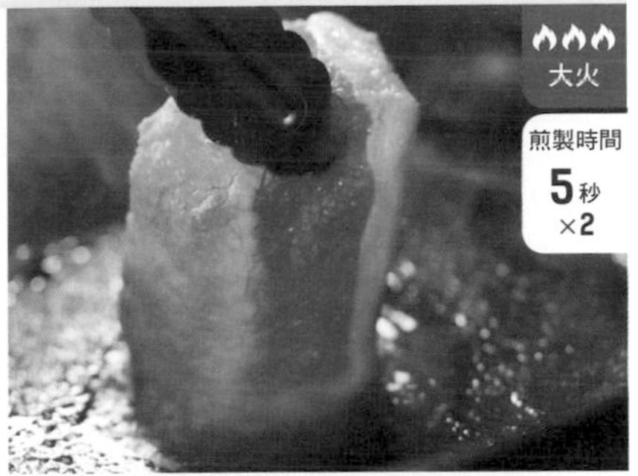

5 剩下的側面各煎50秒，再全部都煎。每一面煎20秒就換面煎，直到中心部位煎熟。

6 用手指壓壓看肉的表面，若能感覺到彈性，代表已煎烤完成。

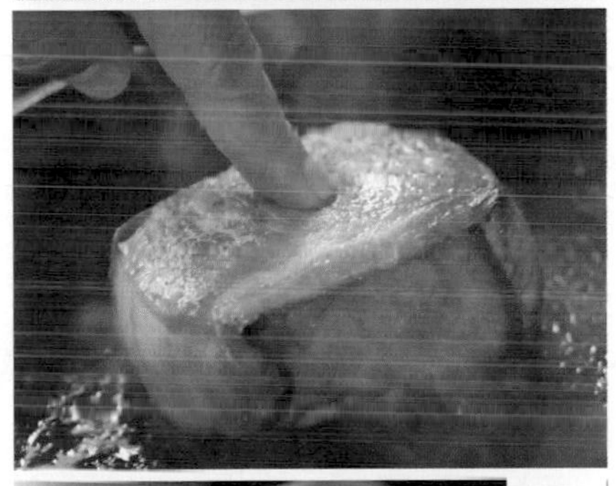

7 用鋁箔紙包覆肉塊，靜置約15分鐘，利用餘溫加熱。

煎製的祕訣！

用手指檢測是否已煎烤完成

最後用鋁箔紙包覆、加熱，即可完成多汁的口感。為了讓肉的中心熟透，肉的四面務必都要均勻加熱，煎完成時，中心呈現粉紅色是最佳狀態。

各肉品部位

每天都想吃的家常菜肉料理10道

這個單元要告訴大家如何活用肉的各部位與特徵，在家做出讓人一吃上癮的肉料理。料理專家用多年的烹飪經驗，帶大家進一步瞭解讓一般家庭菜變得更好吃的祕訣，不但步驟詳細，還會公開肉質的祕密、解說為什麼這麼做會更好吃。只要事先掌握這些訣竅，下廚時你一定會更有自信！

料理／上島亜紀（P104～131）

家常菜肉料理①

日式滷肉

PORK

豬五花肉

肥肉和瘦肉都很好吃

這道頂級美味的日式滷肉，能夠讓你同時品嚐到入口即化的肥肉以及軟嫩不柴的瘦肉，兩種口感一次滿足。烹飪過程中最重要的關鍵，是要徹底去除油脂。用這個料理方式做出來的成品不僅好吃，也有益於健康，請一定要試著做做看！

美味祕訣！

去除油脂、只留下入口即化的膠原蛋白

將 700g 的豬五花肉下鍋煎，可煎出約 40ml 的油，然後將煎過的肉下鍋煮，就能去除油分。將熬煮好的湯汁靜置一晚，表面會浮出一層凝固的油脂。

材料（容易製作的分量）

豬五花肉（塊）…700g
薑（切薄片／去皮備用）…1 小塊
大蔥（切段成 5cm 長）…2 根
酒…50ml
A 日式高湯…400ml
酒…50ml
醬油…2 大匙
味醂…1.5 大匙
砂糖…1 大匙
沙拉油…1/2 大匙
芥末醬…適量

前置處理

1 切肉

將肉切成最大面為 3×5cm 的四邊形。熬煮完成後肉塊會縮水，請以此大小作為基準。

正式烹調（汆燙）

2 煎出焦糖色

在平底鍋裡倒入沙拉油預熱、放入步驟1的食材，剛開始用較強的中火煎，然後轉小火，煎到全部上焦糖色。

3 去除油脂

將步驟 2 起鍋並放在廚房紙巾上，按壓各面以擠出油脂。平底鍋裡剩下的油脂，可用於炒菜等料理。

4 水煮

將步驟 3、薑皮、大蔥的蔥綠部分以及酒放入鍋裡，添加大量的水。開大火煮，燉煮中要一邊撈去浮沫。

5 添加適量的水

沸騰後轉較弱的中火，蓋上鍋蓋繼續煮 1 小時以上。過程中若水分減少就添加水（分量外），以防止肉的表面變乾。

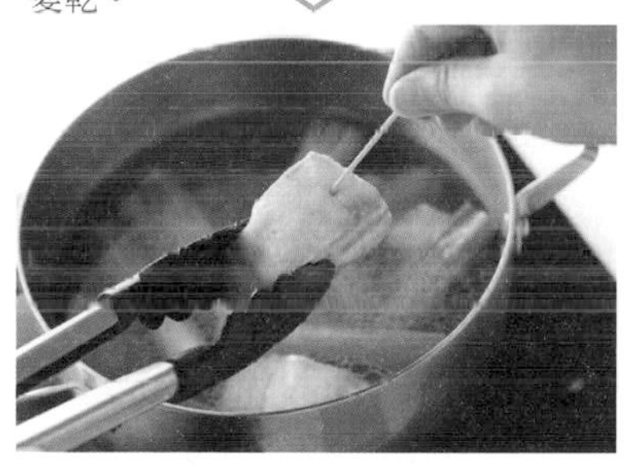

6 用竹籤戳看看

將肉燉煮到去除油脂。用竹籤戳戳看，若能順利穿過肉塊，就表示肉的油脂已徹底去除。

MEMO

有關肉塊的大小

肉塊的大小因各條件而異。建議根據料理以決定大小。若要做成日式滷肉等料理，考慮到肉燉煮後會縮小，選用大塊一點的肉會比較適合；如果使用偏小塊的肉，要先思考每一塊肉的切法，若只考慮到寬度而從邊緣開始切，容易愈切愈小塊。

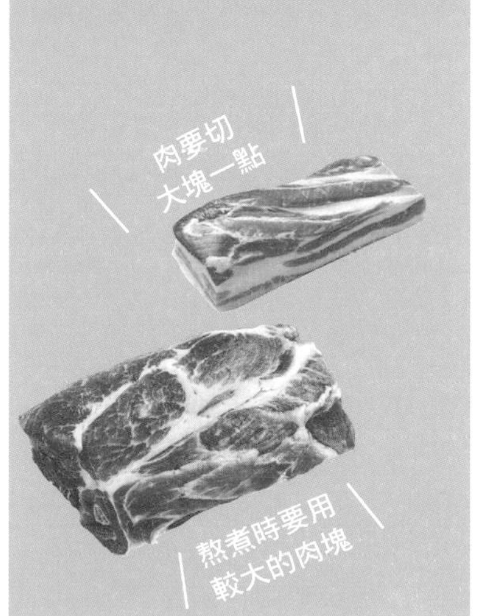

上島亞紀 老師

美食烹飪家。從簡單常見的家常菜到宴客料理都能駕馭自如，最大的興趣是鑽研美味的肉類料理。

豬五花肉的白色部分是什麼？

一般我們稱為「肥肉」的部分，其實不是脂肪塊，而是以膠原蛋白為主要成分的結合組織，其中也包含脂肪在內。用水煮肥肉之後會溶解出脂肪，變成只留下膠原蛋白的狀態。附帶一提，比起用添加調味料的高湯煮，用清水煮能夠溶解出更多脂肪。

正式烹調

7 去除浮沫

將肉塊取出，泡進水裡，輕輕搓洗掉浮沫。這道工序可去除雜味，讓成品保持清爽的外觀。

8 擦乾水分

將肉塊放在廚房紙巾上，吸收多餘水分。此時，由於油脂已確實去除，熬煮的滷汁量減少一些也無妨。

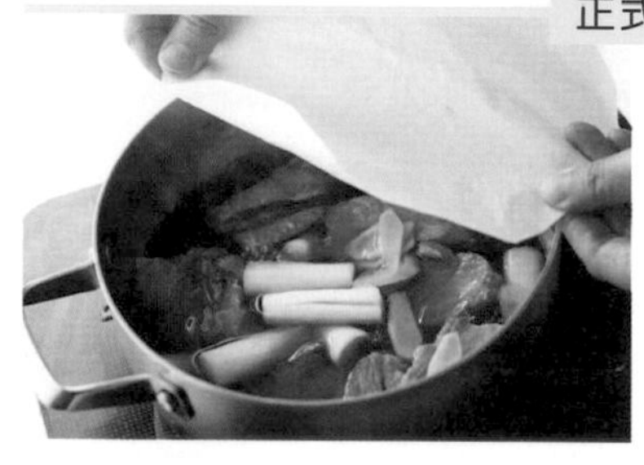

9 熬煮

將蔥白、肉塊、薑以及 A 放入鍋裡。開中火煮到沸騰後，蓋上鍋中蓋和鍋蓋，以較弱的中火煮 30 ～ 40 分。

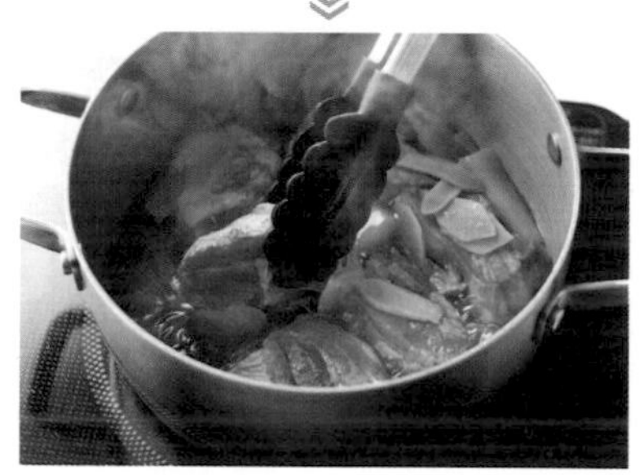

10 適時翻面

在熬煮過程中將肉翻面，讓滷汁入味。裝盤，附上芥末醬。

滷汁可以用來煮湯，油脂可用於炒菜

滷汁裡含有大量的美味成分，去除油脂後，可用來煮湯。此外，殘留在平底鍋上、從滷汁中瀝掉的油脂，即所謂的豬油。用於炒菜，能讓菜餚的香氣更濃郁。

COLUMN

徹底解析
如何汆燙豬五花肉

在製作日式滷肉的過程中，完成汆燙的豬五花肉，
應該呈現什麼樣的狀態？在這裡，讓我們來看個仔細！

「煎烤＋長時間水煮」，可去除95%的脂肪

脂肪較多的豬五花肉具有濃郁的香味和鮮美的味道，缺點是容易做出油膩的料理，且調味料不容易入味。因此在製作像是滷肉等熬煮類的料理時，重點在於如何去除油脂、使其更容易入味。

先煎肥肉、溶解出脂肪，同時增加香氣，然後放入大量的水中煮約一小時，再次去除油脂。在這兩階段的工序中，目的是確實去除油脂，產生膠原蛋白的明膠化反應，成功營造出不肥膩且軟嫩的口感。

油脂幾乎去除掉的膠原蛋白

肉呈鬆散狀

利用煎烤＋水煮去除脂肪

700g 的豬五花肉
可煎出約 40ml 的油脂！

1 即使只用平底鍋煎也能提取出油脂

在煎烤豬五花肉時（詳見第 105 頁，步驟 2），重點在於剛開始用高溫煎得滋滋作響，然後將火轉小，以超過脂肪熔點的溫度慢煎以溶解出油脂。

白色凝固的油脂
可以輕鬆去除

2 熬煮的滷汁放置一晚表面會有脂肪凝固

在煎好之後，放入滾水中熬煮（詳見第 105 頁，步驟 4～6），可去除大部分的油脂。待肉的中心溫度超過 70℃時，膠原蛋白開始產生明膠化反應。將滷汁放置一晚，表面會浮出一層白色固態化的油脂。

家常菜肉料理②

薑燒豬肉

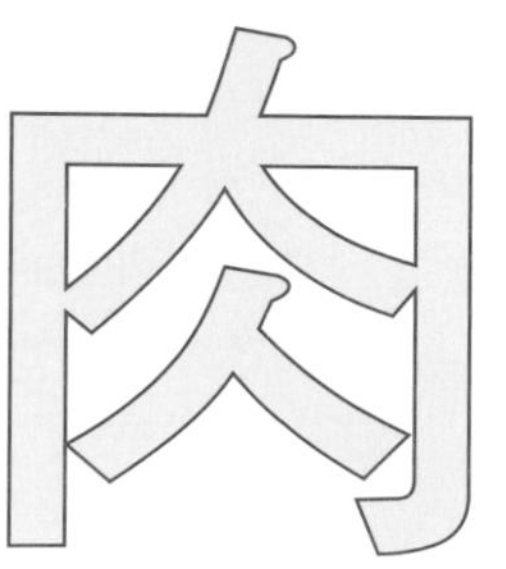

平價的切邊肉片

不需特地購買薑燒豬肉專用的肉，用「切邊肉片」也能做出極品美味。「切邊肉片」是肉的邊邊角角切下來的部位，集合了各部位的精華，因此味道更濃郁。不過，在烹調過程中容易變硬，因此可添加蘋果醬和麵粉，完成飽滿多汁的口感。

PORK

豬切邊肉片

美味祕訣！

在前置處理的調味料裡添加麵粉

想要煎出肉汁豐富的豬肉片，在前置處理的調味料裡添加麵粉，這樣調味醬附著在肉的表面，比之後在肉上撒粉更輕鬆。

材料（容易製作的分量）

- 豬切邊肉片…300g
- 洋蔥…1/2 個
- 紅辣椒（去籽）…1 根
- A
  - 蘋果醬…2 大匙
  - 醬油…1.5 大匙
  - 薑（磨泥）…1 大匙
  - 酒…1 大匙
  - 味醂…1 大匙
  - 麵粉…1/2 大匙
  - 蒜頭（磨泥）…1 小匙
- 沙拉油…1 大匙
- 高麗菜…3 片
- 青紫蘇…2 片

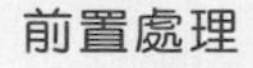

1 預先調味肉片

將肉和 A 放入調理盆裡揉捏，利用蘋果醬增添甜味和濃郁口感。添加麵粉則可讓肉片味美多汁。

2 切蔬菜

洋蔥切成 0.5cm 寬條狀，高麗菜和青紫蘇切絲、混在一起，放入冰箱冷藏。

正式烹調

3 煎肉

將沙拉油、紅辣椒倒入平底鍋，以較強的中火加熱，倒入肉片並撥開，避免肉疊在一起，預防受熱不均勻。

4 撥開肉片

底下的肉煎出焦糖色後，撥開所有肉片。在肉煎到變硬前若去撥動，會讓美味流失，因此剛開始不去碰肉。

5 加入洋蔥

加入洋蔥拌炒。洋蔥的水分適度釋出後，肉會變得濕潤多汁，甜味也大為升級。

6 收汁

繼續加熱，待洋蔥炒軟後，轉大火收汁。如此一來，水分不會過多，味道更濃郁。

7 炒到醬汁入味

仔細拌炒到肉的表面均勻沾到醬汁。起鍋、倒在先鋪放好高麗菜和青紫蘇的盤子上。

家常菜肉料理③

叉燒肉

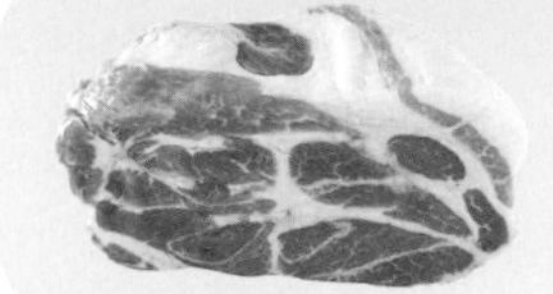

不必燉煮、輕鬆烹製

以下要介紹的是簡易型的叉燒肉做法。不必用滷汁慢燉、直接使用烤架將肉烤到焦黃色即可。關鍵就在於先把肉分切好，並仔細預先調味。此外，烤好的肉以切斷纖維的方向切片，可以凸顯肉的分量，呈現軟嫩的口感！

美味祕訣！

不採取燉煮
改用烘烤的方式

如果選擇脂肪含量較多的豬肩胛肉製作叉燒肉，用烘烤的方式來料理比較適合。加熱前先分切肉塊，烘烤時一邊去除油脂、一邊烤出香噴噴的美味。

材料（容易製作的分量）

豬肩胛肉（塊）…500g

A 醬油…60ml
- 砂糖…70g
- 蜂蜜…30g
- 甜麵醬…1/2 大匙
- 味噌…2 小匙
- 蠔油…2 小匙
- 白芝麻醬…2 小匙
- 芝麻油…2 小匙
- 鹽…1 小匙
- 花椒…1 小匙
- 蒜頭（磨泥）…1 小匙
- 薑（磨泥）…1/2 小匙
- 肉桂棒…1 根
- 丁香…5 個
- 八角…1 個
- 胡椒粉…少許

喜歡的蔬菜（萵苣或茗荷等）…適量

前置處理

1 製作調味醬

將 A 放入耐熱碗裡均勻混合。不必覆蓋保鮮膜，直接用微波爐加熱到沸騰，取出後靜置到恢復室溫。

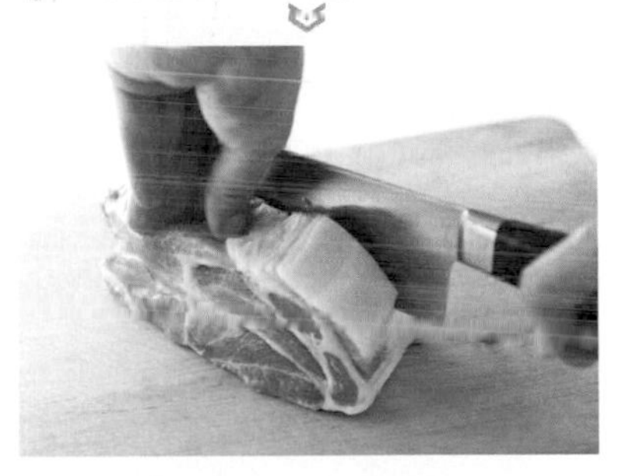

2 切肉

將肉塊立起來、切成 2 ～ 2.5 公分的厚度。由於採用烘烤的方式，先分切成小塊較容易入味，也方便加熱。

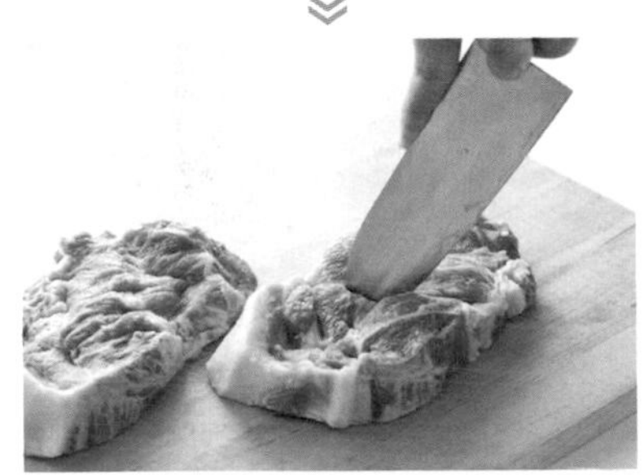

3 切斷筋膜

用刀刃切入步驟 2 的兩面，切斷筋膜可預防肉遇熱收縮、烤出外形完整的肉塊。

正式烹調

4 用調味醬醃漬

將肉塊、醃漬醬料放進塑膠袋裡，封好袋口、放進冰箱裡醃漬約 1 小時。

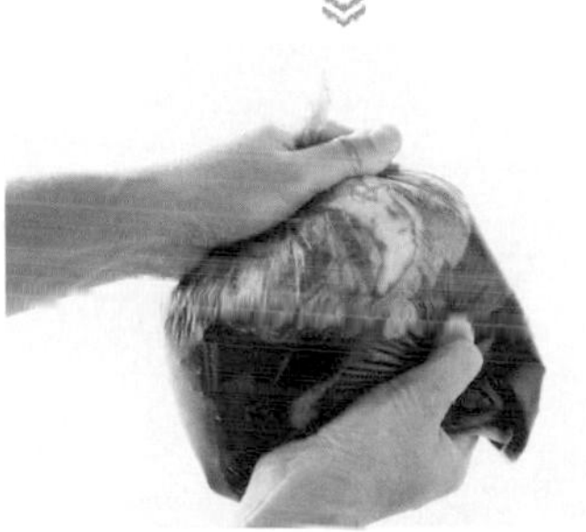

5 搓揉塑膠袋

在醃漬過程中，從冰箱取出搓揉幾次，讓調味醬入味。最後起鍋時會使用到袋中的調味醬，請保留下來。

6 烤肉

取出肉塊，刮掉多餘的調味醬，放在烤架上以小火烤 13 ～ 15 分鐘，如果是單面烤爐，過程中要翻面。

7 原地靜置

讓烤過的肉塊靜置約 3 分鐘。利用餘溫加熱，可烤出軟嫩多汁的口感。

8 清除燒焦部分

烘烤時出現燒焦的部分會帶有苦味，請用剪刀仔細清除乾淨。保留滴在網子下方的醬汁。

9 切叉燒肉

將烤好的叉燒肉切片，和喜歡的蔬菜一起裝盤。將醃漬醬、烤網下醬汁微波加熱約 2 分鐘到沸騰後，再均勻淋在肉上面。

家常菜肉料理④

烤豬肉

利用蒸氣低溫烘烤
最後用餘溫加熱

利用蒸氣烘烤的低溫烹調方式，從肉的周邊加熱到中心，完成肉汁飽滿的軟嫩口感。烹調完成後用鋁箔紙包覆，用餘溫慢慢加熱。如此一來，就不會出現燒焦或肉質乾柴的失敗作品。

PORK

豬腿肉

美味祕訣！

讓橄欖油滲透進肉裡再烘烤

豬腿肉是油脂少、味道偏清爽的部位。用橄欖油充分滲透進肉裡，再以低溫烘烤，就能品嚐到風味豐富、肉汁飽滿的美味料理。

材料（容易製作的分量）

豬腿肉（塊）…500g
鹽…1 小匙
粗粒黑胡椒…1/2 小匙
橄欖油…1/2 大匙
迷迭香…2 根
A 蒜頭（切薄片）…1 瓣
水…3 大匙
白酒…1 大匙
醬油…1/2 大匙
高湯粉（顆粒）…1/2 小匙
鹽、粗粒黑胡椒…各適量

前置處理

1 預先調味

肉放置於室溫解凍後，撒鹽、胡椒粉。在室溫下回溫後再烹煮，比較容易加熱到肉塊的中心部。

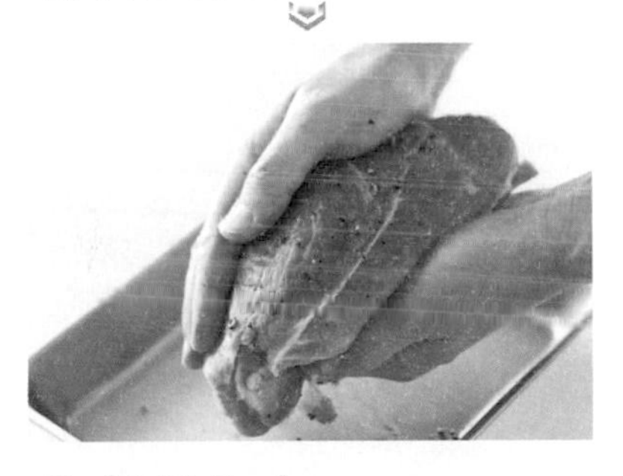

2 搓揉入味

用手仔細搓揉肉塊，靜置 5 分鐘。祕訣在於均勻地搓揉，使調味料能滲入肉裡。

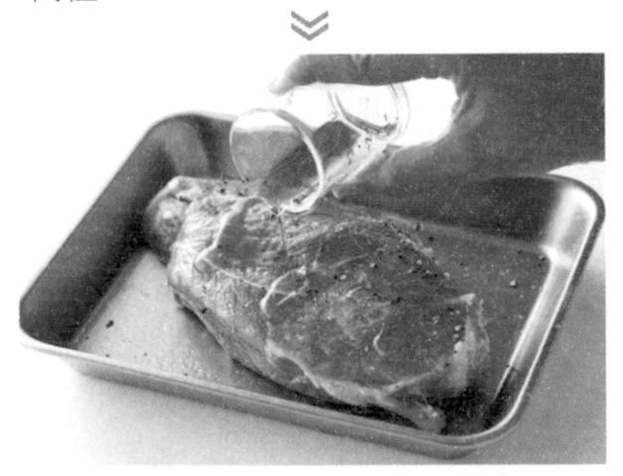

3 淋橄欖油

淋上橄欖油，用手均勻抹在肉上。預先調味滲透入肉，從上方淋油當塗層，可鎖住肉的美味。

正式烹調

4 放烤盤上

將烤網架在烤盤上再放進烤爐，鋪放一根迷迭香，再把肉塊放在上面。

5 擺放迷迭香

在肉塊上方擺放剩下的迷迭香。上下用迷迭香夾著肉塊，香氣會蔓延至整塊肉。

6 蒸氣烘烤

注入熱開水，高度不要碰到肉塊，烤箱預熱到 120℃，用蒸氣烘烤約 50 分鐘。蒸氣的效果可增加多汁口感。

7 用鋁箔紙包覆

將肉塊取出，連帶迷迭香一起用鋁箔紙包覆。這麼做具有保溫效果，讓肉的熱氣不流失。

8 徹底加熱到內部

為避免肉的溫度急速下降，將步驟 7 放置在布等隔熱材上，讓餘溫慢慢地加熱到內部後再裝盤。剩餘的肉汁請保留備用。

9 製作調味醬

將 A 與步驟 8 的肉汁放進耐熱容器，不用保鮮膜加蓋，直接用微波爐加熱 2 分鐘到沸騰，即為美味調味醬。

家常菜肉料理⑤

炸豬排三明治

每一口都軟嫩多汁

豬腰內肉的特徵是脂肪含量少、肉質軟嫩，如果希望肉質更加柔軟，不可直接油炸，而是要仔細拍打後再下鍋。做成炸豬排三明治的話，包在吐司裡可以和麵包一起輕鬆咬斷，搭配上麵衣的香氣和調味醬的濃郁味道，真是妙不可言的一道佳餚。

PORK

豬腰內肉

美味祕訣！

均匀拍打肉片 口感更軟嫩

透過拍打、伸展肉排以切斷纖維，完成軟嫩的口感。此外，由於塑形過的關係，肉排符合麵包的大小和形狀，成品的外觀也很漂亮。

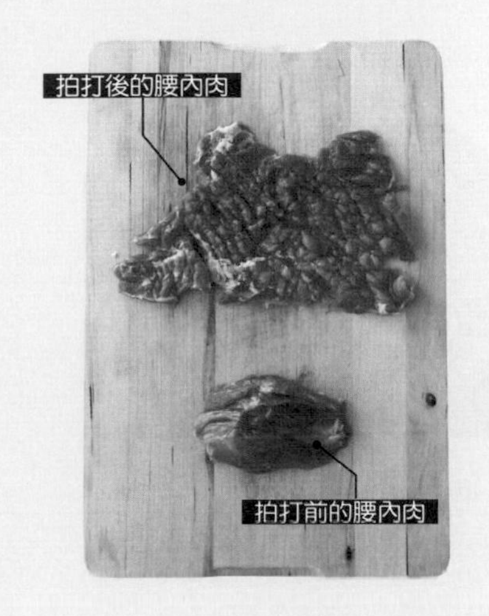

材料（容易製作的分量）

豬腰內肉（塊）…250g
鹽、粗粒黑胡椒…各適量
麵粉…適量
蛋液…適量
麵包粉…適量
高麗菜（切絲）…適量
吐司麵包（厚度約 1.8cm）…4 片

A 奶油…30g
　芥末醬…10g

B 炸豬排調味醬…4 大匙
　番茄醬…1/2 大匙
　醬油…1 小匙

炸油…適量
生菜苗…適量

前置處理

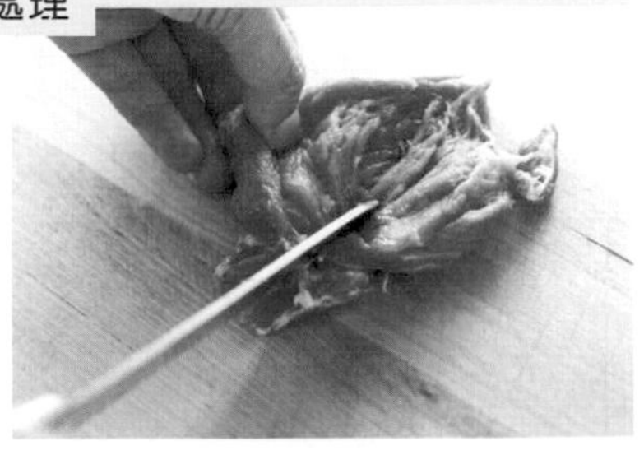

1 片開肉塊

將肉的長度對切成一半，再片開肉塊使厚度減半。這麼做的話，肉才會呈現扁平狀。

2 拍打

為免弄髒砧板，先鋪上保鮮膜，再放一片肉在砧板上，用刀背拍打讓厚度均匀。

3 繼續拍打

將肉轉向 90 度，像畫格子般繼續拍打到肉片變寬、切斷纖維。待肉片呈 4 倍大之後，撒上鹽與黑胡椒粒。

4 塑形

另一片肉也用相同的方式拍打，利用鋪在砧板上的保鮮膜，將肉片包覆並塑形成與吐司麵包大小相仿的方形。

5 沾裹麵衣

剝掉步驟4的保鮮膜，依序沾裹麵粉、蛋液與麵包粉。在沾裹麵包粉時，要用手仔細按壓每一處。

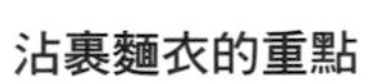

沾裹麵衣的重點

注意避免讓 軟嫩的肉變形

整形過的腰內肉非常柔軟，在沾裹麵衣時動作要輕柔，以免變形。撒好麵包粉之後，最後用雙手按壓整塊肉排，讓麵包粉緊緊地包覆好。

正式烹調

6 油炸

將炸油倒入平底鍋約 1.5cm 深、預熱到 170℃，將沾裹麵衣的肉排炸到兩面恰到好處。不要過度翻面。

7 瀝油

將炸好的豬排取出，立著排放在架著濾網的烤盤上瀝油。想要炸出酥脆爽口的口感，瀝油是非常重要的步驟。

8 吐司抹調味料

將材料 A 拌勻、抹在吐司麵包上。芥末奶油醬是製作三明治基本的調味料，可發揮提味作用。

9 夾上配料

在兩片吐司上鋪放適量高麗菜。將材料 B 拌勻，放入肉排沾滿，再分別放在兩片鋪滿高麗菜的吐司上，用另一片吐司夾好。

10 使整體定型

用保鮮膜包覆固定，靜置約 10 分鐘使三明治定型。稍微用力緊緊包覆，就不易變形，也比較容易分切。

11 分切三明治

用麵包刀以拉鋸的方式，視個人喜好，連同保鮮膜一起切開，去除保鮮膜後搭配生菜苗裝盤。

可以使用腰內肉以外的肉製作炸豬排三明治嗎？

與口感酥脆、肉質軟嫩的豬腰內肉不同，油脂豐富的豬里肌肉也適合當作三明治的配料。此外，如果想要嘗試牛肉，推薦用炸菲力牛排製作牛排三明治。

美味祕訣！

油炸時不要翻動 起鍋時瀝乾油分

剛下鍋油炸的肉容易變形，在表面完全變硬之前，請勿翻動。此外，起鍋後以直立的狀態瀝油，可維持外皮酥脆的口感。

家常菜肉料理⑥

日式唐揚炸雞塊

輕鬆完成專業級炸雞

外皮酥脆，大口咬下時咔嗞作響、肉汁四溢，像這種日式居酒屋常出現的炸雞，在家裡也能做得出來！要做出完美的日式炸雞，重點在於沾裹麵衣的技巧和油炸方式。如果之前有炸出黏膩感的困擾，務必使用以下介紹的方法雪恥！

CHICKEN

雞腿肉

預先調味的祕訣！

撒鹽、胡椒粒之後仔細搓揉調味料

先撒鹽和胡椒粒，然後使用以醬油為基底的調味醬仔細搓揉，就能充分入味。

材料（容易製作的分量）

雞腿肉（180g）…2 片
鹽、粗粒黑胡椒…各少許
A 醬油…1.5 大匙
　味醂…1 大匙
　蠔油…1/2 大匙
　薑（磨泥）…1/2 大匙
　蒜頭（磨泥）…1/2 大匙
B 蛋白…1 個
　太白粉…1 大匙
C 麵粉…4 大匙
　太白粉…4 大匙
炸油…適量
檸檬（月牙形切片）…適量

前置處理

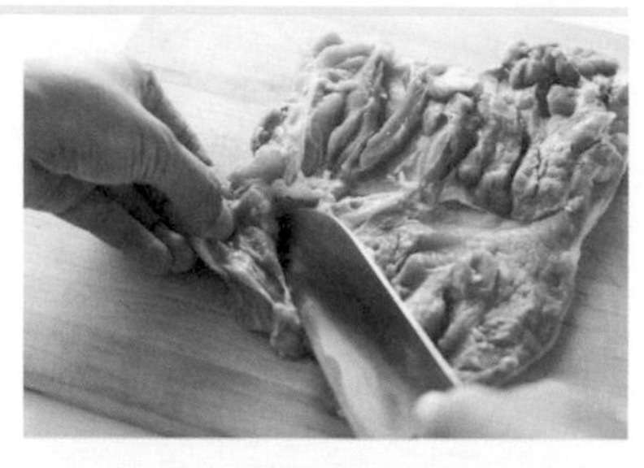

1 在肉上面劃出切口

為了使肉的厚度平均，要仔細地劃幾道切口、攤平肉片。劃切口的目的在於切斷肌肉纖維。

2 去除脂肪

使用廚房專用剪刀去除肉片的多餘脂肪及筋膜，會比用菜刀方便。雞肉的美味，取決於食材的前置處理工夫。

3 去除水分

用廚房紙巾上下包覆步驟 2 的肉片，仔細去除多餘的水分，如此即可更加凝聚美味。

4 切肉

將步驟 3 的其中 1 片肉橫向對半切開，再分別切成約 3 等分，呈容易入口的大小，建議稍微切大一點。

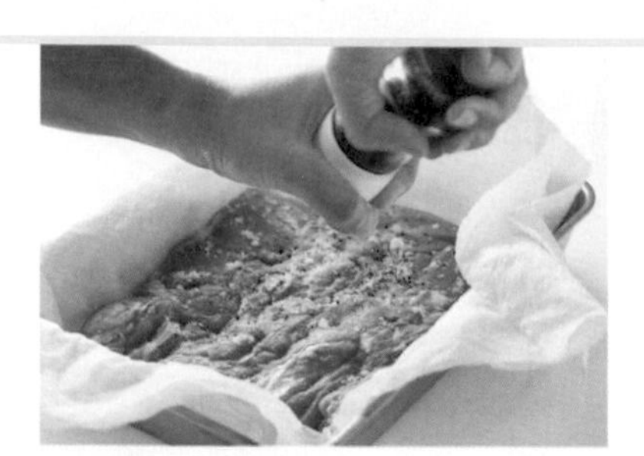

5 預先調味

在烤盤裡鋪廚房紙巾，將肉塊放在上面，再度去除水分，然後兩面撒鹽、胡椒粒作為預先調味。

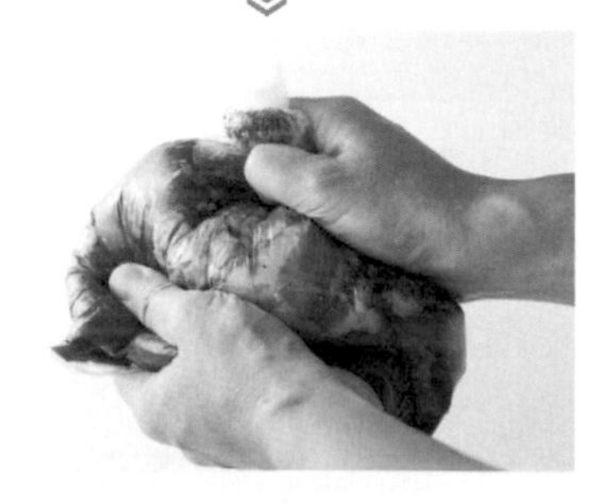

6 搓揉調味料

將材料 A、肉片放進塑膠袋裡，封緊袋口並用雙手仔細搓揉，隔著塑膠袋可省去清洗的步驟。

7 放進冰箱冷藏

將仔細搓揉好的肉片放進冰箱，冷藏 30 分鐘以上，如此即可完全入味。

美味祕訣！

雞肉要做好前置處理作業

多餘的脂肪和筋膜若不處理就直接下鍋烹調，除了會有雞肉特有的腥味，完成時的口感也會變差。因此，請務必仔細去除超出肉片的皮、黃色的脂肪、軟骨與筋膜等多餘部分。

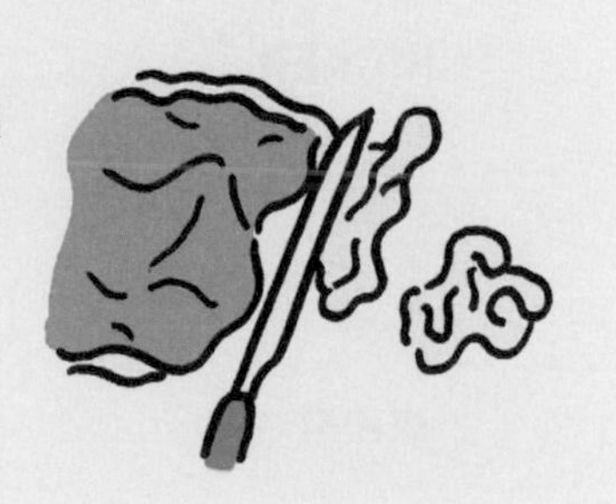

沾裹麵衣的祕訣！

沾裹麵衣的程序要分成兩階段

先搓揉蛋白和太白粉以鎖住雞腿肉的美味，然後再撒上太白粉和麵粉，就能炸出酥脆感。

8 混合蛋白和太白粉

沾裹第一層麵衣。從冰箱裡取出肉片，打開袋口並加入材料 B。仔細搓揉入味，靜置約 10 分鐘。

9 沾裹剩下的粉類

拌勻材料 C 並均勻鋪在烤盤上，撐開肉片上的雞皮、順著肉片沾裹麵衣。整理好雞皮的形狀，成品會更漂亮。

油炸的祕訣！

將肉塊放滿平底鍋

當炸油的量少時，油溫會高於160℃。將肉塊塞滿平底鍋，可使液面上升並炸出酥脆口感。

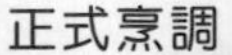

10 放進油鍋

將炸油倒入平底鍋到高度約 1.5cm，開大火預熱到 170℃，將肉片皮朝下放入鍋裡。

11 油炸

依序將所有肉片放滿平底鍋。隨著油的高度增加，可油炸到整塊肉都帶著酥脆感。

12 提高油溫再油炸

待雞肉內部變硬，依放入油鍋的順序將每一塊肉翻面。出現大量氣泡後，將油溫調升到 180℃，油炸到雞肉呈焦黃色。

13 瀝乾油分

將炸好的肉片皮面朝上或打橫，插放在架著濾網的烤盤上，瀝乾油分。裝盤時搭配檸檬片擺盤。

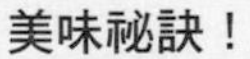

仔細瀝乾油分

請將起鍋後的肉塊立起放在烤盤上，有效率地瀝乾油分。如此一來，可將殘留在麵衣上的油分減少到最小限度。若打橫放的話，多餘的油分會不斷滲透到麵衣裡，讓口感變差。

使用耐熱溫度計確實掌控油溫

若想確實掌握油溫，請使用溫度計。此時，使用平底鍋或深鍋都可以，請倒入多一點炸油。先用約 160℃的油溫加熱到肉的內部，再調高油溫到 180℃，再度油炸到表面酥脆。

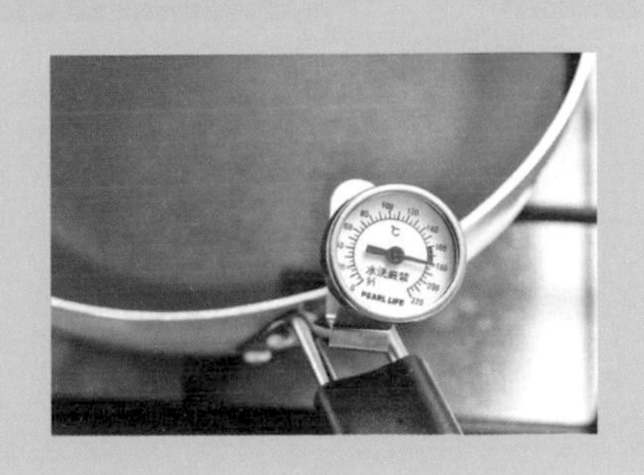

家常菜肉料理⑦

日式棒棒雞

CHICKEN

雞胸肉

完全鎖住肉汁

棒棒雞是源自四川的涼菜，這裡要介紹的是經過改良的日系清爽口味。因為使用雞胸肉的關係，這道菜不容易控制火候、肉質容易變柴。想要提高肉的保水性，重點是要採取隔水加熱的方式，加熱時若能維持適當的水溫，就能烹調出軟嫩多汁的美味肉質。

加熱祕訣！

隔水加熱時溫度不宜太高

由於雞胸肉的脂肪含量少，加熱過頭肉質會變柴。因此，隔水加熱的溫度請維持在65℃左右，才能做出軟嫩多汁的成品。

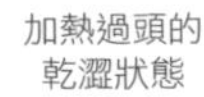

加熱過頭的乾澀狀態

用低溫＆餘溫加熱，多汁美味！

材料（容易製作的分量）

雞胸肉（160g）…2片
薑（磨泥）…2小匙
鹽…1小匙

A
- 大蔥（蔥綠部分）…1根
- 薑皮…1個
- 酒（煮沸）…50ml
- 芝麻油…1小匙

B
- 蔥（切末）…3大匙
- 熟白芝麻…1大匙
- 薑（切末）…1小匙
- 芝麻油…1小匙
- 醬油…1/2小匙

豆芽（汆燙）…1/4袋
小黃瓜（切絲）…1/2根

前置處理

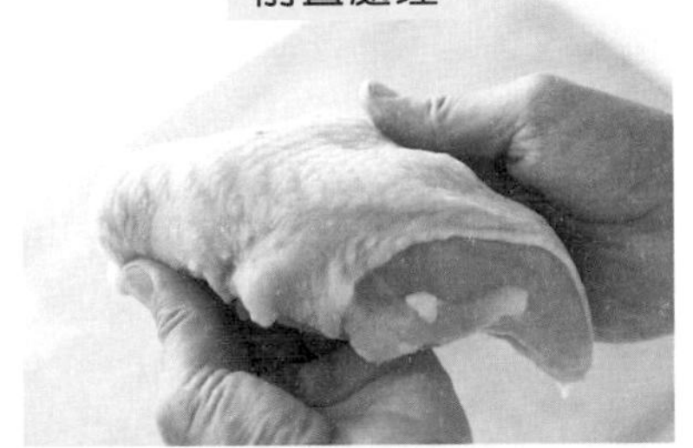

1 整理雞肉表面

雞肉一經加熱，皮就容易收縮變硬，因此要先順著肉片撐開雞皮，整形得更漂亮一點。

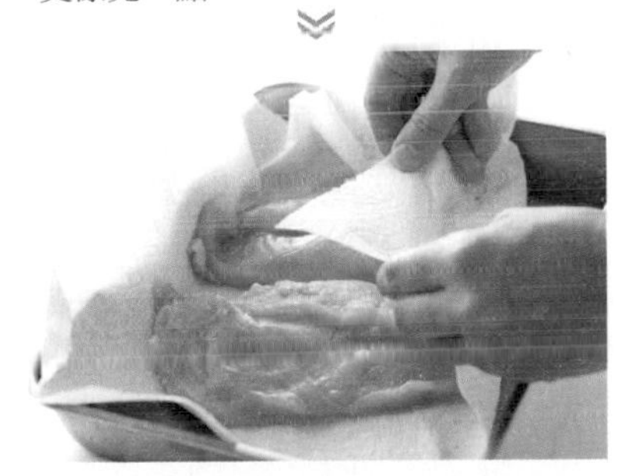

2 擦乾水分

用廚房紙巾包覆肉片並去除多餘水分，水分是導致腥味的原因，因此不要忽略這個步驟。

3 預先調味

在肉片上撒鹽、均勻塗抹薑泥並靜置約10分鐘。抹薑泥有助於去除腥味、增添香氣。

正式烹調

4 放進夾鏈袋裡

準備兩個耐高溫夾鏈袋，分別放入1片肉片，並各放入一半的材料A。放肉片的祕訣在於儘量攤平。

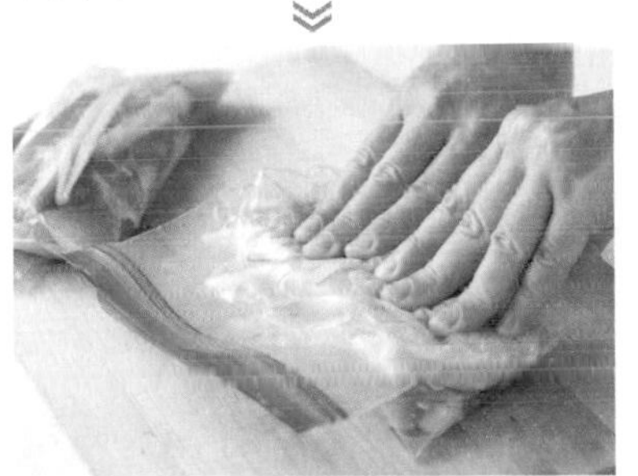

5 密封

擠出袋中的空氣後密封，以近乎真空的狀態保存，完成時才不會流失美味和養分。

6 隔水加熱

將1.5L的水倒入鍋裡煮沸，放入步驟5、熄火，靜置到水溫降到30℃。

7 從加熱的水中取出

待水溫冷卻後，將整個夾鏈袋從鍋裡取出，直接放進冰箱或者放進冷凍庫保存。

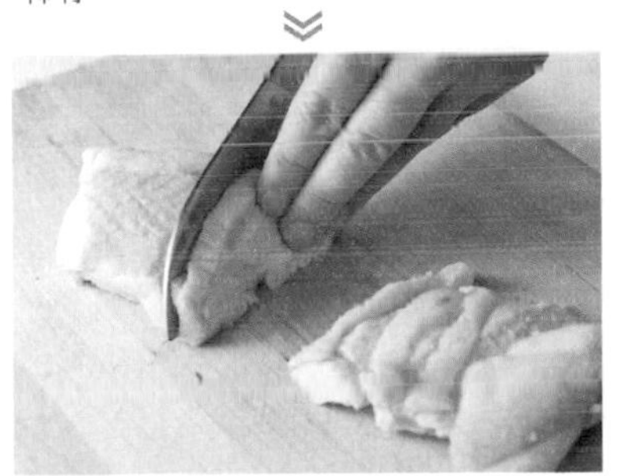

8 切肉

取出煮熟的肉片，切薄片後搭配豆芽、小黃瓜裝盤。取袋中50ml的湯汁備用。

9 製作調味醬

將材料B、煮肉時的湯汁拌勻，淋在裝盤好的肉片上。利用含有豐富的雞肉精華湯汁做調味醬，美味倍增。

家常牛肉料理⑧

紅酒燉牛肉

先煎後燉，就是極品！

利用烤箱燉煮牛腱肉，藉此烹調出肉質軟爛的口感。雖然聽起來很簡單，但不只是單純燉煮而已。要先在肉塊上均勻撒上麵粉，再下鍋煎成焦黃色。如此一來，即可品嚐到濃郁軟嫩的成品。

BEEF

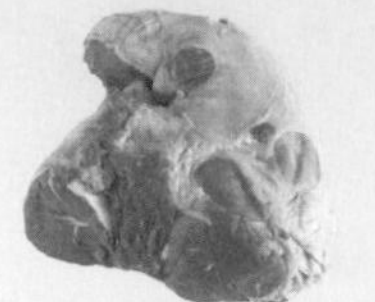

牛腱肉

美味祕訣！

利用膠原蛋白的明膠化作用

牛腱肉經過長時間加熱，膠原蛋白會產生明膠化反應、質地會變得濃稠，因此燉煮後肉質會變軟嫩、味道濃郁。

材料（容易製作的分量）

- 牛腱肉（塊）…900g
- 洋蔥…1 個
- 西洋芹…1 根
- 蒜頭…3 瓣
- A 紅酒…500ml
  - 整顆番茄（罐頭）…1 罐
  - 番茄糊…1 大匙
  - 高湯塊…2 個
  - 月桂葉…1 片
- 鹽、粗粒黑胡椒…各適量
- 麵粉…2 大匙
- 奶油…30g
- 沙拉油…1.5 大匙

美味祕訣！

事先在肉塊上抹勻麵粉

先在肉塊上抹麵粉，在煎肉時很快就會感受到香氣，肉塊也比較容易上色。此外，放入鍋中燉煮時，從肉塊上掉落的麵粉會讓湯汁變濃稠。

前置處理

1 切肉

肉稍微切大塊一點，平均一塊約 150g 為佳。

2 預先調味

在肉塊上抹鹽與胡椒粒，並仔細搓揉作為預先調味。

3 撒上麵粉

接著在肉塊上均勻撒滿麵粉。

4 裹上麵粉

一邊拍打肉塊、一邊將麵粉薄薄地裹在整塊肉上。

5 切菜

洋蔥、西洋芹切碎末，蒜頭去心、拍碎備用。

正式烹調

6 煎肉

準備一個可整個放進烤箱的深鍋，倒入沙拉油，以較大的中火預熱後，放入裹上麵粉的肉塊開始煎。

7 取出

全部都煎到呈現焦黃色之後，先取出肉塊。

8 炒蔬菜

將步驟 **5** 切碎的蔬菜倒入鍋中，以較大的中火拌炒，直到蔬菜均勻沾上肉的焦香味。

9 炒到顏色變焦黃色

持續拌炒到呈現淡淡的焦黃色。

10 加入紅酒等調味料

加入肉塊、材料 **A** 以及可蓋過表面的水。

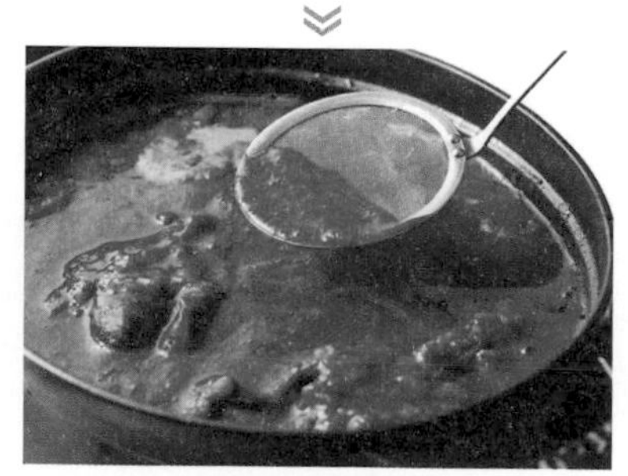

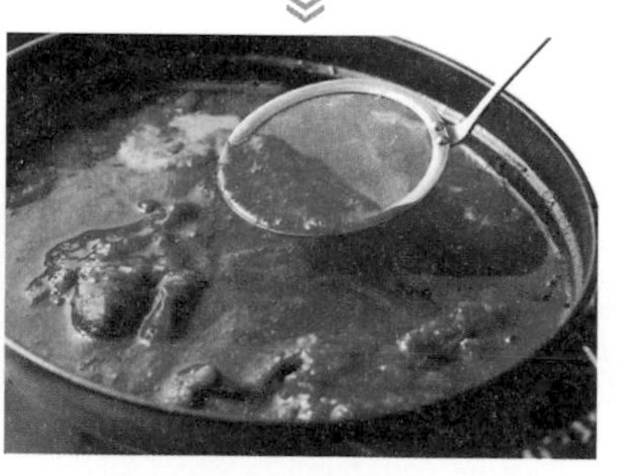

11 邊撈浮沫邊煮

以較大的中火持續加熱，一邊燉煮、一邊撈起浮沫。

12 蓋上鍋蓋

沸騰後熄火，利用烘焙紙當作鍋中蓋，再蓋上鍋蓋。

13 放進烤箱

烤箱以 180℃預熱 10 分鐘，將鍋子放在烤箱裡的托盤上，整個鍋子放入烤箱加熱 1 小時 30 分鐘～ 2 小時。

如何順便用烤箱烤整顆洋蔥

事先準備好帶皮洋蔥，在步驟 13 開始加熱過了 30 分鐘之後，把整顆洋蔥放在烤箱裡托盤上空出來的地方，然後和鍋子裡的食物一起加熱。

14 燉煮過程中將肉塊翻面

用烤箱加熱經過約 1 小時左右，將肉塊小心翻面，避免造成損壞。

15 取出肉塊

放回烤箱繼續加熱，待肉變軟後，先取出肉塊。

16 去除湯汁裡的油脂

用湯匙撈取浮在湯汁上面的油脂。

17 收汁

用較大的中火加熱鍋子，收汁到呈現濃稠狀，加入鹽、胡椒粒調味。

18 和肉塊一起熬煮

將肉塊放回鍋裡，用小火熬煮約 15 分鐘。

19 添加奶油

加入奶油拌勻煮到融化，搭配喜好的蔬菜裝盤。也可搭配用烤箱烘烤好的洋蔥。

小火收汁需注意的重點

如果沒有烤箱，當然也可以小火熬煮。以 2 小時為參考標準，留意在加熱過程中避免燒焦。由於比烤箱容易煮爛，因此請一邊燉煮、一邊視狀況調整火候。

黏在鍋底的鍋巴是什麼？

煎肉時容易黏鍋的鍋巴，其實是肉的美味成分。請於取出肉塊後，用鍋鏟把這層鍋巴刮下，用來拌炒蔬菜，可增添蔬菜的美味。

美味祕訣！

烹調過程中取出肉塊

在烤箱加熱之後取出肉塊，以小火加熱收汁。此時若讓肉留在鍋裡，會煮到稀爛變形、肉塊變小。因此為了維持肉塊的大小，加熱收汁後再放回肉塊為宜。

家常菜肉料理⑨

味噌醃牛肉

先用味噌醃漬過再烤

用味噌醬醃漬肉、魚或蛋等食材，讓食材均勻沾裹上味噌的風味，會變得更美味。一般醃漬肉品時，最常使用豬肉，不過像本食譜是使用牛肉，也能做出美味佳餚。此時，建議選用脂肪較少的部位，能讓紮實的肉質達到軟化的效果。

BEEF

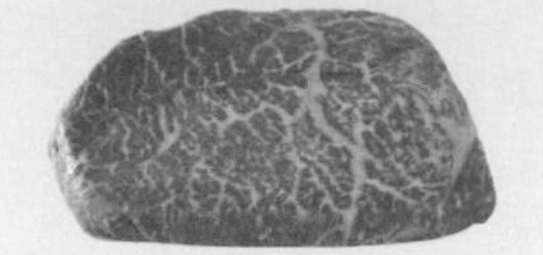

牛排
（瘦肉部位）

美味祕訣！

肉烹調前置於室溫下回溫

如果直接用冰冷的肉排下鍋，可能會烹調出外部烤焦、裡面卻沒煎熟的成品。從冰箱裡取出牛排後，請等 30 分鐘之後再煎。

材料（容易製作的分量）

牛排（瘦肉部位，150g）…2 片

A 味噌…2 大匙
味醂（煮沸）…1 大匙
蒜頭（磨泥）…1 小匙

綠蘆筍…2 根

彩椒（紅、黃）…各 1/2 個

B 橄欖油…1/2 大匙
鹽…少許
胡椒粉…少許

前置處理

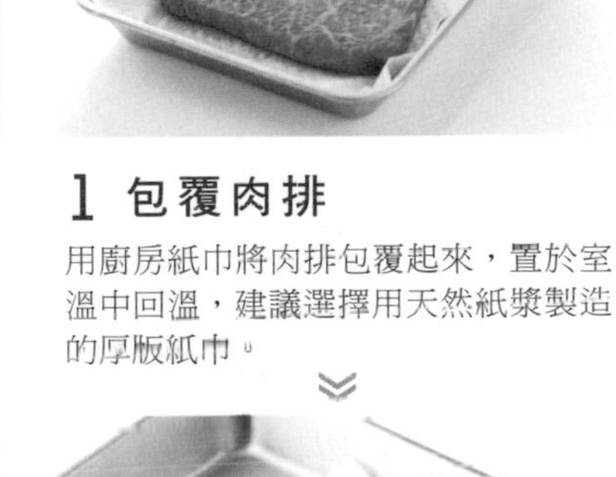

1 包覆肉排

用廚房紙巾將肉排包覆起來，置於室溫中回溫，建議選擇用天然紙漿製造的厚版紙巾。

2 塗抹味噌醬

將材料 A 拌勻後，塗抹到肉排上。使用橡膠刮勺或湯匙都可輕鬆塗抹，味噌醬添加蒜泥後會更加美味。

3 用保鮮膜包覆

用保鮮膜包覆肉排，這個步驟是為了讓味噌醬滲透進肉裡，使其入味。

4 靜置一晚

將肉排密封在夾鏈袋裡，在冰箱裡靜置一晚。如此一來，既可預防肉質變乾燥，衛生上也比較沒有疑慮。

5 讓肉排恢復室溫

將肉排從冰箱裡取出，再從夾鏈袋出取出肉排，放在室溫下回溫。想要避免烤出失敗的成品，這也是不可省略的重點。

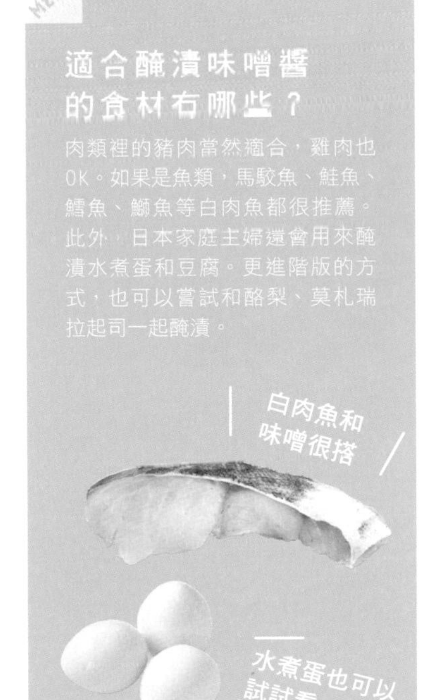

適合醃漬味噌醬的食材有哪些？

肉類裡的豬肉當然適合，雞肉也 OK。如果是魚類，馬鮫魚、鮭魚、鱈魚、鰤魚等白肉魚都很推薦。此外，日本家庭主婦還會用來醃漬水煮蛋和豆腐。更進階版的方式，也可以嘗試和酪梨、莫札瑞拉起司一起醃漬。

塗抹味噌醬的重點

從廚房紙巾上面開始塗抹

如果直接將味噌醬抹在肉上，放在烤架前還需要多一道抹去味噌醬的步驟，因為肉排上若殘留味噌醬，很容易燒焦。使用廚房紙巾的話，就能省掉這個麻煩。

美味祕訣！

利用酵素軟化肉質

製作味噌的原料「麴」，含有多種酵素。其中蛋白酶具有分解蛋白質酵素的功能，連肉的蛋白質也可分解，進而使肉質變軟嫩。

前置處理

6 解開包覆

等肉排恢復到室溫後，解開保鮮膜和廚房紙巾。在這個狀態下可直接放上烤盤，不需要其他工序。

7 準備蔬菜

將蘆筍和彩椒切成容易入口的大小，撒上材料B抓拌一下作為預先調味。

美味祕訣！

可自由選擇配色蔬菜

肉和蔬菜都一起烘烤，可縮短烹調時間。不一定要使用食譜上的蔬菜，可依個人喜好挑選南瓜、蓮藕、茄子等適合烘烤的蔬菜。

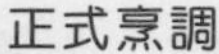

正式烹調

8 烘烤

將肉排放置在烤架中央，周邊空間排放步驟7的蔬菜，用烤爐以中火烘烤約5分鐘。

9 原地靜置

烘烤完成後，在烤爐裡靜置約5分鐘，利用餘溫讓肉排內部熟成。此時，可以先取出蔬菜。

10 切肉

按著肉的兩端，以切斷纖維的方向（逆紋）切片，這樣切會讓肉的口感更軟嫩。搭配蔬菜一起裝盤即完成。

烘烤祕訣！

最後的階段 利用餘溫加熱

牛肉的蛋白質在超過65℃就會變硬，因此不可過度加熱。想要烹調出肉汁豐富的牛排，請先烘烤約5分鐘，然後利用餘溫慢慢加熱到肉的內部。

MEMO

味噌醃漬的食材可保存幾天？

用味噌醃漬過的食材，可放在冰箱裡保存1～2天。如果想要存放更長的時間，放進冷凍庫裡保存，即使放了3週也可烹調出美味佳餚。

家常菜肉料理⑩

烘肉捲

口感、美味與香氣兼具

烘肉捲是一道來自西方國家的家常菜，這裡要介紹的食譜甚至吃得到葡萄乾和核桃的美味！用培根肉包裹再烘烤，可以緊緊鎖住美味；添加了切碎的西洋芹，香氣也非常濃郁。由於使用了牛豬混合絞肉，所以可烹製出鬆軟又多汁的料理。

BEEF & PORK

牛豬混合絞肉

材料（使用 9×14×6.5 的烤模製作 1 份）

A 牛豬混合絞肉… 250g
- 西洋芹（莖和葉）…1/4 根
- 洋蔥…1/6 個
- 蛋…1 個
- 麵包粉…1/2 杯
- 高湯粉…1 小匙

葡萄乾…3 大匙
核桃（剁碎）…3 大匙
培根…8 ～ 10 片

B 番茄醬…2 大匙
- 紅酒…2 大匙
- 中濃醬…1 大匙
- 水…1 大匙
- 芥末籽醬…1 小匙
- 鹽、粗粒黑胡椒…各適量

粗粒黑胡椒…1/2 小匙
沙拉油…適量
西洋菜…適量

1 準備配料

將材料 A 中的西洋芹、洋蔥切碎末備用，其餘的 A 材料、葡萄乾、核桃和培根也先準備好。

2 混合

將材料 A 放進調理盆裡拌勻。用手仔細抓揉，讓全部的食材均勻混在一起。

3 揉捏

仔細揉捏到像照片上一樣略微泛白，才能做出具有彈性的肉餡。

4 再度添加配料

將葡萄乾和核桃加入絞肉中並混合。酸甜的葡萄乾和口感爽脆的核桃，正是烘肉捲的迷人之處。

5 準備烤模

在烤模內側抹沙拉油、鋪放烘焙紙，將培根以小部分重疊的方式排滿整個烤模。

準備烤模的重點

烘焙紙要比烤模稍大，固定在兩端

烘焙紙的大小要足夠包覆整個烤模，鋪放培根時，若用膠帶將烘焙紙的兩邊固定在烤模外側，操作起來會更容易。

6 填入肉餡

將步驟 4 填入步驟 5，並擠出空氣。用湯匙或橡膠刮勺將肉餡裝入烤模後，握拳擠壓使肉餡緊實。

7 將培根往內折

從兩端將培根往內折，就像包裹著肉餡的感覺。如此一來，形狀就會固定，可預防變形。

8 翻面

連同烘焙紙將整個肉捲提起，將步驟 7 從烤模中取出後，上下翻面並放在烘焙紙中央。

美味祕訣！

使用可增添香氣、口感與美味的食材

在肉餡裡加入西洋芹等辛香料蔬菜，香氣會更加濃郁。葡萄乾和核桃可以增添口感，培根則可讓美味更加分。

正式烹調

9 放回烤模裡

提起烘焙紙的兩側，連同烘焙紙一起將肉捲放回烤模。如此一來，既不會弄髒手，肉捲也不會變形。

10 撒上胡椒粒

在肉捲的表面撒上黑胡椒粒，如此不僅可增添味道和香氣，外觀上也有增加亮點的效果。

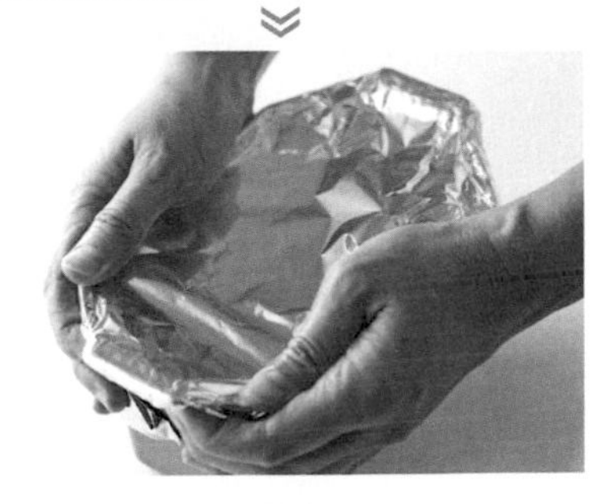

11 罩上鋁箔紙

用鋁箔紙密實地包覆住烤模，可避免肉表面烤焦，又能慢慢地將肉捲的內部烤熟。

12 烘烤

放在烤盤上，放進預熱到 180℃的烤箱裡，烘烤約 20 分鐘。

13 移開鋁箔紙再次烘烤

拆掉鋁箔紙繼續烘烤 15 分鐘，當表面出現焦黃色，就能帶出培根的美味。烤好後，靜置片刻等待餘溫降低。

14 取出

連同烘焙紙一起取出，切成容易進食的大小。裝盤，取 3 大匙燒烤時流下的肉汁備用。

15 製作調味醬

將材料 B、烘烤後的肉汁放入鍋裡，以中火熬煮。將煮好的調味醬淋在烘肉捲上，搭配西洋菜上桌。

製作調味醬的重點

利用燒烤醬汁做調味醬，美味再升級

肉餡烘烤完成後，留在烤模裡的肉汁，是超美味的精華，如果丟掉不用就太浪費了。將肉汁做成調味醬，能讓烘肉捲更加美味。

一次看懂肉類特性！

各肉類品種與部位小百科

我們平常會吃牛排、烤肉、排骨或是炸雞等等，但你知道你吃進去的肉，是什麼品種、哪個等級或是動物的哪個部位嗎？如果能瞭解肉類知識，不論是對於第一次採買肉品的新手，或是天天需要下廚的主婦都有很大的幫助。

監修：株式會社辻料理教育研究所　東浦宏俊　進藤真俊　荻原雄太　正戶あゆみ
插圖：上坂元 均／肉部位・山田博之

牛肉的基本

日本牛肉的種類繁多，從高級的和牛，到價格合理的國產牛和進口牛等等。這裡將介紹品牌牛的定義與和牛等級的基準。

牛肉的分類

日本牛肉分成和牛、國產牛和進口牛三種

在日本販售的牛肉，可區分成「進口牛肉」和「日本國產牛肉」兩大類，日本國產牛又可區分成「和牛」以及和牛以外的「國產牛」。所謂和牛，指的是黑毛和種、褐毛和種、無角和種、日本短角種等和牛之間的雜交種。在日本生產的和牛以外的牛，統稱為「國產牛」，從美國和澳洲等國進口的牛，則稱為「進口牛」。每一種牛在味道、脂肪與肉質各方面都擁有不同特性，適合做的料理也不一樣，各部位的肉質差異也會影響到成品。因此，事先瞭解肉品知識，就能聰明地挑選適合的牛肉。

在日本超市讀懂肉品標籤資訊！

原產地

檢視和牛、國產牛、進口牛等肉品的內容，肉品廠商必須標示肉品是國產還是外國產，或是日本其他各地的地名。

部位

檢視部位以確認味道和肉質，也可一併參考用途標示，以確認適合烹調成牛排、壽喜燒或是烤肉等料理。

國產牛腿肉切片
（解凍品）
個體識別編號
1457891097
有效日期　19.5.20　（請冷藏於4℃以下）

每100g（日元）　650
淨重（g）　180
1170
金額（日元）
中央区築地0丁目00番00　朝日畜産株式會社

個體識別編號等資訊

在日本飼養的牛，會依據「牛肉追溯制度」建立編號，只要登入數據庫，就能掌握品種、性別以及出生飼育場所等資訊。

MEMO

關於和牛統一標章

日本在將和牛銷往海外市場時，為了方便識別是日本產品、展現和牛的品質與美味，於 2007 年制定此標章。只要貼上這個標章，就代表是在日本國內出生並飼養，並經過「牛肉追溯制度」認證過的和牛。

圖片提供：公益社團法人中央畜產會

和牛和國產牛的差別在哪裡？

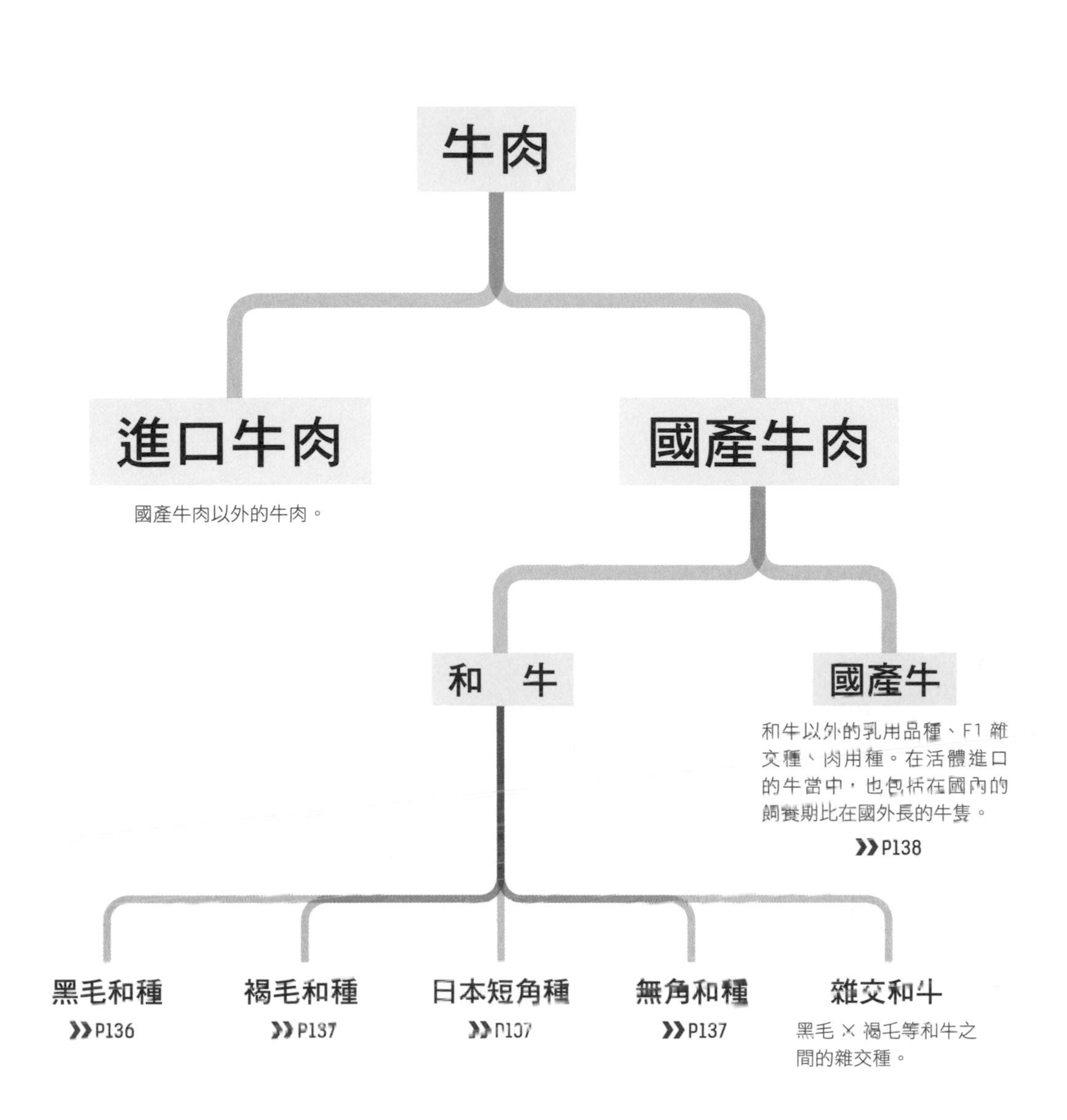

編註：「國產牛」意指「日本國產牛」。

和牛是肉品專用牛，國產牛是乳牛與其雜交種

日本的牛肉從明治時代開始，不斷經過品種改良，成就今日傲視全世界的品質。其中最經典的就是和牛當中的四個品種。日本市面上流通的和牛，大部分都是黑毛和種，其他的品種雖然產量少，但味道和肉質上具有獨特的風味。

所謂國產牛，則是指乳用牛與其雜交種。此外，從海外引進日本牛飼育的肉品專用牛，也依據飼育條件而被認定為日本國產牛。

目前日本國內牛肉的產量，黑毛和種約佔40%，霍爾斯坦牛約佔30%，剩下的是黑毛和種以外的和牛與雜交種等。

日本確立了嚴格的「牛肉追溯制度」，在國內飼養的牛隻都會建立個體識別編號，消費者可利用此識別編號檢視牛肉產品等資訊。

和牛的種別

頂級牛肉的代名詞 瞭解4種和牛的特徵

所謂的「和牛」，是黑毛和種、褐毛和種、日本短角種和無角和種等4個品種的統稱，由在明治時代以前飼育作為農耕用的既有品種，與進口的各種品種牛雜交、改良而產生。例如，黑毛和種是由既有品種和進口的「西門塔爾牛」和「瑞士褐牛」等交配而成的新品種。此外，主要飼育在日本東北地方一帶的日本短角種，是由南部牛與英國短角交配而成的品種。

透過這些品種改良與飼育方法，得以實現符合日本人喜好的味道與肉質，為了跟其他的牛肉做區別，特別賦予「和牛」這個名稱，跟「和食」的「和」一樣，含有日本飲食文化精神，也逐漸成為具有代表性的日本料理。

黑毛和種

產地 日本全國　**品牌** 松阪牛、近江牛、但馬牛等

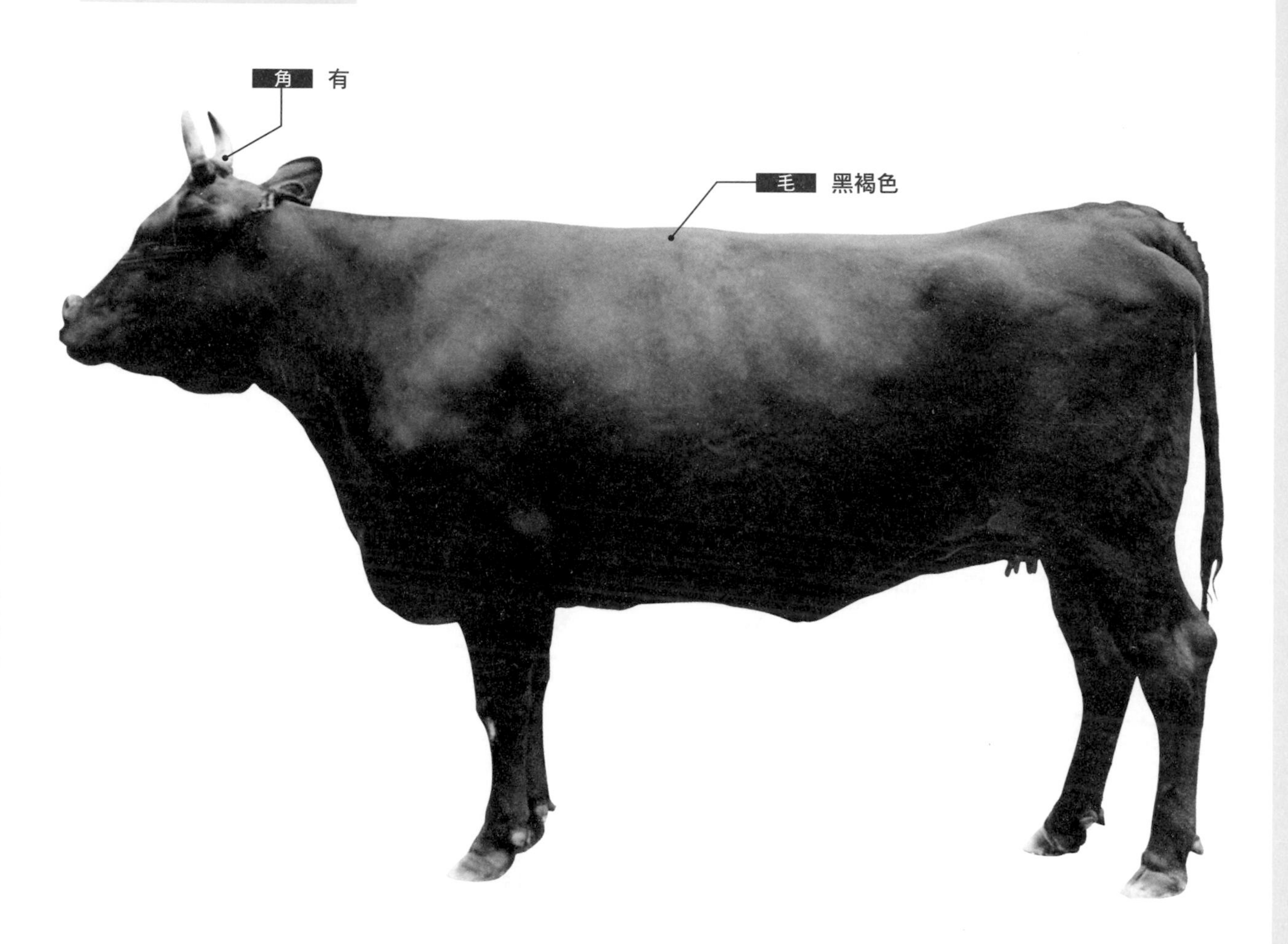

幾乎所有知名的品牌牛都是黑毛和種，例如松阪牛、近江牛、但馬牛、米澤牛等，在日本各地產量佔壓倒性多數。肉質最大的特徵是瘦肉中摻雜著細小的脂肪，即所謂帶著油花的霜降肉，因此肉質軟嫩、風味絕佳。

與乳用牛等牛肉相較之下，黑毛和種的脂肪含有豐富的不飽和脂肪酸，可在低溫時融化，所以可品嚐到入口即化的口感。此外，高度的水分保持力也是其特徵之一。在肢解牛體之後，冷卻過程中的水分蒸發量少，可說是不易乾柴、變硬的肉品。

褐毛和種

產地 熊本縣、高知縣等　**品牌** 熊本赤牛、土佐赤牛等

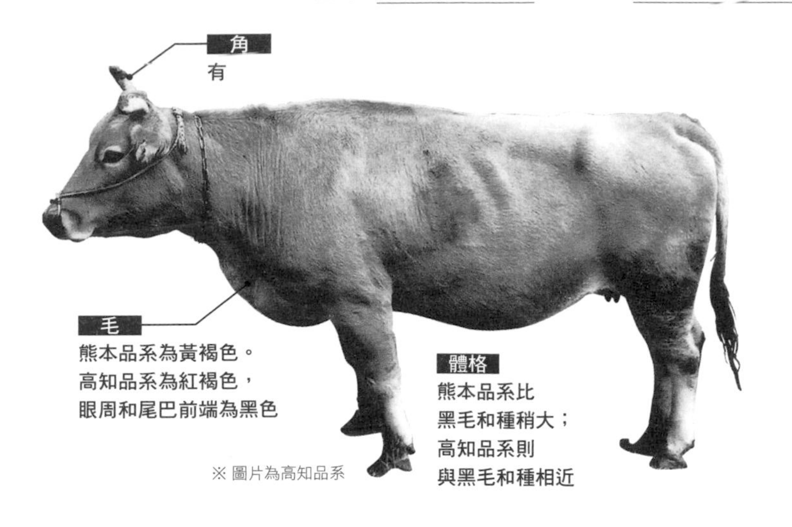

一如其名，毛色為褐色，又稱為「紅牛」。熊本品系和高知品系分別是由既有品種與「西門塔爾牛」交配而成。由於是放牧飼育、吃草（粗飼料）養育，故瘦肉比例多，特徵是霜降部分偏少。瘦肉含有豐富的胺基酸，具有強烈的甜味和美味，吃起來健康無負擔。

日本短角種

產地 岩手縣、青森縣等　**品牌** 岩手短角和牛、八甲田牛等

日本東北地方的既有品種「南部牛」，與美國進口的「短角種」等交配而成的日本短角種，以岩手縣為主要產地。毛色為深褐色，在和牛當中屬於大型肉牛。耐寒冷，放牧吃草就能飼養得很好，不需特別照顧。肉以瘦肉居多，肌理不會太細，吃起來有嚼勁。

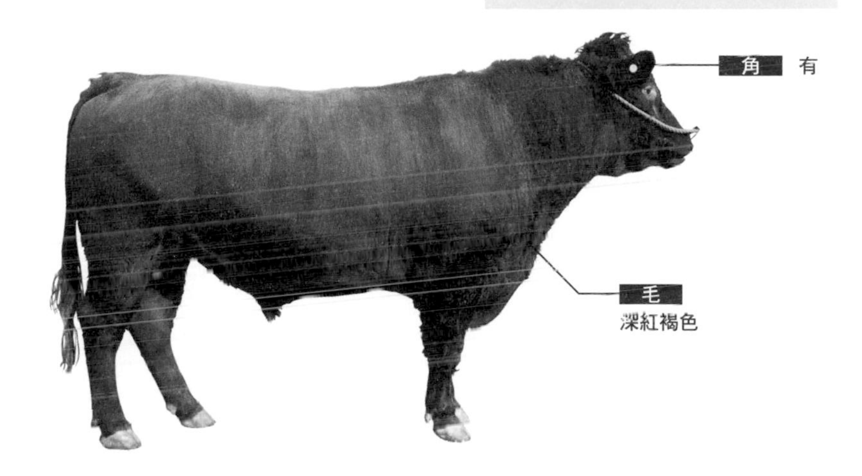

無角和種

產地 僅限於山口縣　**品牌** 山口縣特產 無角和牛

角 有

毛
黑色

山口縣的既有品種與「阿伯丁安格斯牛」交配，經品種改良而成的無角和種。毛色為黑色，肉大致上與黑毛和種類似，但是通常帶有皮下脂肪、霜降部分比較少，特色是肉質軟嫩、味道濃郁。目前產量相當少，作為稀少的瘦肉牛，目前正重新獲得消費者的注目。

圖片提供：一般社團法人　全國肉用牛振興基金協會

日本國產牛的祕密

幾乎都是屬於乳用品種和雜交品種

相對於和牛，日本國產牛是指「牛的產地或飼養地」，如果是在日本飼育長大的牛隻，就可稱為國產牛。除了乳用品種與雜交品種之外，外國產的肉牛專用品種或進口牛，只要在日本國內的飼育期間長，也稱為國產牛。

乳用品種有霍爾斯坦牛、澤西牛等等，公的乳牛被飼育成肉牛，母的乳牛若出乳量不佳，則會被淘汰食用。

所謂的「雜交種」是乳用品種與和牛交配而成的品種，乳用品種與雜交品種的產量佔日本國產牛整體約60％，在市場上以實惠的價格販售，並廣泛使用於加工食品與餐廳業。

和牛以外都是日本國產牛！

乳用品種的肉

飼養數量較多的是霍爾斯坦牛，國產牛肉以此品系居多，是廣受歡迎的品牌牛肉。澤西牛的飼養數量較少，肉量也偏少，以稀有的牛肉作為銷售宣傳點。

霍爾斯坦牛

公牛在月齡很小時即宰殺，稱為仔牛。為脂肪含量少的瘦肉，沒有牛肉特有的腥味，口味清爽。

澤西牛

脂肪含量少，但是含大量的不飽和脂肪酸，入口時融化的感覺佳，肉質滑順且味道濃郁。

雜交種的肉

幾乎為乳用牛的母牛與和牛的公牛交配出的牛隻，也稱為 F1 種。具有不易生病、生長迅速等乳用品種的特徵，並繼承了容易形成霜降的軟嫩和牛特徵，由於售價實惠，產量也逐漸增加。

黑毛和種
×
霍爾斯坦牛

恰到好處的霜降肉，價格卻很平實。有多種品牌牛，被標示為「黑毛牛」、「黑牛」等國產牛，都屬於這類的交配品系。

圖片提供：一般社團法人　全國肉用牛振興基金協會

MEMO

各種雜交品種的品牌牛

不只和牛有「品牌牛」，雜交品種在日本各地也有品牌牛。例如，黑毛和牛 × 霍爾斯坦牛的雜交種，有神奈川縣的「山百合牛」、鳥取縣的「鳥取 F1 牛」，還有其他多種品牌牛肉。每一種各自有其品牌定義，並嚴格規定飼育的地區、農場、飼料以及出貨時的月齡及體重等規格。

進口牛的祕密

超越國產牛的市佔率
價格更平易近人！
也使用於加工食品

在日本，食用牛肉約有60%是進口品，其中約50%來自澳洲、約40%來自美國，剩下的則來自紐西蘭和加拿大等國家。與國產牛肉相比，價格比較便宜，因此做為普通家庭的一日三餐，家家戶戶都負擔得起，除此之外，也廣泛用於外食產業和加工食品。

近來，由於在國外當地的飼育方法和飼料，都根據日本人的口味進行調整，味道和肉質更貼近日本人的喜好，紛紛推出國產牛所沒有的獨特魅力，試圖提升進口牛的形象。

編註：受到氣候與地形限制，台灣不適合放牧，因此國產牛的自給率只有6%，市場上的94%的牛肉都由國外進口，主要來自美國、加拿大、澳洲、紐西蘭及日本等地。目前美國牛肉佔全台進口牛肉市場的市佔率最高，高達40%。

以牧草飼育為主

澳洲產

從前帶有草食牛特有的味道，最近也開始執行餵食穀物飼料的飼育法，生產符合日本人喜好的肉。

紐西蘭產

活用一整年都可放牧的氣候優勢，以牧草或乾草飼育的草飼牛肉受到矚目，是美味濃郁的紅肉。

以穀物飼育為主

美國產

利用穀物飼料，分別生產霜降肉和瘦肉。一般而言，進口的肉品偏向低脂肪，因此特徵是熱量比和牛低。

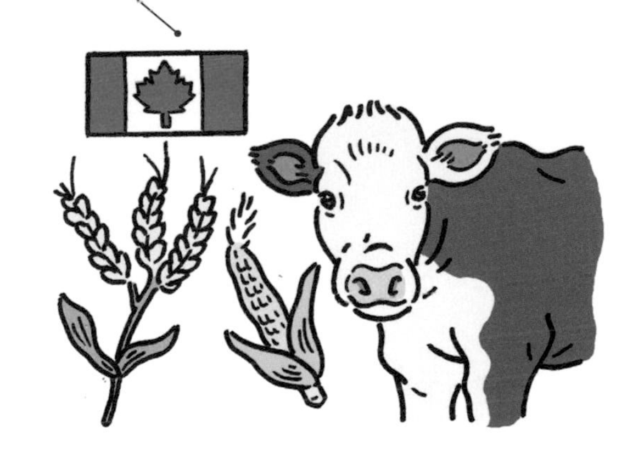

加拿大產

主要以大麥、玉米等穀物作為飼料，肉質軟嫩香甜，但是沒有像和牛的霜降，以脂肪少的瘦肉居多。

瞭解和牛分級的結構

提到高級的日本和牛，我們會看到A5等級之類的標示，這代表什麼意義呢？以下會詳細介紹和牛等級的判斷方法。

根據屠體品質所賦予的和牛等級

日本食肉格付協會將屠宰動物後，經過剝皮去骨、去除頭腳與內臟後的部分屠體稱為「枝肉」。和牛是以「枝肉（屠體）」的品質來分級，也是一套為了能夠符合各等級的品質而訂定公正價格所特別研擬出來的方法。

以字母A、B、C標示的是精肉率等級（日文寫做「步留等級」）。代表從屠體可以取下的肉量百分比，若肉的比例愈大，等級就愈高，以A級為最高級。

另一方面，以數字1～5所標示的則是肉質等級。分別從油花比例及紋理分布，以及肉的色澤、肉的緊實度與肌理、脂肪的色澤與品質等四個項目來鑑定。四項會分開來給1～5的分數，數字愈大表示愈優質。

和牛等級取決於這兩項！

A3

精肉率等級

精肉率等級的區別如下表所示，分別評定為「A」、「B」、「C」三個等級。

等級	精肉率標準值	精肉率
A	72以上	比標準值高
B	69以上 72以下	標準值一般
C	69以下	比標準值低

去除骨和筋等部分之後，從肉與脂肪的厚度算出可食用部分，作為分級參考。去骨剔筋後剩下的可食用肉比例愈多，等級愈高。

肉質等級

肉質等級依以下四個項目評比，共有五個等級，最終分數則是取最低者。例如以下這塊肉有三項是4分，其中一項卻是3分，那麼這塊肉便只能得到3的等級，標準相當嚴苛。

肉質等級	3
油花比例	4
肉色與光澤	4
肉的緊實度與肌理	3
脂肪的色澤與品質	4

標示為4、5等級的，幾乎都是和牛。乳用品種的母牛大部分為1、2等級，用於加工食品。

肉質的判定標準

1 油花比例的等級區分

根據B.M.S.（Beef Marbling Standard／牛脂肪交雜基準）進行判定。

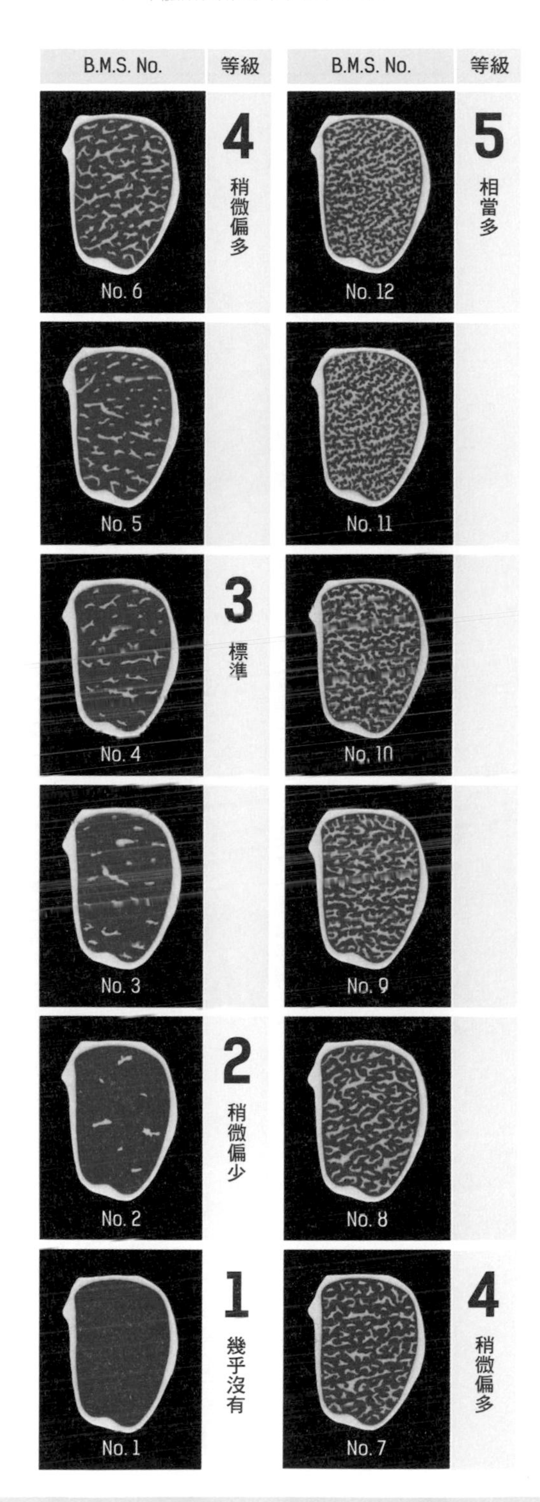

2 肉色與光澤的等級區分

根據B.C.S.（Beef Color Standard／牛肉色澤標準）進行判定。

No.1　No.2　No.3　No.4　No.5　No.6　No.7

等級		肉的顏色（B.C.S. No.）	光澤
5	相當好	No.3～5	相當好
4	稍微偏好	No.2～6	稍微偏好
3	標準	No.1～6	標準
2	符合標準	No.1～7	符合標準
1	低於標準	等級5～2以外者	

3 肉的緊實度與肌理的等級區分

不像其他項目有特別規範的參考標準，由協會分級員視個別的狀態判定。

等級	緊實度	肌理
5	相當好	相當細緻
4	稍微偏好	稍微細緻
3	標準	標準
2	符合標準	符合標準
1	低於標準	偏粗

4 脂肪的色澤與品質的等級區分

根據B.F.S.（Beef Fat Standard／牛脂色澤標準）進行判定。

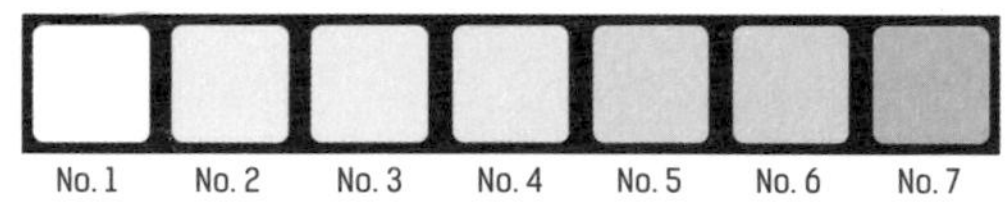

No.1　No.2　No.3　No.4　No.5　No.6　No.7

等級		脂肪色澤（B.F.S.No.）	光澤與品質
5	相當好	No.1～4	相當好
4	稍微偏好	No.1～5	稍微偏好
3	標準	No.1～6	標準
2	符合標準	No.1～7	符合標準
1	低於標準	等級5～2以外者	

出處：公益社團法人 日本食肉格付協會

瞭解牛肉的部位

假如你現在要煎牛排，你想要品嚐到的是「有嚼勁的口感」，還是「入口即化的軟嫩口感」呢？光是這兩種，在牛肉部位選擇上就有很大的不同。這個單元不僅會介紹牛肉各部位的特色，也收錄了副產品（內臟）的食用方式。採買前，如果能事先掌握各部位的特徵，就能挑選到最適合的部位。

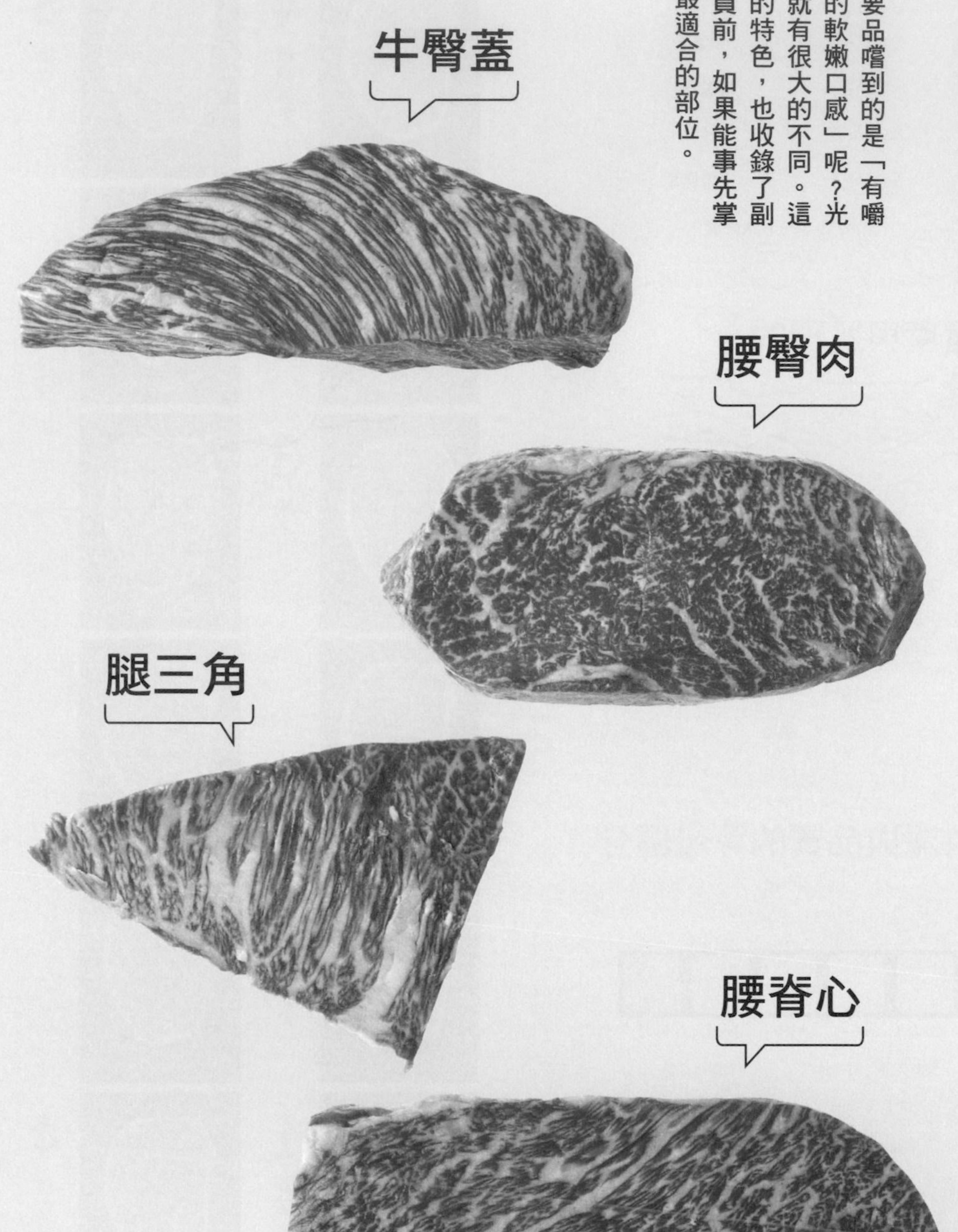

牛肉的部位圖鑑（肉）

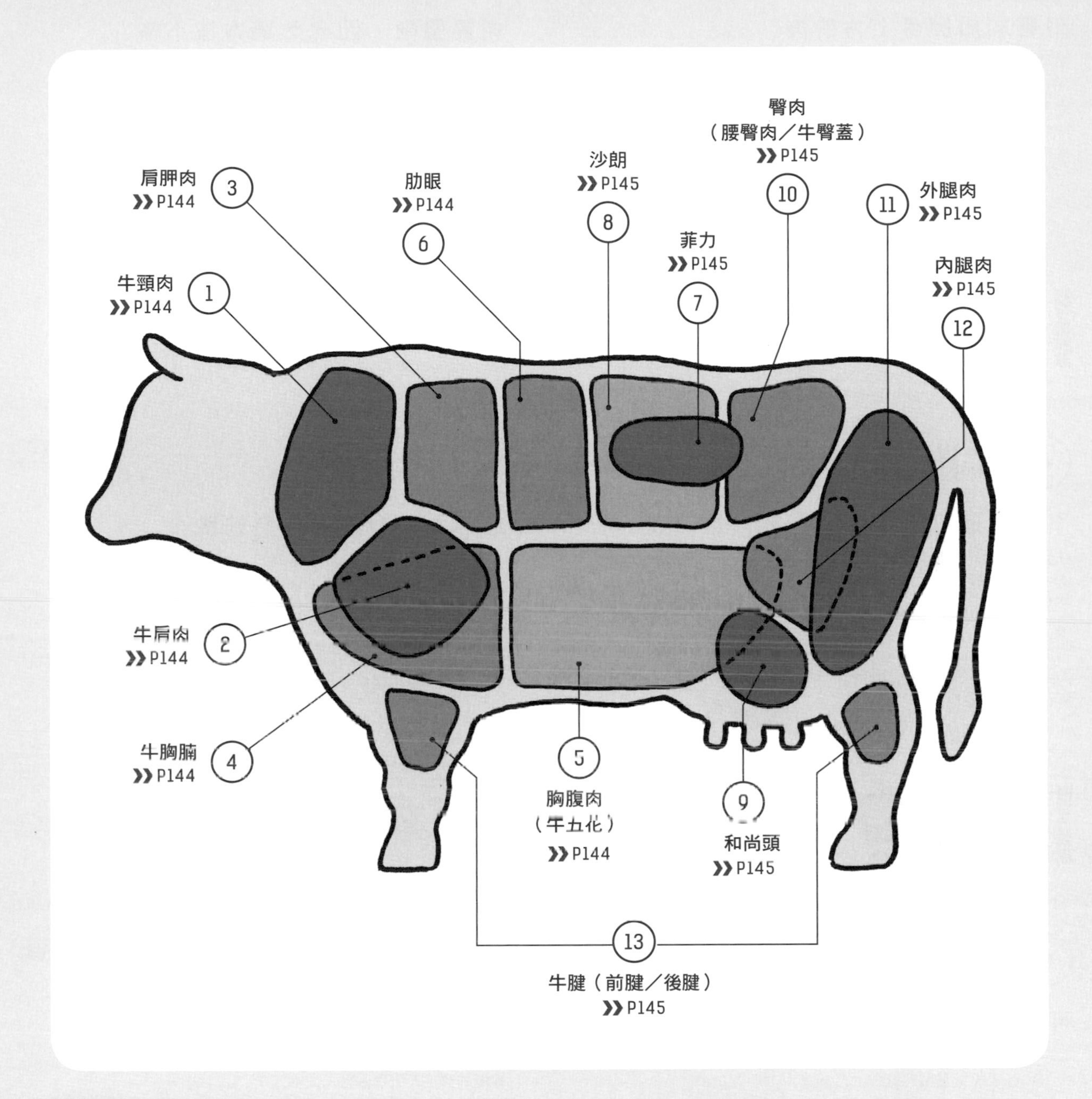

在燒烤店和牛排館常見到的牛肉部位

說到牛肉的部位，一般指里肌肉、腿肉、沙朗、菲力，最近也陸續推出板腱、腰臀肉等新商品。牛肉的部位分類很細，各有其特徵。這是因為一頭牛的體重約為七百公斤，即使是處理成精肉之前的屠體（經過剝皮去骨、去除頭腳與內臟後），也超過四百公斤。由於是相當大型的家畜，部位的種類比雞等家禽多很多。

再者，牛肉每一部位的範圍都很大，也是它的重點。例如肩胛肉，靠近牛頸部分的肉質偏硬，因此適合切薄片當涮肉；愈靠近背部的部分肉質愈軟，適合用於燒烤和牛排。即使部位相同，適合的料理也會有變化，請牢記這一點。

① 牛頸肉

肉質偏硬，因此烹調方法不多

頸部周圍經常運動的部分，脂肪含量少。筋多、肌理偏粗，肉質偏硬，味道重且濃郁。位於頸椎前方的頸長肌部分，可切薄片用於燒烤。頸肉本身除了切塊或切薄片燉煮，也可當絞肉使用。

適合的料理

BBQ・燒烤　燉煮　壽喜燒

② 牛肩肉

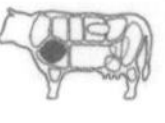

附著於肩胛骨上方的肉

牛肩膀上的大塊肉，筋多、肉質結實，顏色和味道都很濃郁，混合著許多筋和筋膜。偏硬的部分可用來燉煮。所分切出來的「板腱肉」（Blade）又稱為「嫩肩里肌」，通常直接用於香煎或燒烤，也適用於牛排和涮肉。

適合的料理

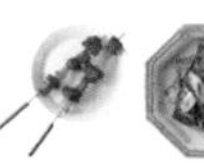

BBQ・燒烤　牛排　燉煮　壽喜燒　涮肉

③ 肩胛肉

愈靠近肋眼的部分愈軟嫩

含有適量的脂肪，容易形成霜降，肉質軟嫩且獨具風味。靠近頸側帶筋且肉質偏硬，常用於燉煮或切成薄片，用於壽喜燒或涮肉。離頸側較遠的中間部位和靠近肋眼的部分，也常用於牛排和燒烤。

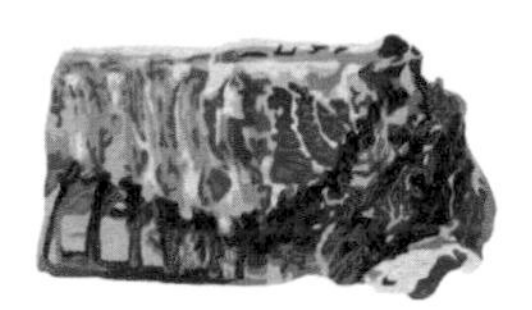

適合的料理

BBQ・燒烤　牛排　燉煮　壽喜燒　涮肉

④ 牛胸腩

不同位置可品嚐到不同的肉質口感

在肋骨周邊肉當中，靠近牛肩的肉。其中「無骨牛小排」容易形成霜降，風味絕佳。其他部分細分之下，可分成脂肪含量多且肉質偏硬的部分，適合用於涮肉和燉煮；而肉質偏軟的瘦肉部分，則適合用於燒烤。

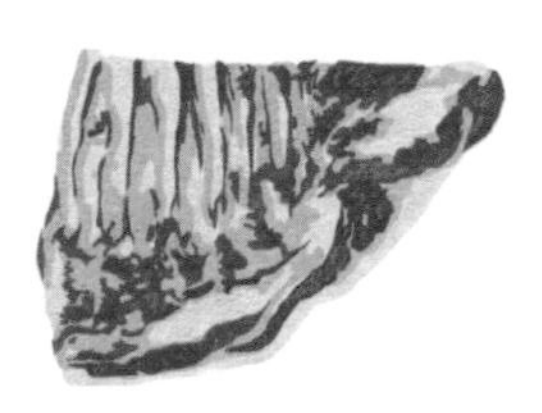

適合的料理

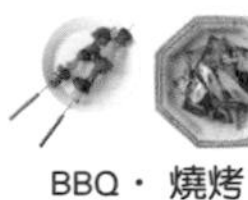

BBQ・燒烤　燉煮　壽喜燒　涮肉

⑤ 胸腹肉（牛五花）

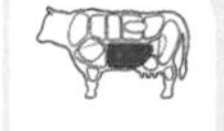

內腹肉和外腹肉都具有濃郁的味道

脂肪與瘦肉間的層次，形成濃郁味道的部位，肌理偏粗。從中央分切成上下兩部位時，上側為內腹肉，雖然瘦肉偏多，卻包含著帶油脂的「腰脊心」；下側為外腹肉，裡面有瘦肉和脂肪分布均勻的「側腹橫肌牛排」。

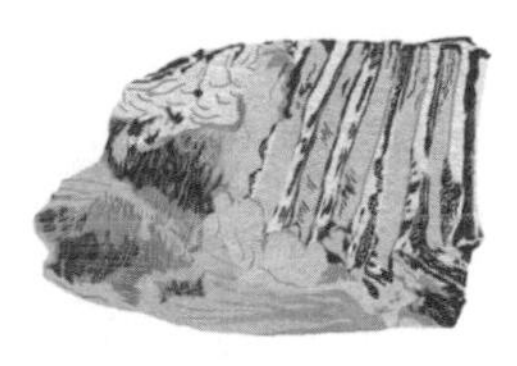

適合的料理

BBQ・燒烤　燉煮　壽喜燒

⑥ 肋眼

可品嚐到肉原本風味的優質部位

最容易形成霜降、肌理細緻且軟嫩，具有濃郁且豐富的味道，可直接切成大薄片，用於壽喜燒和涮肉。順著筋膜所切下的「上蓋肉」，是肋眼最精華的部位，最適合用在 BBQ 和燒烤，剩下的肋眼本體大多用於牛排，也可用於烤牛肉。

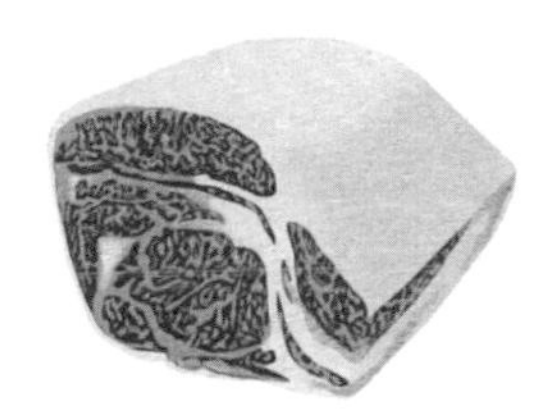

適合的料理

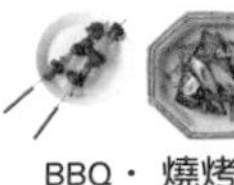

BBQ・燒烤　牛排　烤牛肉　壽喜燒　涮肉

7 菲力

包含「菲力心」的珍貴部位

位於背骨的內側，脂肪含量少的瘦肉。肌理細緻、肉質軟嫩；味道清爽、風味佳。菲力肉可細分成「菲力頭」、「菲力心」和「菲力尾」三部位，每一種都很適合用於牛排，中段的「菲力心」的價值最高，在日本又稱為「夏多布里昂」牛排。

適合的料理

BBQ・燒烤

牛排

烤牛肉

8 沙朗

可用於形狀工整的牛排

後腰脊肉，帶有霜降油花，脂肪分布適當。香氣、風味佳，肌理細緻、肉質軟嫩的高級部位。再加上形狀也很完整，整塊切片時大小一致，因此一般用於牛排。此外，也可切薄片，用於壽喜燒和涮肉。

適合的料理

BBQ・燒烤
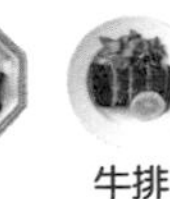
牛排

烤牛肉

壽喜燒

涮肉

9 和尚頭

因為形狀像顆球而得其名

位在後腿根部的下方內側。日本燒烤店的菜單裡，還可細分成顏色深且軟嫩的「和尚頭邊肉」、帶筋卻肌理細緻且風味獨特的「和尚頭心」、顏色深且肉質偏硬的「內腿肉下側」，以及看起來像霜降但口感卻不太軟嫩的「後腿股肉」。

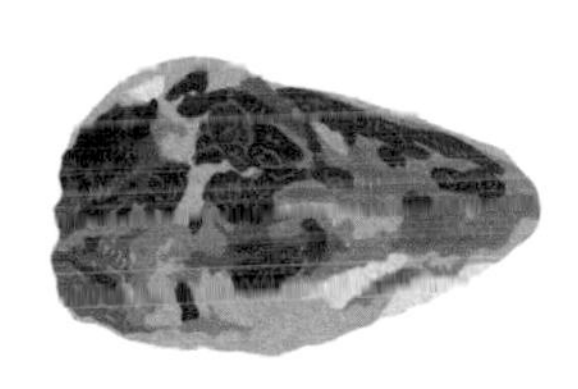

適合的料理

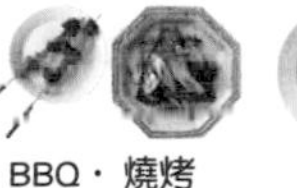
BBQ・燒烤

牛排

烤牛肉

壽喜燒

涮肉

10 臀肉（腰臀肉／牛臀蓋）

肉質軟嫩，特別適合用於牛排

由沙朗後側的「腰臀肉」與外腿上側的「牛臀蓋」所組成的部位。「腰臀肉」是含有適量的脂肪、肉質軟嫩的瘦肉，幾乎適用於任一種烹調方法。「牛臀蓋」顏色較深、味道比較濃郁。一般而言，此兩者合稱為臀肉。

適合的料理

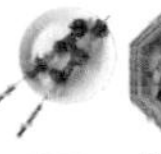

BBQ・燒烤

牛排

烤牛肉

壽喜燒
涮肉

11 外腿肉

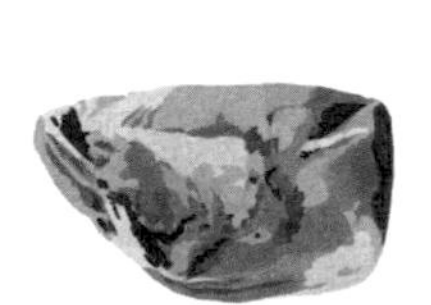

適合的料理

壽喜燒
BBQ・燒烤
烤牛肉
燉煮
涮肉

肌理粗且偏硬的瘦肉

牛後腿的外側，屬於經常運動的部分，因此脂肪較少，以瘦肉居多。肌理粗、肉質偏硬。可細分為顏色淺且具有彈性的「外側後腿肉眼」、大塊的「外側後腿肉」以及筋比較多的「牛腱」和肉質比較軟的「牛腱心」。

12 內腿肉

適合的料理

牛排
BBQ・燒烤
烤牛肉
燉煮
涮肉

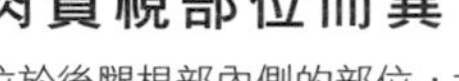

肉質視部位而異

位於後腿根部內側的部位，大塊的瘦肉，表面覆上一層脂肪，而內側幾乎為瘦肉。切薄片後，常用於涮肉。外腿側雖然容易形成霜降，但是肌理粗且肉質偏硬；相反地，和尚頭側的肉質比較軟。

13 牛腱（前腱／後腱）

適合的料理

BBQ・燒烤

燉煮

也可用於燉煮以外的料理

筋很多、肉質硬實的瘦肉。前肢稱為前腱，後肢稱為後腱。兩者除了用於大塊燉煮之外，也可做成絞肉。一般來說，前腿腱比後腿腱更有嚼勁。

牛肉的部位圖鑑（副產品）

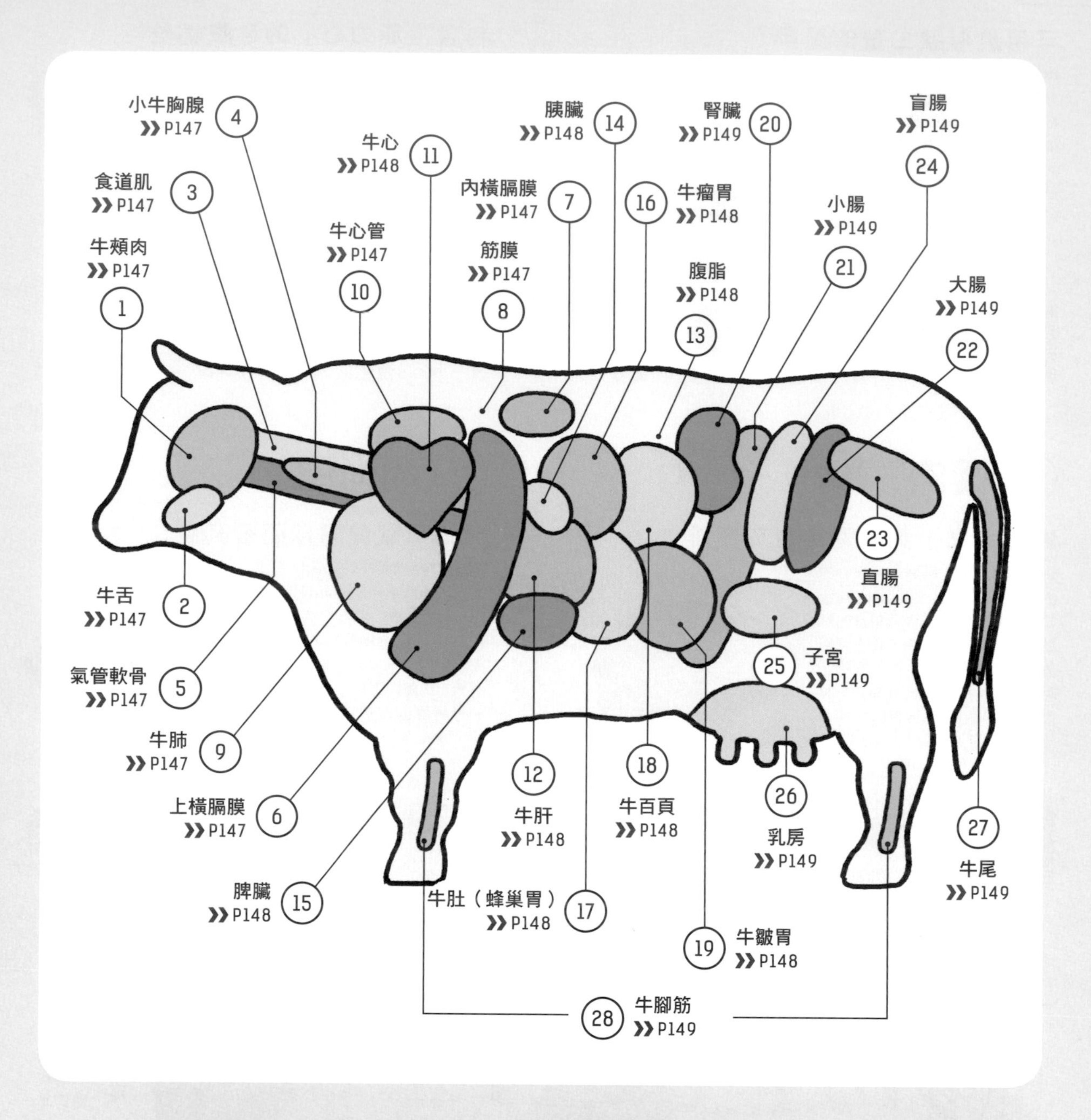

牛的內臟料理比想像中的滋味更美妙

前面有提到過，日本將一隻牛經過放血、屠宰、去除內臟後的屠體稱為「枝肉」，剩餘的部分則稱為「副產品」，包括肝、心、胃等內臟，以及舌頭、尾巴等各種部位的統稱。牛的副產品種類繁多，可充分品嚐到有別於精選肉的各種味道與口感。日本自古就有許多內臟料理，而在法式料理當中，頰肉和胸腺最受歡迎。

味道和口感都令人著迷的副產品，營養價值上也很優越，例如肝臟含有豐富的維生素A和鐵，牛尾則含有豐富的膠原蛋白。

在家裡料理副產品要注意的是，務必在可靠的店家選購，採買後馬上徹底加熱煮熟後再食用。

① 牛頰肉

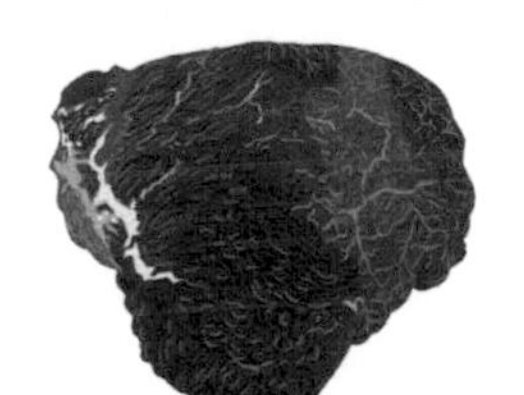

頭部最美味的肉

牛頰肉是頭部的肉當中，唯一不會受到狂牛症影響的部位，因此很受歡迎。含有豐富的膠原蛋白和脂肪，味道很好。又稱「嘴邊牛肉」，適合用於法式蔬菜燉肉等燉煮料理。

② 牛舌

剝除外皮再調理

意即牛的舌頭肉，市售品以剝除外皮的狀態居多。脂肪多、肉質偏硬，一整塊直接燉煮的話，肉質會變軟。也可切薄片用於燒烤料理。

③ 食道肌

味道很接近瘦肉

幾乎不含脂肪的瘦肉，肉質偏硬，因此適合用於燉煮，也可用於燒烤料理。

④ 小牛胸腺

只能從小牛身上取得

沒有腥味，肉質軟嫩。成年牛的胸腺會逐漸萎縮退化，因此只能從小牛取得。

⑤ 氣管軟骨

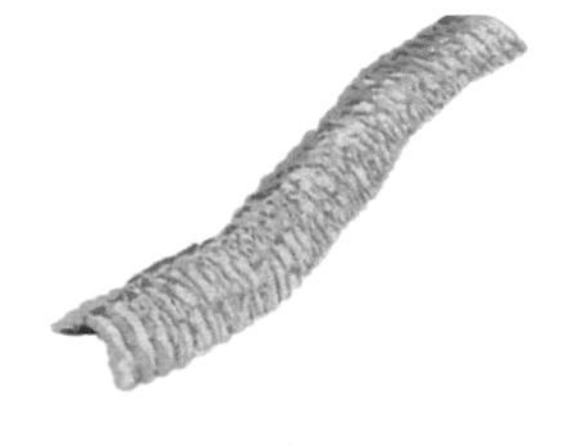

口感脆脆的氣管軟骨

意指牛的氣管，幾乎都是軟骨，是不太常見的稀有部位。

⑥ 上橫膈膜

很受歡迎的副產品

在橫膈膜之中，位於肋骨與肋小骨部分的肌肉附近。脂肪適量、肉厚實又軟嫩，多汁的美味廣受歡迎。最適合用於燒烤和燉煮。

⑦ 內橫膈膜

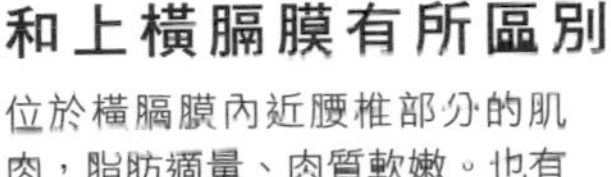

和上橫膈膜有所區別

位於橫膈膜內近腰椎部分的肌肉，脂肪適量、肉質軟嫩。也有人將上橫膈膜和內橫膈膜合併稱為「橫膈膜」。

⑧ 筋膜

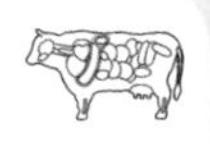

燉煮到成軟爛狀態

在橫膈膜當中，肌肉以外的肌腱部分。由於很硬，一般以慢火燉煮到軟爛為主要烹調方法。

⑨ 牛肺

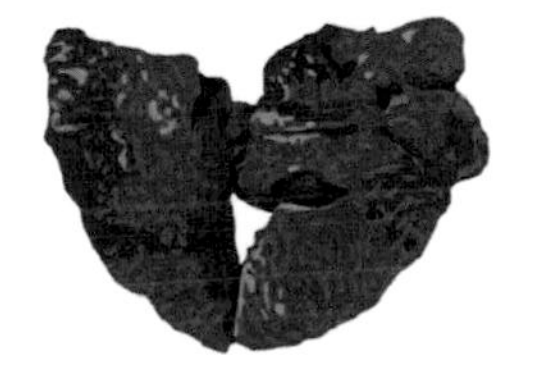

宛如棉花糖的口感

吃起來軟綿綿的，味道偏清淡，也用來當作法式香腸的原料。

⑩ 牛心管

口感脆脆的大動脈

位於心臟前端的大動脈，形狀呈弓狀彎曲的部分，也就是牛心臟的主動脈血管。切薄片可用來燉煮，也可用於燒烤。

⑫ 牛肝

最好能事先調味

重量達 5～6 公斤的大型內臟。腥味比較重，烹調前最好先清洗血水。此外，先用辛香蔬菜和調味料預調理，會比較容易入口。通常用來煎炒、油炸或製作成牛肝醬。

⑪ 牛心

口感脆脆的，味道清淡

肌纖維細，具有脆脆的口感。腥味少、味道清淡，容易入口。除了燒烤、燉煮，其他各種烹調方法也值得一試。

⑮ 脾臟

類似肝臟的稀有部位

脾臟也是稀有部位，比肝臟軟嫩、肌理細緻，稍微帶點苦味。

⑭ 胰臟

類似鵝肝的稀有部位

胰臟具有不油膩的濃郁味道，也有「牛的鵝肝」別稱，是內臟中的稀有部位，市面上幾乎沒有販售。

⑬ 腹脂

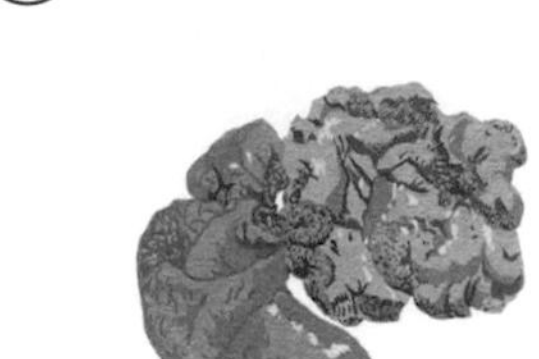

做菜時增添濃郁口感

意指腎臟和胃腸周邊的脂肪。切碎後加入料理中，可增加濃郁口感。在腎臟周邊的厚脂稱為「牛板油」。

⑰ 牛肚（蜂巢胃）

外觀恰如其名

牛的第 2 個胃，內側呈現蜂巢般的皺褶狀，因此也稱為「蜂巢胃」，市面上則常稱為「金錢肚」。含有豐富的膠原蛋白、富彈性。適用於煎炒、涼拌、燉煮。

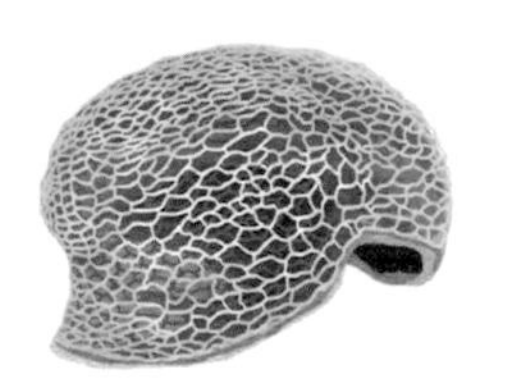

⑯ 牛瘤胃

剝皮後再烹調

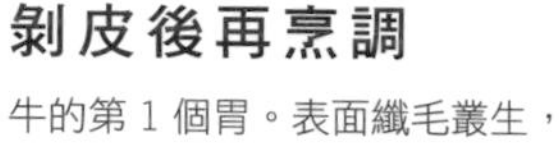

牛的第 1 個胃。表面纖毛叢生，因此要剝皮後再使用。味道清爽，是 4 個胃之中最大的胃，肉厚實且偏硬，特別厚的部分稱為「上瘤胃」。

⑲ 牛皺胃

比其他三個胃平滑

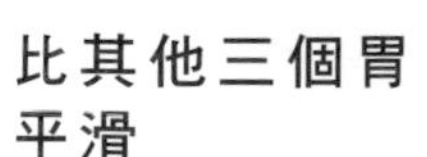

又稱為「真胃」。相較於其他三個胃，表面比較平滑、厚度薄且軟嫩。脂肪含量多，味道濃郁。常用於燉煮料理和燒烤。

⑱ 牛百頁

仔細清洗皺褶之間的重疊部分

牛的第 3 個胃。看似有上千片皺褶疊在一起的形狀，即為其名的由來。具有獨特的口感，脂肪含量少。適用於燉煮和涼拌。在前置處理時，先汆燙再泡冷水，會更美味。

⑳ 腎臟

特殊的氣味是其特色

又稱為「牛腰子」，外觀看起來像一串葡萄，含有豐富蛋白質且脂肪含量少。具有濃烈的腥味，小牛的氣味會比較輕微。常用於燒烤，口感耐嚼。

㉑ 小腸

脂肪厚實、咬下去十分有嚼勁

比其他器官更硬，布滿厚厚的脂肪，入口有跳動般的口感，烤熟以後吃起來愈嚼愈香。

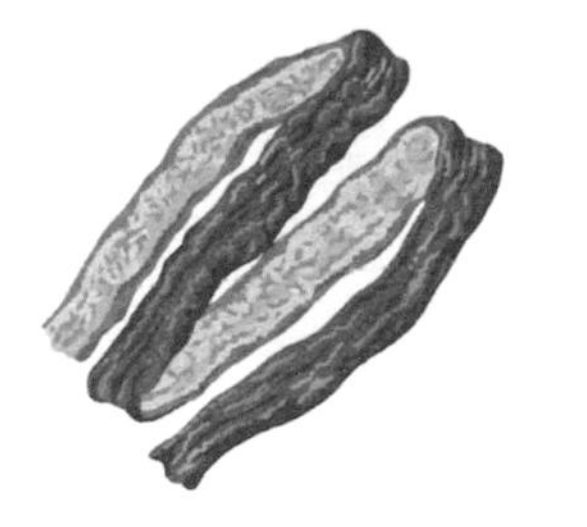

㉒ 大腸

脂肪含量少容易入口

表面有條紋狀的紋路，比小腸厚且硬，也更具嚼勁，脂肪含量少，帶有一點甜味，適用於燉煮和燒烤。

㉓ 直腸

口感爽脆也具有甜味

直腸是腸的末端部分，展開時的形狀有如長槍的槍桿。入口有濃郁的美味，咬下去有脆脆的口感。最適合用於燉煮，也可用來當作灌香腸時的腸膜。

㉔ 盲腸

剛剛好的脂肪帶出美味

盲腸具有適量的脂肪，肉質偏硬。除了用於燉煮，小牛的盲腸也可用來當作灌香腸時的腸膜。

㉕ 子宮

爽脆的口感

子宮的肌層部分，吃起來脆脆的，適用於牛內臟鍋和燒烤。

㉖ 乳房

一頭牛有 4 個乳房

哺乳動物都有乳房，每一頭牛具有 4 個，洗淨後可送到市面上販售，適合用於燉煮料理。

㉗ 牛尾

順著關節分切再烹調

牛尾含有大量膠原蛋白，長時間加熱會明膠化，因此適合用於牛尾湯等燉煮料理。由於關節相連，烹調前要先行分切。

㉘ 牛腳筋

慢火燉煮，烹調成湯品等料理

位於後腿的牛腳筋，長時間加熱後會明膠化。若使用於燉煮料理，可做出味道濃醇的湯品。

豬肉的基本

不論在家烹煮或外食，豬肉是最經濟實惠的肉品。日本不僅有享譽世界的美味和牛，豬肉也是大有來頭，這個單元就要為你介紹日本的「品牌豬」與「進口豬」。

豬肉的分類

大致區分成「國產豬」和「進口豬」

日本人食用的豬肉，約有半數是日本飼育的國產豬，剩下的都是外國產的進口貨。國產豬全國飼養超過九百萬頭，生產量最多的是位於日本南端的鹿兒島縣。而進口豬方面，則分別從美國、歐洲、加拿大、墨西哥等國進口。

肉豬由各品種交配改良而飼養，最近常見的是由三個品種交配而成的「三元豬」（詳見第157頁），三元豬還可交配出四元豬。台灣人比較常聽到的「黑毛豬」，則是屬於純種豬。

日本國內飼養多少頭豬？

超過 900 萬頭

日本各地豬隻飼養頭數前 5 名

	都道府縣	頭數	戶數（參考）
1	鹿兒島縣	1,272,000	535
2	宮崎縣	822,200	449
3	北海道	625,700	210
4	千葉縣	614,400	288
5	群馬縣	612,300	221
	全國總計	9,189,000	4,470

出處：截至 2018 年 2 月 1 日 農林水產省「畜產統計」

豬肉的加工品

自古以來，世界各國都有飼養豬隻，除了將肉直接烹調入菜，還可以加工成火腿、香腸等產品，豬的內臟也很營養美味。除此之外，還能製作成利於保存的罐頭加工品，可說是將一頭豬物盡其用，毫不浪費。

國產豬與進口豬供應量有何變化？

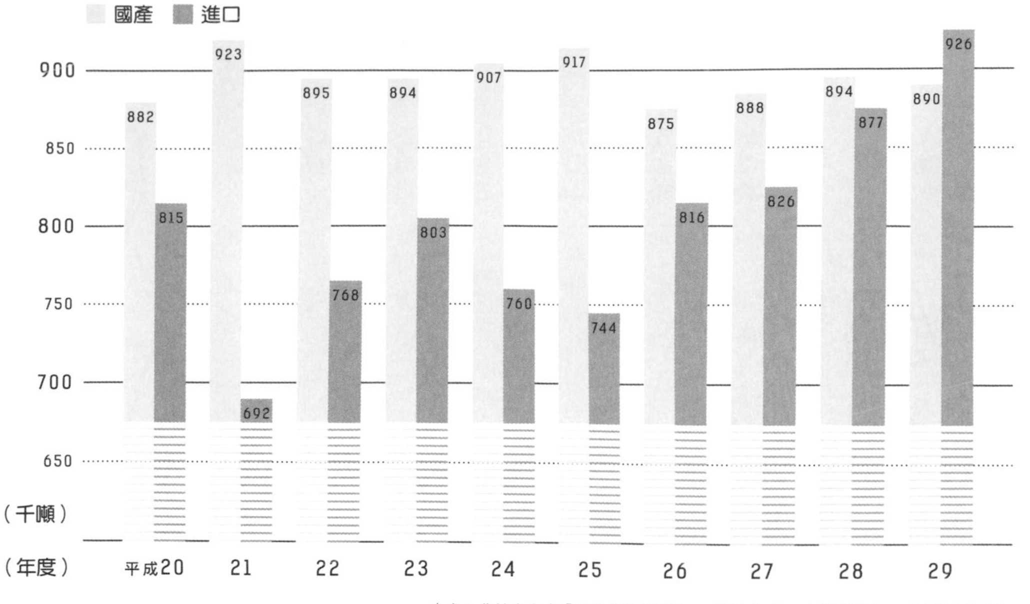

出處：農林水產省「畜產物流通統計」、財務省「日本貿易統計」／尾數四捨五入

進口豬

關於國外進口到日本的豬肉，冷藏肉以美國、加拿大產居多，冷凍肉則多半自丹麥、西班牙、墨西哥等國進口。

國產豬

用品牌豬和SPF豬（詳見第155頁）的精製肉，取代一般的普通豬肉，以此作為原料來製造火腿、香腸、培根等加工品。

編註：「國產豬」意指「日本國產豬」。

國產量呈現平穩，近年的豬肉進口量逐年成長

豬肉的進口量逐年增加，根據二〇一七年度的統計顯示，進口豬肉的量已經超過國產豬肉。雖然其中有市場和當地需求量等諸多原因，但是和牛肉的情況不同，普通的國產品（普通豬肉）和進口品的品質，很難分辨出差異，價格上的差距也不像牛肉那麼大。再者，進口品當中的冷凍豬肉，大多用於火腿和香腸等食品的原料，因此也和需求量增加有連帶關係。

此外，市場上的國產豬還有以黑毛豬等為代表的品牌豬、未帶有特定病原體的SPF豬，加上這些豬肉的加工品，可預見其品質競爭會愈來愈劇烈。和牛肉一樣，只要掌握產地、品種、飼養方法的特徵等細節，就能從中挑選出符合個人喜好和適合料理的豬肉。

豬肉的品種

食用豬種基本上有6個品種

全世界有三百~四百多個豬品種，其中光中國就多達60種。在日本，主要的品種包括長白豬、漢布夏豬、大型約克夏豬、杜洛克夏豬、中型約克夏豬、杜洛克豬以及巴克夏豬等6種。在市場上販售的豬肉，都是由這些品種的豬隻交配飼育而成。

用不同品種交配的理由，在於能夠培育出來自父母的優質肉質、可大量生產仔豬、發育快速等因素。但是，以黑毛豬聞名的「巴克夏豬」，則是採用純種飼養的方式，不與其他品種交配。

編註：台灣豬肉產業蓬勃，各家品牌大多強調「飼養管理」的差別，肉質上也有所差異。目前台灣約有12種豬品種，主要都是外來種豬，國內原生品種只有蘭嶼豬和桃園豬（台灣黑豬）。

大型約克夏豬

產地 英國 約克夏郡

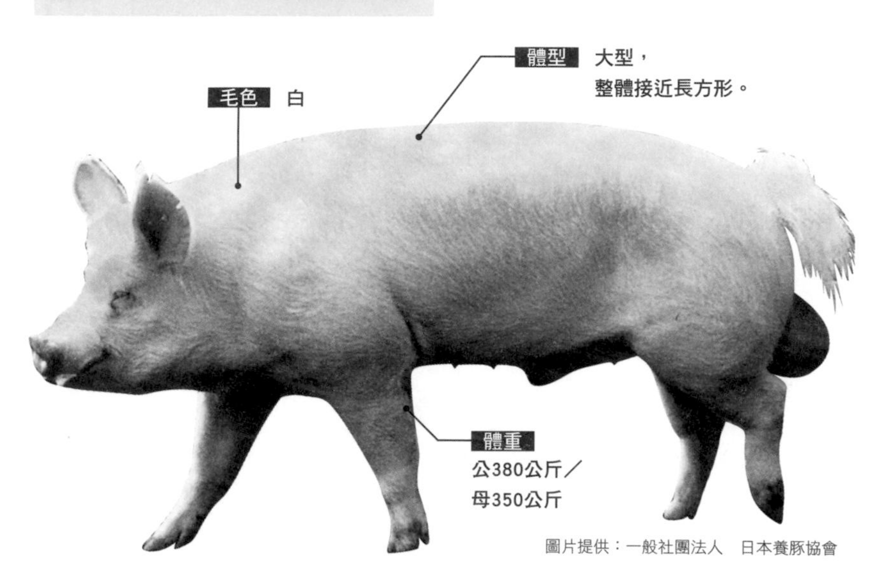

圖片提供：一般社團法人 日本養豚協會

大型豬，以英國的約克夏郡為原產地。擁有白色的毛，體型接近長方型；頭頸長，臉部微微凹陷。瘦肉與脂肪的比例極佳，適合用來製作加工肉品的原料。發育迅速，以純種豬而言，是飼養數量僅次於長白豬的品種。

中型約克夏豬

原產地 英國 約克夏郡

中型豬，與大型約克夏豬同產地。擁有白色的毛，臉部相當凹陷；個性穩定溫和、肉質美味。從第二次大戰前到1950年代，佔日本肉豬的大多數。肉的特徵為肌理細緻且柔軟、脂肪十分美味。因為現在以大型豬為主流，飼養數量驟降。

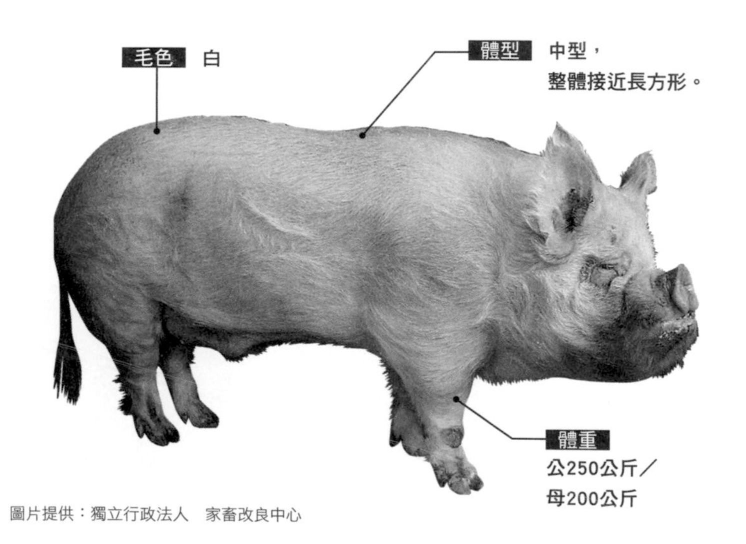

圖片提供：獨立行政法人 家畜改良中心

巴克夏豬

原產地　英國　巴克夏郡

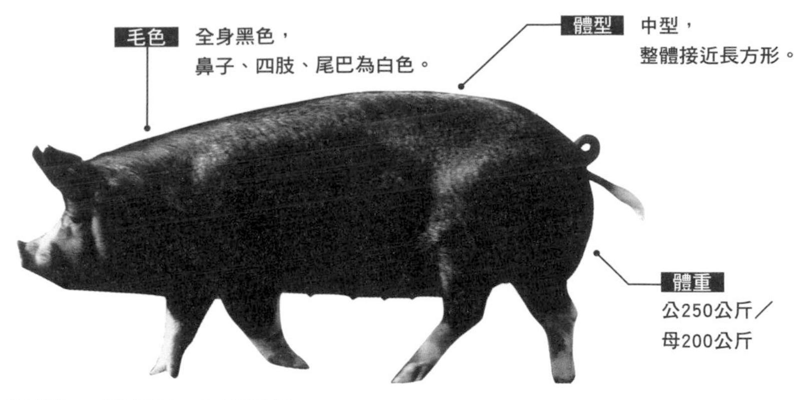

圖片提供：一般社團法人　日本養豚協會

英國巴克夏的既有品種，與中國等品種雜交培育出的中型豬。其特徵是全身毛色呈黑色，只有鼻尖、四肢前端、尾巴末端為白毛。肉質偏暗紅色、肌理細緻且柔軟。含有豐富的胺基酸，具有濃郁的味道。之所以能在日本被標示為「黑毛豬」，只是因為巴克夏的純種血統。

長白豬

原產地　丹麥

丹麥的既有品種與大型約克夏豬交配培育成的大型豬。毛色為白色，耳朵下垂，身體偏長且紮實。在肉質方面，以背部脂肪薄、瘦肉比例高為特徵。發育極迅速，繁殖能力優越，因此在日本大量飼養。在日本最常見的是美國種長白豬。

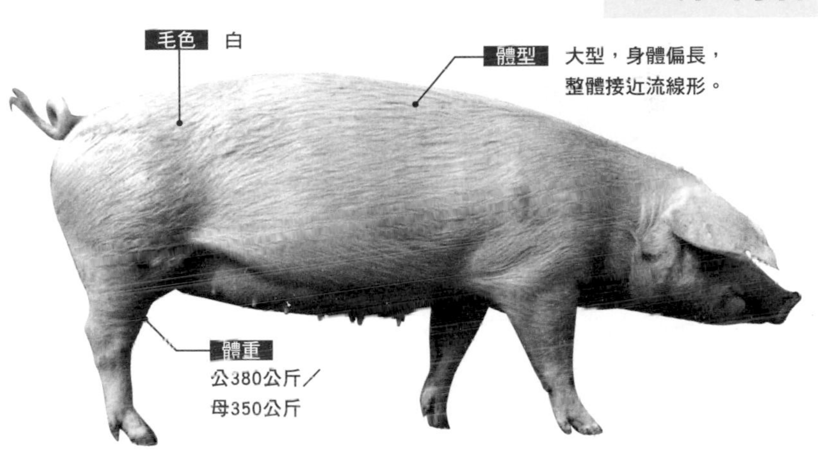

圖片提供：獨立行政法人　家畜改良中心

漢布夏豬

原產地　美國

毛色
黑色，從肩部到前肢、胸部呈帶狀白色。

體型
大型，整體呈現弓形。

體重
公350公斤／
母250公斤

英國原產，在美國經過品種改良的大型豬。擁有黑色和白色的毛，適合以放牧方式飼養。肉質為脂肪含量少的瘦肉。

圖片提供：一般社團法人　日本養豚協會

杜洛克豬

原產地　美國

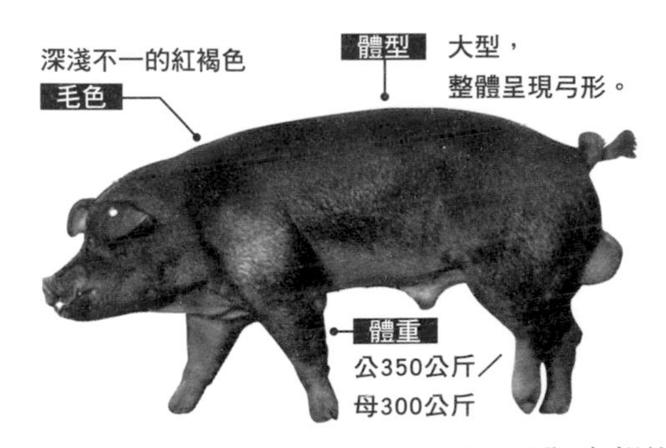

美國原產的大型豬，以紅棕色的毛、里肌肉部位大為特徵，肉色為帶有光澤的粉紅色，容易形成霜降，因此是廣泛使用的精肉型種豬。

圖片提供：一般社團法人　日本養豚協會

日本有哪些品牌豬？

不讓和牛專美於前，日本國內的「品牌豬」也多達三百種。以下就讓我們來瞭解各品種的特徵吧！

品牌豬的口味是由生產地「打造」出來的特產!?

日本的品牌豬，必須依據各地方組織協會的規則，滿足交配、血統、飼養方法、飼料和肉質等條件。因此，必須經過各地方畜產市場的審查檢驗，獲得「品牌豬」認證的肉品，才能夠流通到市場上各零售店販賣。

各地方之所以能誕生眾多的品牌豬，據說起源於使用各產地的特產做為飼料。例如，在飼料裡混入綠茶或是地瓜，就能餵養出具有特色的豬肉。

在日本的豬肉料理專賣店，使用多種品牌豬的店家也不少，例如店門口會打出「使用鹿兒島上等黑毛豬」等宣傳語。有機會到日本旅遊時，不妨打聽一下當地的特色餐廳，或許可以品嚐到各種不同口味的品牌豬。

鹿籠豬　日本第一個品牌豬

圖片引用：枕崎市觀光協會 HP「まく旅」

鹿籠豬原本起源於黑毛豬，此命名出自於該產地枕崎附近的鹿籠車站，現在已成為「鹿兒島黑毛豬」的一個品牌。肉的特色為肌理細緻、容易咬斷且軟嫩，脂肪的味道濃郁。飼料中混合了固定比例的地瓜，必須花 230 ～ 370 天的長時間飼養才可出貨。

特色飼料　地瓜

和豚糯米豬　由養豬戶組成的企業所培育

由群馬縣「Global Pig Farms 企業」所生產的品牌豬。從培育的豬當中，選出前 5％的優秀豬隻作為種豬（當作祖父母或父親的豬）集中管理，宰殺和包裝也是以標準作業流程進行。肉的脂肪帶有甜味，餘味清爽不油膩，其特徵是經過烹調後也不會變柴。

特色飼料　玉米、大豆粕

圖片引用：Global Pig Farms 株式會社

阿古豬 外島沖繩的既有品種

圖片提供：沖繩縣 Agu Brand 豚推進協議會

日本沖繩的本土種黑毛豬，據說是600年前從中國引進的豬隻。生長速度比一般的豬隻緩慢、體型偏小，因此曾經一度瀕臨絕種，差點被大型且早熟的豬種取代。肉的肌理細緻且軟嫩，油花多、熔點底，脂肪入口即化，可品嚐到甜味和美味。

特色飼料 玉米、泡盛酒粕（泡盛是沖繩當地的蒸餾酒）、鳳梨（配方因農場而異）

伊比利豬 產於西班牙伊比利半島的黑毛豬

產自西班牙的品種，黑毛豬的一種。肉帶有甜味，脂肪具有獨特風味。帶有伊比利豬血統超過50%的豬，才有資格稱為伊比利豬。伊比利豬分為三個等級，其中只餵食橡樹果實的最高等級豬稱為「Bellota」。這種飼養方式只有在秋冬季節森林裡產橡實時才能放牧，因此產季僅限於一～三月。

特色飼料 橡樹果實（僅限於 Bellota 豬）

圖片提供：兵庫通商株式會社 HP 「THE STORY」

圖片提供：一般社團法人　日本 SPF 豚協會

SPF 豬 未帶特定病原體的豬，與品種無關

SPF 為「Specific Pathogen Free」的縮寫，意為「未帶特定病原體」，將經過殺菌處理並以剖腹方式生產的仔豬，在殺菌過的特別環境下飼養，仔豬成長為成豬後交配，以自然分娩的方式生產第二代，即為 SPF 豬。飼料中不混入疫苗，也不使用抗生素，或者只使用微量。肉質的腥味少、味道佳，但是不能生吃，一定要煮至全熟。

特色飼料 玉米、小麥、米等（視農場而異）

乳清豬 餵食乳清的豬隻

在日本北海道等地飼養，飼料裡混合了在製造起司過程中大量生成的乳清。這是義大利的傳統飼養方法，含有豐富的不飽和脂肪酸，因而提高了保水性，即使煮熟了也能吃到美味的肉汁。品種包括肉質軟嫩的 Kenboro 豬等等。

特色飼料 乳清

鹿兒島黑毛豬 知名度最高的品牌黑毛豬

起源於江戶時代，為了戰爭的糧食需求特別從琉球引進豬隻，到了明治時代，與英國的巴克夏豬進行配種改良。在白毛豬當道時，一度曾面臨存續危機，但在鹿兒島縣的培育下得以存留下來。肉質因餵食地瓜而更加彈嫩鮮美，肉品具有濃郁的味道，卻不失清爽甘甜。

特色飼料 地瓜

TOKYO-X 日本第一代合成豬

在東京畜產實驗場，使用脂肪品質佳的北京黑毛豬、肌理細緻的巴克夏豬，以及容易形成霜降肉的杜洛克豬，三種品種雜交而成的三元豬，經過五代的繁殖、篩選，歷經長達七年努力而培育出的品牌豬。肉質特徵是口感滑順，優異的風味以及脂肪的品質。

特色飼料 米、大豆粕等等

關於三元交配和四元交配

幾乎所有國產豬肉都是由三個品種交配而成

幾乎所有的日本國產豬，都是透過三元交配而生產的「三元豬」。所謂三元豬，是利用雜交第一代（由不同品種交配、生產的仔豬）容易顯現比父母優秀的性質（雜種優勢），進行三個品種雜交的交配法。三元豬的用途均為肉用，並且只限於不曾繁殖過的豬。

至於四元交配，則是讓四個品種交配的方法。日本也有販售名為「Silky Pork」的品牌豬，是在美國飼養及生產的進口肉品。

一般的三元豬（三元交配）

由繁殖力強、發育良好的長白豬與大約克夏豬交配而成的母豬，與肉質優良的杜洛公豬交配而成。

長白豬（L）母

大約克夏豬（W）公

（LW）母

杜洛克（D）公

三元豬（LWD）

四元豬 Silky Pork（四元交配）

三元交配豬與繁殖力優異的切斯特白豬雜交的四元交配，這是為了提升進口豬肉品質而培育的品種。

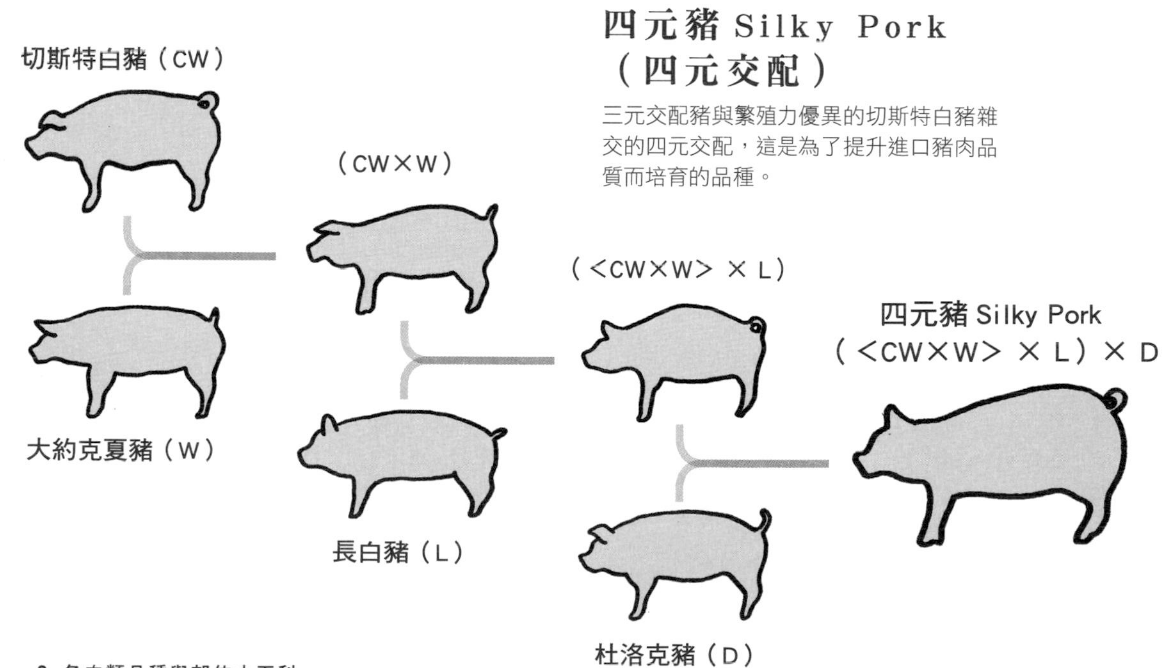

瞭解豬肉分級的結構

大家都知道牛肉有分級制度，其實豬肉在日本也有類似的規範，以下就要介紹日本的豬肉分級制度。

不只是牛肉！豬肉也有分級

豬肉和牛肉一樣，根據規定的解體整形方法，以宰殺成的屠體狀態實施分級。

牛肉有A5等分級評鑑，以英文字母「A、B、C」標示精肉率等級，用數字「5～1」標示肉質等級。豬肉則有「極上」、「上等」、「中等」、「普通」以及「等級外」等五階段評鑑方式。

評鑑項目分別為重量、背部脂肪厚度範圍、外觀（勻稱性、肥瘦比例、脂肪附著度、處理情況）以及肉質（肉的緊實度與肌理、肉的色澤、脂肪色澤與品質、脂肪沉著）等五項。最終分數是取評鑑最低分者，作為這塊肉的總評分等級。

分級有 5 階段！

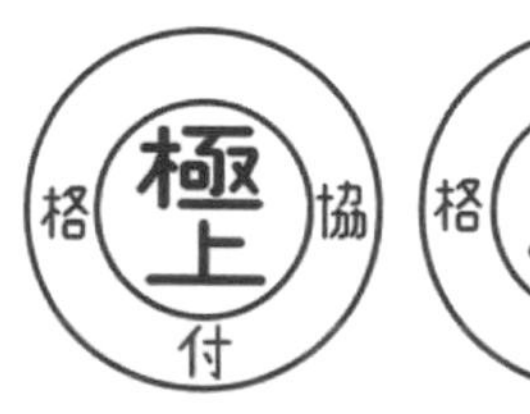

針對重量、背部脂肪厚度、外觀以及肉質等三項進行評鑑，不符合極上、上等、中等、普通等級者（註：日語的「並」為普通之意），以及外觀或肉質特別差者，均歸類於「等級外」。

1 半頭重量與背部脂肪厚度的範圍

以剝皮、除毛的冷卻屠體或溫體屠體做為評鑑標的，依半頭重量與背部脂肪厚度進行分級的判斷表，以此鑑定出符合的等級。背部脂肪厚度指的是在第 9 ～ 13 的胸椎關節正上方，胸椎處最薄的背部部位厚度。

除毛

等級	重量（kg）	背部脂肪（cm）
極上	以上 以下 35.0～39.0	以上 以下 1.5 ～ 2.1
上等	以上 以下 32.5～40.0	以上 以下 1.3 ～ 2.4
中等	以上 未達 30.0～39.0 以上 以下 39.0～42.5	以上 以下 0.9 ～ 2.7 以上 以下 1.0 ～ 3.0
普通	未達 30.0 以上 未達 30.0～39.0 以上 以下 39.0～42.5 42.5 超過	 未達 超過 0.9 2.7 未達 超過 1.0 3.0

剝皮

等級	重量（kg）	背部脂肪（cm）
極上	以上 以下 38.0～42.0	以上 以下 1.5 ～ 2.1
上等	以上 以下 35.5～43.0	以上 以下 1.3 ～ 2.4
中等	以上 未達 33.0～42.0 以上 以下 42.0～45.5	以上 以下 0.9 ～ 2.7 以上 以下 1.0 ～ 3.0
普通	未達 33.0 以上 未達 33.0～42.0 以上 以下 42.0～45.5 45.5 超過	 未達 超過 0.9 2.7 未達 超過 1.0 3.0

2 外觀

根據勻稱性、肥瘦比例、脂肪附著度、處理情況等四個項目進行評鑑。

勻稱性

極上	長度、寬度適當且厚實，腿肉、里肌肉、五花肉、胛心肉等部位非常充實，各方面非常均衡的肉品
上等	長度、寬度適當且厚實，腿肉、里肌肉、五花肉、胛心肉等部位充實，各方面均衡的肉品
中等	長度、寬度、厚度、整體形狀、各部位的均衡度，都無優異之處且無重大缺點的肉品
普通	整體形狀、各部位的均衡度都有許多缺點的肉品

整體形狀的長度、寬度與厚度等充實狀況與均衡度的評鑑

肥瘦比例

極上	厚實又平滑，肥瘦比例極佳，相對於屠體的瘦肉比例，比脂肪和骨頭多的肉品
上等	厚實又平滑，肥瘦比例好，相對於屠體的瘦肉比例，大致比脂肪和骨頭多的肉品
中等	無特別優異之處，瘦肉的發展也很普通，無重大缺點的肉品
普通	薄且附著狀態差，瘦肉比例差的肉品

評鑑厚度與肥瘦比例優劣、相對於脂肪與骨頭的瘦肉比例

脂肪附著度

極上	背部脂肪及腹部脂肪的附著狀況適度的肉品
上等	背部脂肪及腹部脂肪的附著狀況適度的肉品
中等	背部脂肪及腹部脂肪的附著狀況無重大缺點的肉品
普通	背部脂肪及腹部脂肪的附著狀況有缺點的肉品

評鑑背部脂肪與腹部脂肪的附著狀況是否適度

處理情況

極上	放血處理完善，無因疾病等造成的損傷，無因處理不當導致污染或損傷等缺點的肉品
上等	放血處理完善，幾乎無因疾病等造成的損傷，無因處理不當導致污染或損傷等缺點的肉品
中等	放血處理一般，有少數因疾病等造成的損傷，無因處理不當導致污染或損傷等重大缺點的肉品
普通	放血不充分，稍微有損傷，有因處理不當導致污染或損傷等缺點的肉品

評鑑放血處理是否完善、是否無損傷

3 肉質

根據肉的緊實度與肌理、肉的色澤與光澤、脂肪色澤與品質、脂肪沉著等四個項目進行評鑑。

肉的緊實度與肌理

極上	緊實度特別良好，肌理細緻的肉品
上等	緊實度良好，肌理細緻的肉品
中等	緊實度和肌理沒有重大缺點的肉品
普通	緊實度和肌理都有缺點的肉品

肉的色澤與光澤

極上	肉色呈淺灰紅色，色澤鮮明且帶光澤的肉品
上等	肉色呈淺灰紅色或是接近淺灰紅色，色澤鮮明且帶光澤的肉品
中等	肉色、光澤皆無重大缺點的肉品
普通	肉色相當深或太淡，光澤不佳的肉品

豬肉顏色標準（從胸部最長肌肉的肉色判別）

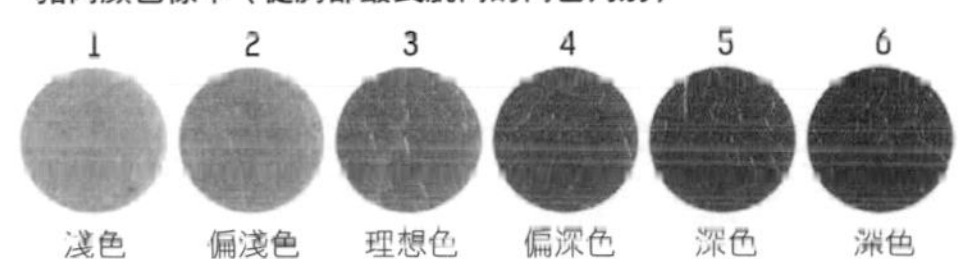

脂肪的色澤與品質

極上	色白且帶有光澤，緊實度和黏性均特別優良的肉品
上等	色白且帶有光澤，緊實度和黏性均優良的肉品
中等	色澤一般，緊實度和黏性均無大缺點的肉品
普通	有些許異色、光澤不充分、緊實度和黏性都不夠好的肉品

豬肉顏色標準（脂肪顏色判別）

脂肪沉著

極上	適度
上等	適度
中等	一般
普通	過少或過多

出處：公益社團法人 日本食肉格付協會

瞭解豬肉的部位

豬肉各部位的特徵，會因肌理、味道的濃淡、脂肪的分布方式而有所差異，同樣是薑燒豬肉，使用梅花肉或五花肉，成品的味道完全不同。至於豬的副產品，則多使用於內臟料理。

這塊肉是哪個部位？
口感如何？味道如何？

胛心肉

腰內肉

豬頭肉

豬耳朵

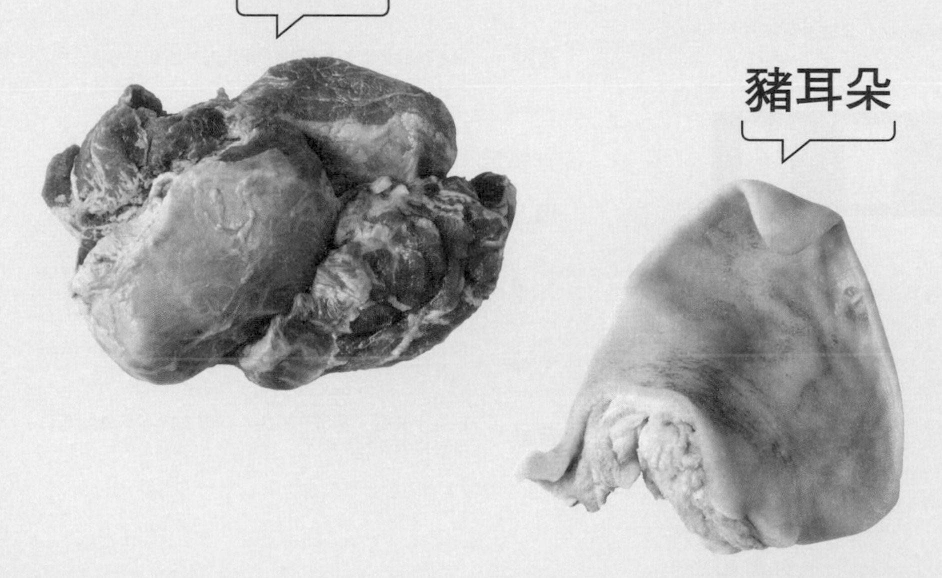

豬肉的部位圖鑑（肉）

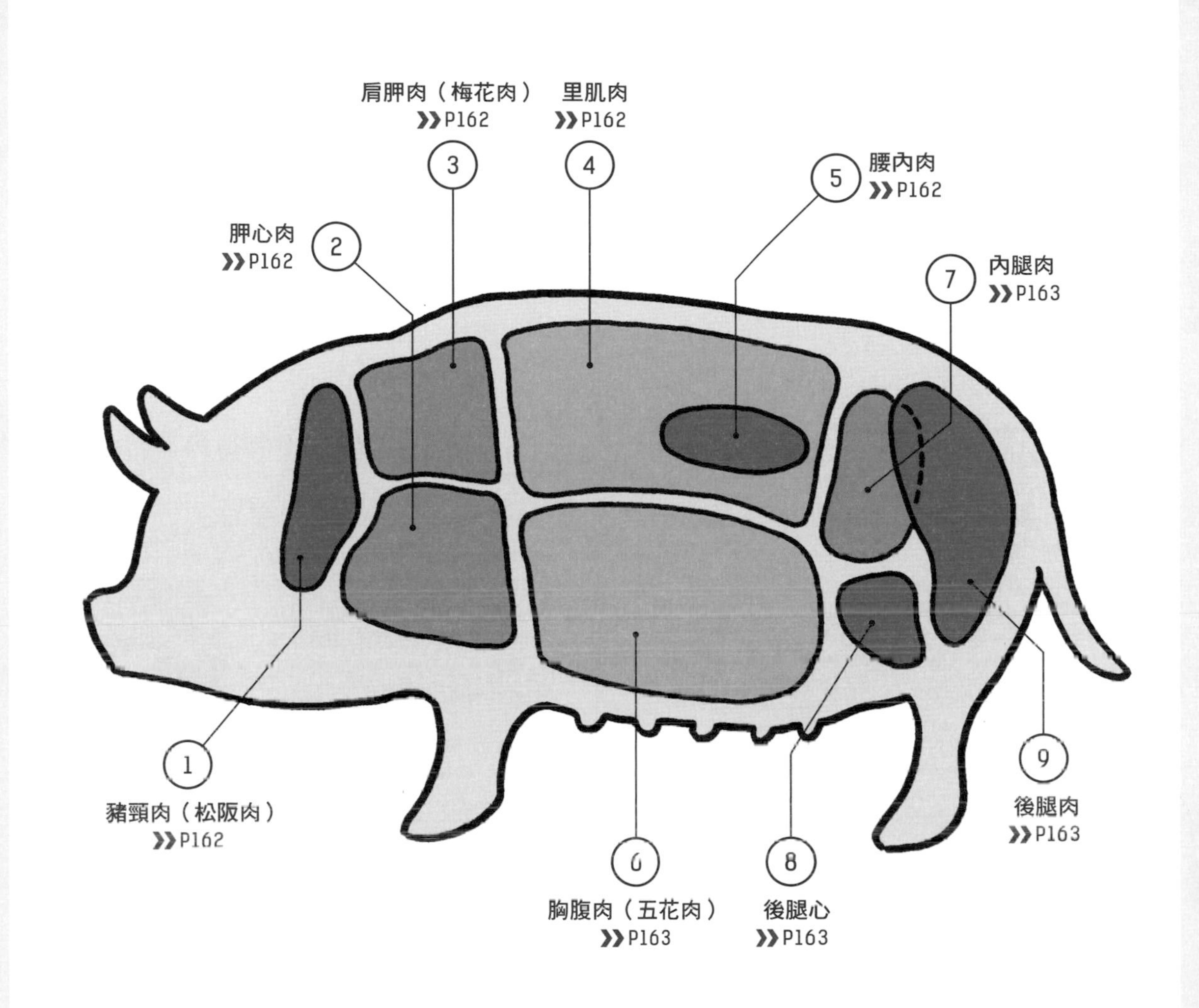

根據肉質特性和營養選用適合的部位

豬在宰殺後和牛一樣，都會和副產品分開而留下精選肉。然而，一頭豬的體重約一百公斤，比牛的重量輕，養殖時間也比較短，因此部位的區分不像牛這麼複雜。肉的部位種類有里肌肉、胸腹肉、胛心肉、肩胛肉、腿肉、腰內肉等部位。其中，比較大範圍的腿肉，還可區分為後腿肉和內腿肉，專賣店甚至會進一步細分為和尚頭和臀肉等部位。

想要選用正確的部位做出好菜，就要學會如何辨識肉的肌理、脂肪的分布狀況，以此做為軟嫩度的標準。請根據想要製作的料理，選擇適合的肉品。此外，在營養學的角度，也要注重各部位的成分組成，例如若要攝取有助於消除疲勞的維生素 B_1，腰內肉的含量會比肩胛肉多出近一倍。

1 豬頸肉（松阪肉）

油脂豐富帶有嚼勁卻不油膩

位於豬頸部周邊的肉，是珍貴的豬肉部位，脂肪含量多、瘦肉偏硬。像鮪魚的中肚一般含有大量脂肪，和松阪牛一樣有著「霜降」一般的油花，因此又被稱為「松阪肉」，也可以由分類於副產品的豬頰肉中取得。

適合的料理

燒烤

2 胛心肉

燉煮後可釋出膠原蛋白

運動量最多的部分，因此肉厚實且偏硬，肌理稍粗。由於是運動量多的肌肉，特徵是肉色比較深的瘦肉。多少帶著一些脂肪，味道豐富。切塊燉煮的話，可熬煮出豐富的膠質。

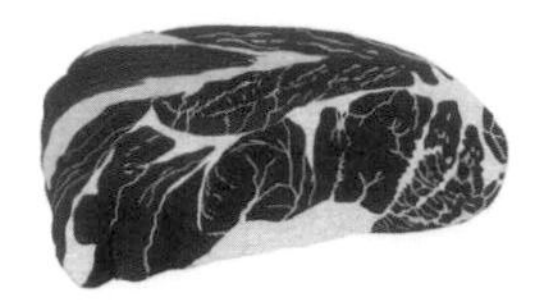

適合的料理

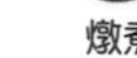

嫩煎・煎炒　燉煮

3 肩胛肉（梅花肉）

最能品嚐出豬肉的美味

瘦肉和脂肪的比例均勻，表面有脂肪，脂肪與瘦肉之間有筋。味道濃郁、美味，是最能體現豬肉美味的部位。可烹製成烤豬肉或叉燒肉，也可以切薄片入菜，做成薑燒豬肉或涮涮鍋。

適合的料理

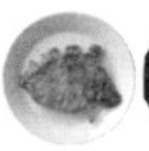

嫩煎・煎炒　烤豬肉・叉燒肉　涮涮鍋

4 里肌肉

整塊肉的肉質相同，形狀也很完整

適度分布於表面的脂肪有其特別風味，肌理細緻、軟嫩，整體肉質一致，烹製成烤豬肉的話，和烤牛肉的口感幾乎沒有差別。此外，切片時的形狀工整一致，可一整塊料理也可切片處理，能廣泛應用於各種料理。

適合的料理

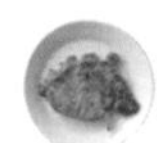

嫩煎・煎炒　烤豬肉・叉燒肉　炸豬排

5 腰內肉

味道清爽、健康的稀少部位

位於里肌肉內側左右各一條的棒狀部位，每一頭豬可取得的量很少。肌理細緻，在豬肉當中最軟嫩，由於幾乎不含脂肪且味道清爽，因此最適合於需要用油的料理，非常推薦用於炸豬排。

適合的料理

嫩煎・煎炒　炸豬排

COLUMN

何謂「三層肉」？

五花肉也稱為三層肉，位於豬腹部位。其名稱由來是因為脂肪和瘦肉交互重疊，看起來有三層之故。大多數的情況下，五花肉都是指豬肉，不過牛的五花肉也可稱為三層肉。

7 內腿肉

適合於豬肉切塊的料理

後肢靠近鼠蹊部的部分，為一大塊的瘦肉，脂肪含量少，肌理細緻且軟嫩，是紅肉的代表性部位。適合用於叉燒肉、烤豬肉、蒸煮等可品嚐到肉塊風味的料理，也可當作去骨火腿的原料。

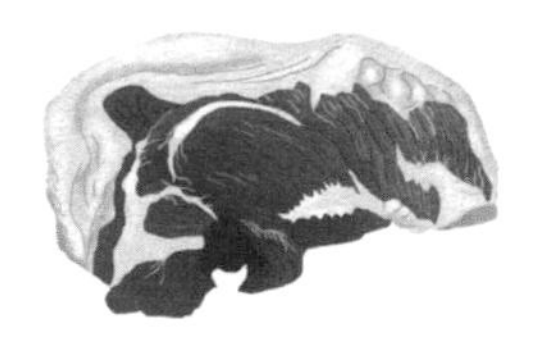

適合的料理

烤豬肉・叉燒肉

6 胸腹肉（五花肉）

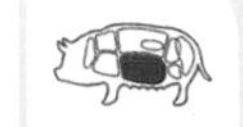

建議挑選瘦肉和脂肪幾乎等量的肉品

在肋骨周邊的肉，瘦肉和脂肪均勻地一層層地分布，味道濃郁、風味佳。切塊燉煮、切薄片嫩煎都適宜。帶著肋骨的厚切肉排，則是稱為「肋排」。

適合的料理

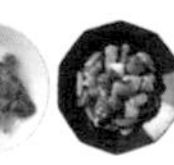

嫩煎・煎炒　燉煮

9 後腿肉

根據肉的顏色改變烹調方法

由於是經常運動的部分，因此脂肪偏少、肌理偏粗且肉質偏硬。所以，建議切薄片在煎炒時入菜，也可烹製成燉煮料理。

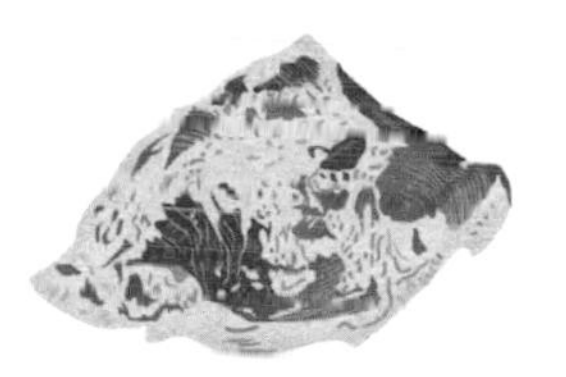

適合的料理

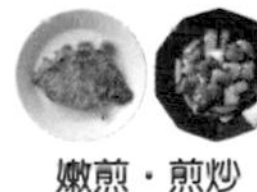

嫩煎・煎炒　燉煮　涮涮鍋

8 後腿心

有時會和內腿肉合併標示

在內腿肉下側的瘦肉塊，肉質幾乎和內腿肉相同，是肌理細緻的瘦肉。一般情況下，內腿肉和後腿心會合併標示成「腿肉」，在台灣傳統市場內，這個部位也被稱為「老鼠肉」。

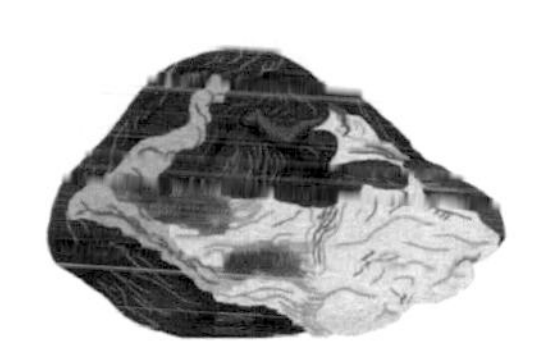

適合的料理

烤豬肉・叉燒肉　燉煮

COLUMN

日本超市販售的兩種「綜合零散肉片」是什麼？

如果有機會去逛日本超市的肉品區，可以看到「こま切れ肉」和「切り落とし肉」兩種價格便宜的綜合肉片，兩種有什麼差別呢？其實，這是只有在日本才買得到的產品。兩種都是從豬肉的各部位切下來的零碎肉片，因為不完整、切得不漂亮，所以便宜，可以自由應用於家常菜。「こま切れ肉」是「集合各部位切下的碎肉片」，「切り落とし肉」則是在將里肌、五花肉切薄片時，集合過程中切壞的肉片。各種肉部位的多寡，還是會因各店家而異。不論是買哪一種，建議都要先檢視脂肪的狀況、瘦肉的色調等狀態，才能放心買回家。

豬肉的部位圖鑑（副產品）

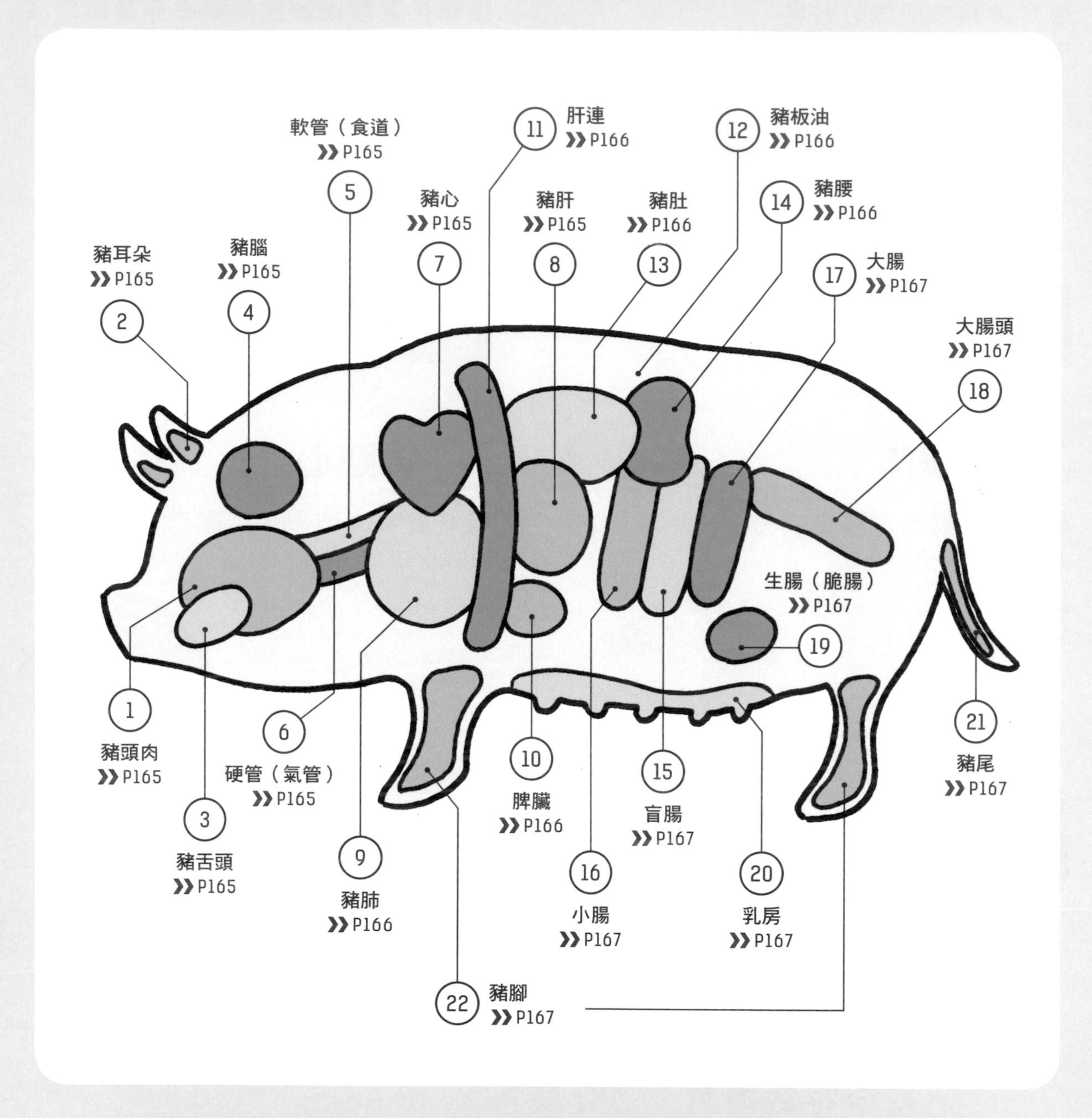

一次掌握在日式燒烤店常見的豬內臟部位

不管是在日式燒烤店，或是在台灣小吃店的招牌上，經常能見到各式各樣的豬內臟，從豬舌頭、豬肝、豬心等熟悉的器官，到大腸頭、生腸、豬腰、豬肚等不常見的部分，種類非常豐富。但是，在品嚐美食的同時，你真的認識菜單上這些五花八門的名稱，指的是豬的哪個部位嗎？

跟牛的副產品一樣，豬的副產品首重新鮮度。宰殺後馬上配送到專賣業者，快速執行洗淨、殺菌、細分、檢查等步驟，才能夠販賣。有別於西方國家不太能接受內臟料理，和台灣人一樣，日本人不但對內臟接受度高，還能變化出多款美味料理，只要掌握仔細清洗及汆燙去腥兩大關鍵，在家也能用內臟料理端出美味佳餚。

1 豬頭肉

也包括部分的松阪肉

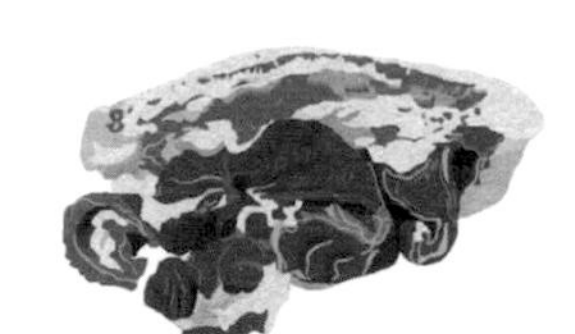

台灣又稱為「骨仔肉」，是指豬的額角、臉頰等頭部的肉，肉的色澤較深，口感偏硬。經常切成薄片或製成絞肉入菜。頰肉有較多的脂肪，這個部位包括部分的松阪肉。

2 豬耳朵

皮與軟骨形成脆脆的口感

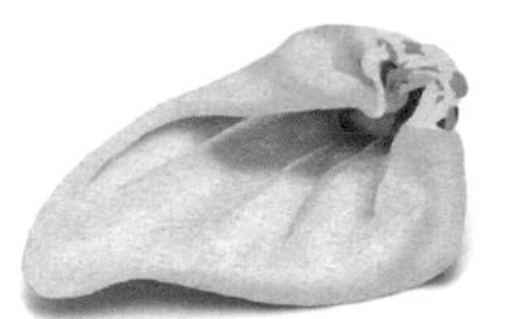

幾乎為皮和軟骨，口感脆脆的，含有豐富的膠質。市面上販售的商品為經過汆燙、脫毛處理過的豬耳朵。除了煎炒和油炸，也可做成涼拌耳絲。

3 豬舌頭

和牛舌不同，表皮也可以吃

舌頭部位的肉，味道清爽，靠近舌根的部位脂肪較多且軟嫩。若不在意，表皮不需去除，可以食用。特別適合用於燒烤、油炸與燉煮。

4 豬腦

燉煮可享受到軟嫩度和特殊風味

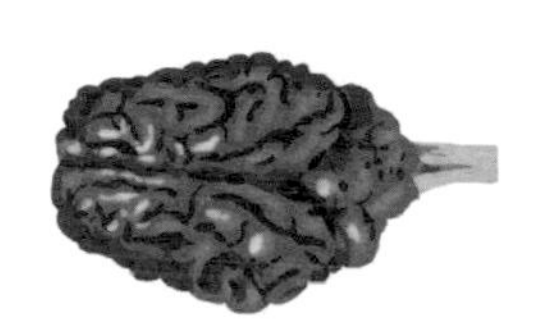

口感軟嫩、風味獨特，適合用於燉煮與湯品。由於狂牛症是牛腦的海綿狀病變，所以現在一般會直接丟棄牛腦，但豬腦就沒有這個疑慮。

5 軟管

吃起來很接近瘦肉

豬的食道，以瘦肉居多。市售品為對半切開後，去除黏膜和脂肪的商品，常用於燉煮和燒烤。

6 硬管

脆脆的口感，適合燒烤

豬的氣管，幾乎為軟骨組織，具有脆脆的口感，事先劃出切痕後，再用於燒烤等料理。

7 豬心

意料之外的味道清爽

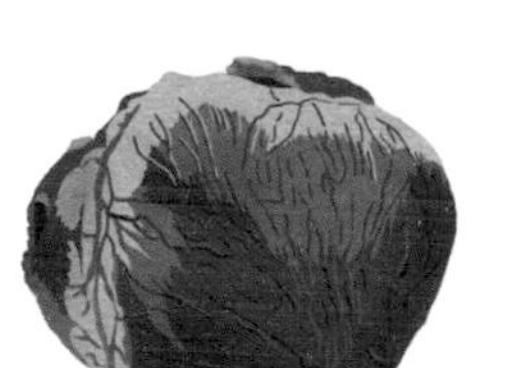

豬的心臟，肌纖維細緻、肉質偏硬，具有獨特的口感。脂肪少、味道清爽。在烹調之際，必須先仔細清除血塊。除了燒烤，也適合用於燉煮。

8 豬肝

形狀特殊味道十分強烈

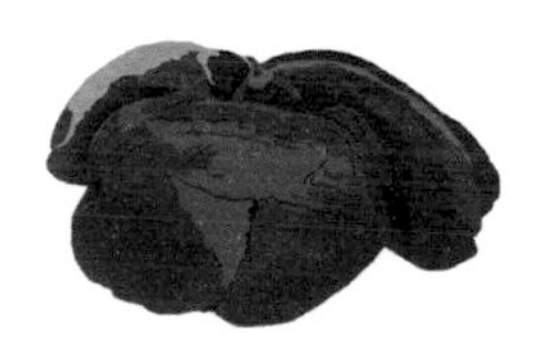

豬的肝臟，特徵為形狀平整。腥味十分強烈，因此烹調前最好先浸泡過辛香料蔬菜、調味料、牛奶等，緩和腥味，再用於嫩煎或油炸等料理。此外，也可製作成豬肝醬。

9 豬肺

同時具有軟綿綿和脆脆的口感

具有軟綿綿和脆脆的口感，必須仔細清洗血塊之後再烹調。若保留裡面的氣管，則可吃到脆脆的部分。

10 脾臟

注意新鮮度以免散發出臭味

味道清淡、口感軟嫩。要使用新鮮的脾臟，以避免腥臭味。適合用於燒烤等料理。

11 肝連

與「肝」臟相「連」的橫膈膜

豬的橫膈膜，雖然是副產品，卻有近似肉的口感，吃起來爽口，烹調方式也很簡單。不像牛的橫膈膜那樣大，因此沒有內橫膈膜和上橫膈膜等區別，也是經常做成絞肉的部分。

12 豬板油

品質最好的豬油

泛指分布於腎臟和胃腸周邊的脂肪。豬幾乎全身所有的部位都能炸出油來，而其中品質最好的，正是腎臟周圍的脂肪。豬板油是製作許多中式料理不可缺少的重要原料。

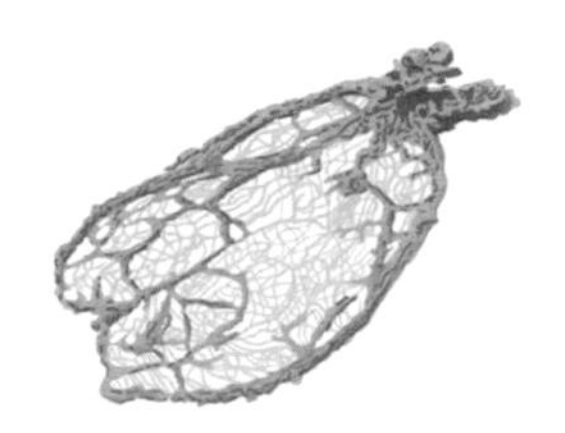

13 豬肚

接受度最高的內臟產品

意指豬的胃部，以副產品而言，沒什麼腥味，是一般人都能接受的部位。稍微偏硬且具有彈性的口感，在烹調時需先去除脂肪。適合用於燒烤、燉煮、涼拌。

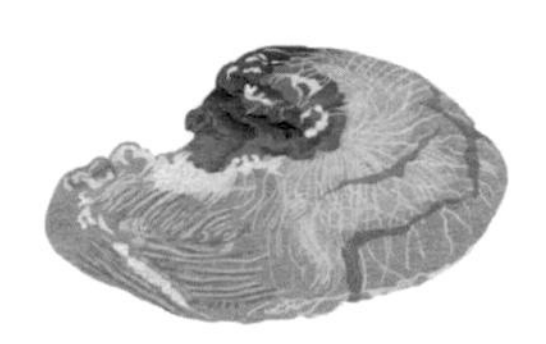

14 豬腰

挑除白色筋膜，烹調時更美味

豬的腎臟，形狀近似於蠶豆，是脂肪含量少的部位。去除外皮、厚度切半再挑除形成白色筋膜的尿管，品嚐時可避免腥味。適合用於嫩煎、燉煮、涼拌等料理。

COLUMN

充分活用整頭豬的沖繩美食

離台灣很近的沖繩，部分飲食文化也跟台灣很接近。當地對於豬有句俗語——「除了豬的叫聲之外，豬的什麼部位都吃」。在沖繩，可以品嚐到一頭豬的所有部位，例如用五花肉烹調而成的滷肉、帶骨五花肉和蘿蔔等燉煮的排骨湯，以及將燙熟的豬耳朵和豬頭皮拌味噌花生油醋的涼拌耳絲，還有豬腳燉湯、豬肚湯、豬肝湯等等，甚至有使用脂肪和血做成的料理。

⑯ 小腸

清除脂肪和浮沫再烹調

台灣俗稱「粉腸」，即小腸的前端，呈細長且薄的形狀。含有大量脂肪，但市售品已事先清除脂肪。水煮時，需耐心撈除浮沫。口感稍微偏硬，適合用於燉煮和燒烤。

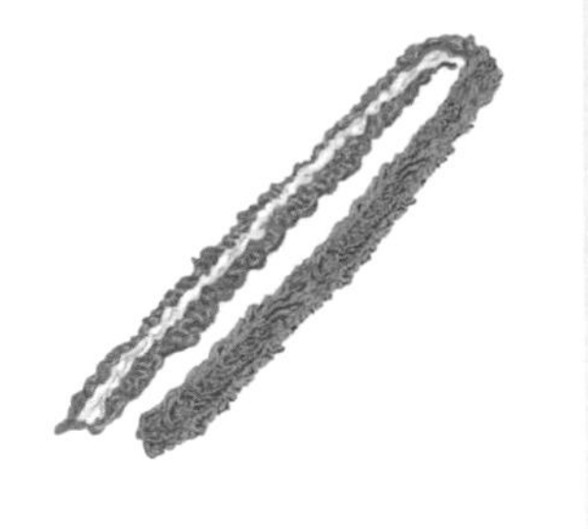

⑮ 盲腸

燉煮後時十分美味

由於口感偏硬，因此燉煮後可品嚐到有嚼勁的美味。在日本商家購買時，有時也會和其他的腸胃部位一併標示成「白內臟（シロモツ）」。

⑱ 大腸頭

油脂多且口感軟 Q

意指大腸的末端部分，是消化系統最後一段。展開時的形狀像大砲。有嚼勁，可用於燉煮。

⑰ 大腸

脂肪多、有嚼勁

整體帶著細細的皺褶，脂肪多。比小腸更有嚼勁，建議用於燉煮和燒烤。

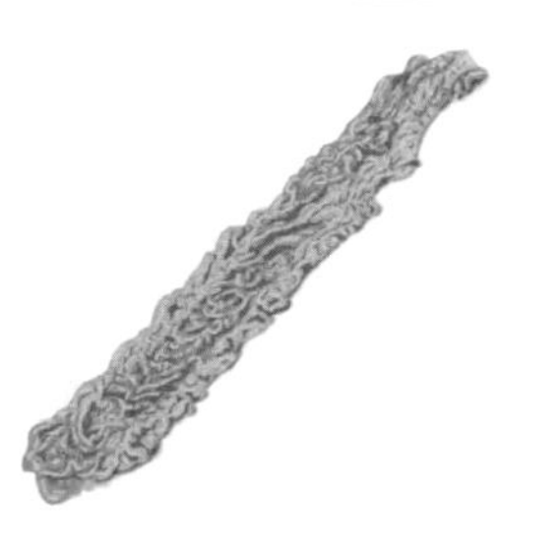

⑳ 乳房

一頭豬約有14個乳房

在日本的燒烤店，有機會吃到「豬乳房」！一頭豬約有 14 個乳房，前置處理時先擠出乳汁、清洗乾淨，再用於燒烤等料理，仔細咀嚼可以吃得出奶香。

⑲ 生腸

燒烤或水煮都能品嚐獨特口感

意指子宮，市售產品多來自小母豬。脂肪相當少，味道清淡且溫和，可品嚐到爽脆的口感，適合用於燒烤和涼拌。

㉒ 豬腳

可吃到皮、肉、筋和軟骨

含有大量膠原蛋白，長時間燉煮會變軟。除了堅硬的骨頭和蹄尖，都可以食用。若市售品有豬毛殘留，可用火燒的方式清除。

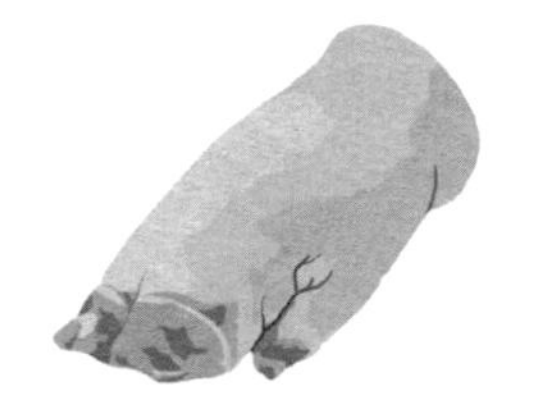

㉑ 豬尾

慢火熬煮，讓湯汁變黏稠

雖然肉少、骨頭多，但 QQ 的口感甚至勝過豬腳。烹調前，務必用水沖洗乾淨。豬尾含有大量的膠原蛋白，通常用於燉煮。

雞肉的基本

肉雞和土雞有什麼差別？日本有哪些「品牌雞」與「進口雞」？事先掌握不同雞肉的肉質特色，選購雞肉時就能更得心應手！

雞肉的分類

日本的肉用雞可大致區分成肉雞、土雞和品牌雞

日本食品生產用的雞可分成肉雞、蛋雞以及蛋肉兼用雞。「肉雞」並不是品種名，而是泛指所有供肉食用的雞。日本大量生產的肉雞，是白科尼什雞和白蘆花雞的雜交種。

肉雞還有「土雞」和「品牌雞」的分類。土雞的培育規定較嚴格，飼養時間也比較長，品牌雞則未必符合土雞的規定。除此之外，在日本也有不少進口雞肉。

\ 肉雞的品種與進口國？ /

白科尼什雞

成長速度快 胸部的肥瘦比例佳

外來的肉雞品種，交配用的公雞在美國經過品種改良，飼養 40 ～ 50 天的公雞可成長到 5.5 公斤，母雞則為 4 公斤，是所有品種當中成長最快速的雞。

圖片提供：獨立行政法人　家畜改良中心

產蛋數多，被當作交配用母雞

產於美國的品種，為蛋肉兼用雞，被當作肉雞的交配用母雞。公雞可成長到 5 公斤，母雞則為 3.6 公斤左右。

圖片提供：獨立行政法人　家畜改良中心

白蘆花雞

（單位：千噸）／引用於 2017 年 財務省「貿易統計」

進口雞以巴西佔絕大多數，泰國進口量也持續增加中

雞肉的進口量逐年增加。在諸多進口國之中，絕大多數的進口量都來自於巴西，其次為泰國與美國。但是，日本國產肉雞的交配用公雞，則大部分源自英國。

日本土雞和品牌雞有何差別？

土雞

滿足 JAS 規範的雞

日本各地的本土原生品種經過改良的雞，其條件透過 JAS（日本農林規格標章）嚴格規定。土雞的生產量約只佔市面上流通量的 1%。

品牌雞

以特定方法飼養的「美味雞」

雖然擁有土雞的血統，但不符合土雞的 JAS 規範。個別的品牌以特定方法和飼料來飼養，追求美味，但飼養期間和飼料沒有特殊規定。

日本具代表性的土雞

日本有超過 60 種的土雞，其中最有名的有以下 3 種。

名古屋交趾雞

名古屋品牌雞的純種，肉質緊實、咬下去有嚼勁，肉汁豐富是其特徵。其雞蛋的蛋黃顏色濃黃，味道也特別濃郁好吃。

圖片提供：名古屋市農業中心

薩摩地雞

薩摩地雞是鹿兒島的知名美食之一，經過改良培養成的土雞，其肌肉發達，纖維比較細，所以肉的肌理細緻、口感濃郁彈牙。

圖片提供：鹿兒島縣地雞振興協議會

比內地雞

主要以果實、蔬菜為飼料，並放養在廣大涼爽的土地上，滿足 JAS 所規定的嚴格條件，生產出味道濃郁、口感Q彈的土雞。

圖片提供：秋田縣比內地雞品牌認證推廣協議會

長時間細心培養 日本原生品種的土雞

日本土雞的條件主要有三個：①日本本土原生品種（明治時代之前定型的品種，目前獲認定的有38種）的純種，或擁有原生品種單親或雙親，並能證明出生。②飼養期間超過75天。③從孵化到第28天之後，以每平方公尺10隻以內的標準實施放養（雞隻可自由活動的飼養方式）。

若未滿足這些條件，就不能稱為土雞。雖然普通肉雞也是採取放養，但是土雞放養空間更大，且需要長時間飼養。透過這種費工的飼養方法，肉質會比普通肉雞緊實、味道更加濃郁。至於飼料，會依土雞產地不同而嘗試添加海藻、木醋液、牡蠣殼等等，不使用配方飼料和抗生素等添加物。

日本有哪些品牌雞？

品牌雞顧名思義即「有品牌的雞」，在日本一般肉鋪或超市都能買到。這個單元為您介紹日本常見品牌雞的特徵，下次去日本旅遊時，一定要去品嚐看看！

追求美味的極致講究飼料和飼養期間的肉雞

品牌雞雖然沒有像土雞那樣嚴格的標準和條件，卻也是各生產者絞盡腦汁、想方設法追求美味的雞肉。日本對品牌雞的定義為「在國內飼養，比土雞成長快速的肉雞，有別於一般的飼養方法（飼料內容、出貨日等），採用自家創意飼養的雞」。

和不易取得的土雞相較之下，各地的品牌雞在超市就能輕易購得，有機會在日本自己下廚的話，不妨和無品牌的雞肉試吃比較看看。

編註：台灣的雞分成肉雞和蛋雞，肉雞又可分為白肉雞與土雞。白肉雞的飼養週期約5週，土雞的飼養週期一般約需12週以上，有些特色雞種甚至需飼養18週以上，方可顯現其特殊風味。

圖片引用：株式會社　大山雞

大山雞

飼養於鳥取縣和島根縣的山麓

在空氣新鮮、水質優良的環境下，以長時間放養的方式飼養。自孵化後 28 天以後，餵食不添加抗生素的專用飼料，以調整腸道細菌、使脂肪平均分布。特別採用減少肉汁流失的處理方法。

森林雞

用森林精華養育而成體質健康的品牌雞

宮城縣、岡山縣、宮崎縣的品牌雞。使用添加了「森林精華」（木醋液、樹皮的炭粉）的飼料，使雞的腸內細菌活動更加活躍，養育出健康又美味的雞。肉多汁、味道濃郁，腥味很少，也含有豐富的維生素 E。

圖片引用：株式會社　WELLFAM FOODS

南部雞

肉汁豐富、脂肪入口即化
岩手縣產雞

以法國引進的紅雞為祖父母的紅色科尼什雞和白蘆花雞交配的品種。使用納豆菌和香草精華，取代抗生素等添加物。為了打造入口即化的美味脂肪，在飼料裡添加飽含中鏈脂肪酸的椰子油。

富士朝日雞

靜岡縣的品牌雞
在衛生的環境下培育

不限於靜岡縣，產地遍佈山梨縣、長野縣、群馬縣等地。在衛生的環境下，用甜高粱作為基底的飼料餵食。肉的皮下脂肪少，口感和風味都很好。特徵是脂肪呈白色。

伊勢赤雞

在三重縣飼養
原產於法國的雛雞

用木炭吸附以闊葉樹的樹皮製作的木醋液，以此加入專用飼料裡餵食，可減少雞特有的腥味，完成口感極佳的雞肉。飼養時間比一般的肉雞長約 20 天，因此肉質緊實，吃起來彈牙有嚼勁。

日南雞

在宮崎縣和熊本縣的開放雞舍飼養
飼料裡添加維生素 E 和生菌劑

為了保持雞的健康並維護品質，在自製的飼料裡添加豐富的維生素 E 和生菌劑「可速必寧（Calsporin）」。因此，減少了脂肪含量、增加了胺基酸等美味成分，肉質有彈性且多汁。

地養雞

全國各地
皆有生產的品牌雞

產於岩手縣、千葉縣、靜岡縣、德島縣的品牌雞。在飼料裡添加了混合飼料的地養素、樹液、海藻、艾草粉等，去除雞肉特有的腥味，完成口感極佳的雞肉。有強烈的甜味，脂肪和膽固醇比例低，也被稱為健康雞肉。

香草赤雞

毛色呈紅褐色的
長崎縣品牌雞

紅色科尼什雞和羅德島紅雞交配的品種。飼料裡添加南瓜籽、車前子、紅花和忍冬花等花草。仿效法國的飼養方法，採取放養。肉帶有適度的彈性，肉汁豐富。

瞭解雞肉的部位

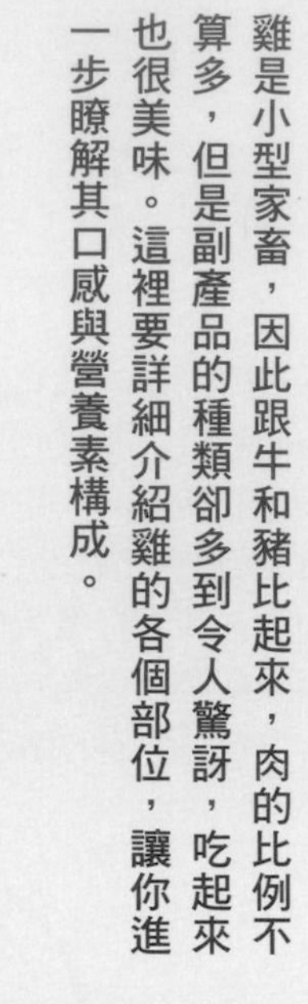

雞是小型家畜，因此跟牛和豬比起來，肉的比例不算多，但是副產品的種類卻多到令人驚訝，吃起來也很美味。這裡要詳細介紹雞的各個部位，讓你進一步瞭解其口感與營養素構成。

這塊肉是哪個部位？
口感如何？味道如何？

雞頸肉

雞屁股

雞胸軟骨

雞胗

走一趟日本串燒店 嘗試各種肉質與口感

相較於牛肉和豬肉，雞肉的價格低廉且脂肪含量低，給人健康的印象，二〇一二年開始，日本的雞肉消耗量首次超越豬肉，成為日本人吃得最多的肉類。以每個人的平均消耗量來看，一九六〇年的日本人每年消費不到一公斤，到了二〇一六年則來到13公斤。經過詳細調查後，發現和豬肉相比，烤雞肉串、炸雞、炸雞塊為主的外食雞肉料理增加了，外帶數成長也是原因之一。

雞肉的部位有雞腿肉、雞胸、雞柳、雞翅等，副產品則有內臟、軟骨等。不論是肉還是副產品，每一個部位的味道、口感、脂肪含量均不同，可充分享受各種特性。此外，肉帶皮和不帶皮的，吃起來的味道也有差異，甚至有只使用雞皮的料理。烹調時請善加活用肉、皮、副產品的特色吧！

雞肉的部位圖鑑

肉

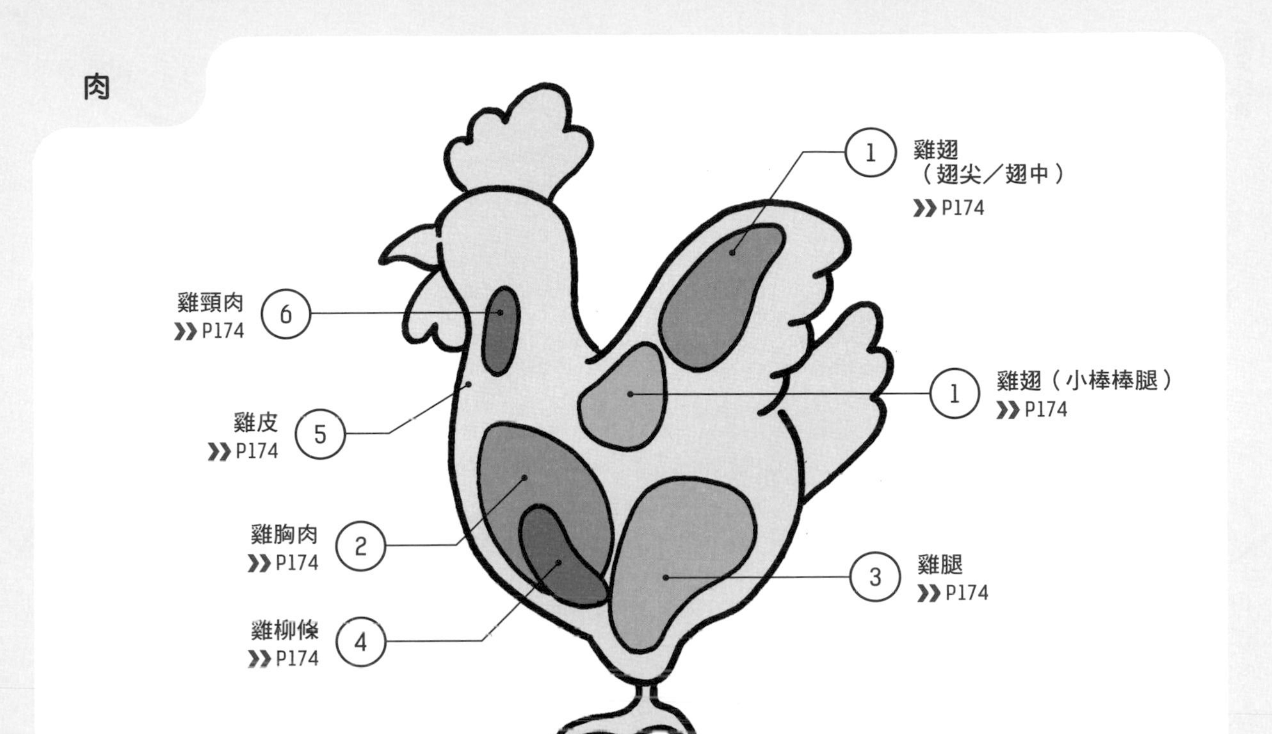

副產品

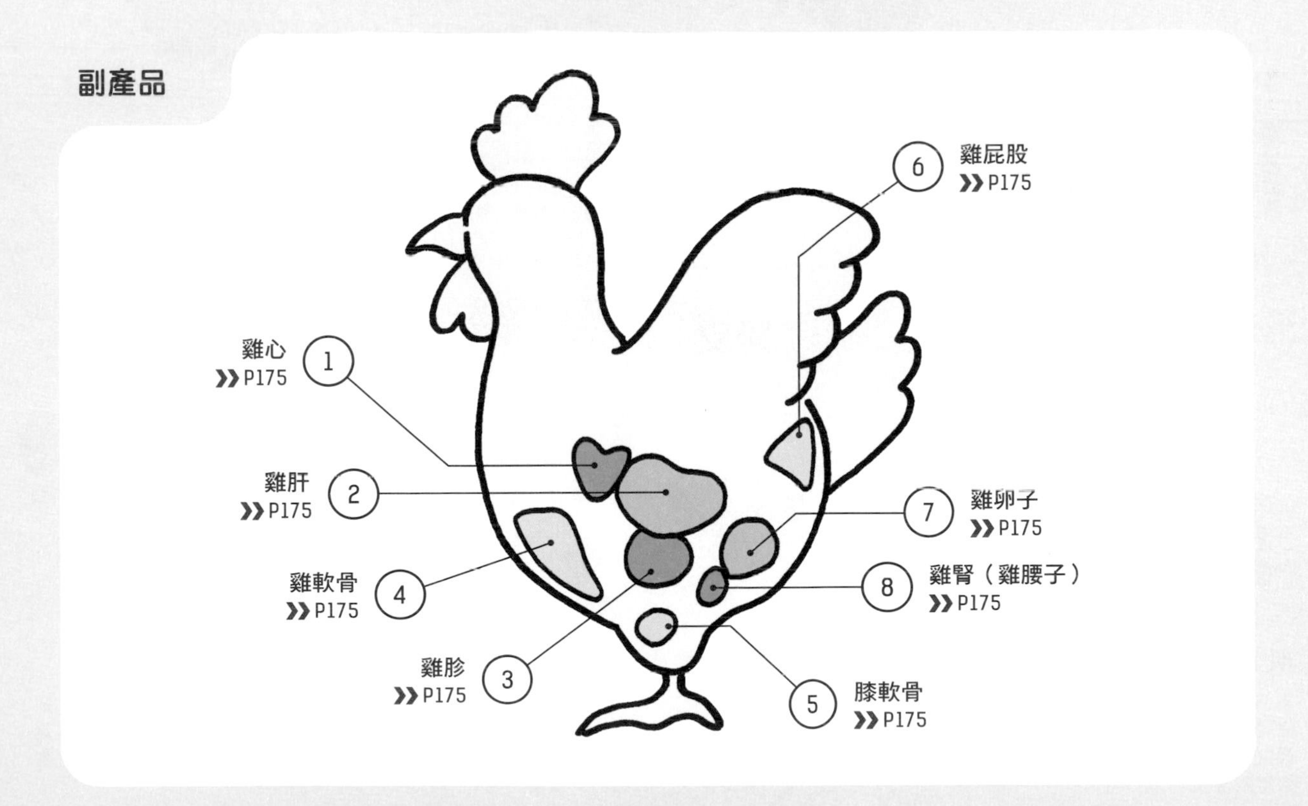

① 雞翅

適合的料理

燉煮

炸雞塊・炸雞

小棒棒腿

肉多、味道清爽

靠近翅膀根部，雞翅中肉最多的部分。脂肪含量少、味道比翅尖清淡溫和。

翅中

包含於翅尖的一部分

將二節翅的翅尖切掉剩下的部分，在日本超市也有販售再將翅中對切的商品。

翅尖

雞翅的前端，充滿美味

雞翅最前端的部分。前端幾乎都是骨頭和皮，含有大量的膠原蛋白和脂肪，充滿美味。

③ 雞腿

可品嚐到肉的濃郁味道

脂肪多，具有濃郁的層次感。肌肉量比其他部位更多，筋比較多，肉質偏硬。膝部往上的部分稱為「上腿」，膝部往下的部分稱為「小腿」。帶骨雞腿適合用於煎烤、嫩煎和炸雞。

適合的料理

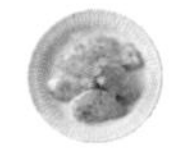

嫩煎・煎炒

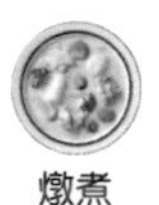

燉煮

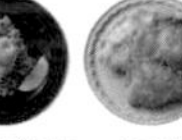

炸雞塊・炸雞

② 雞胸肉

味道清爽、容易入口

脂肪少，幾乎無腥味，味道清爽，口感柔軟。便利商店常見的雞肉沙拉，就是使用雞胸肉的部位。水煮時，要小心過度加熱會使肉質變柴。如果使用土雞肉，即使燉煮時間稍長一點，也不會有這個問題。

適合的料理

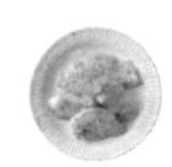

嫩煎・煎炒

炸雞塊・炸雞

清蒸

⑥ 雞頸肉

適合的料理

烤雞肉串

肌肉和脂肪都很豐富

由於是經常運動的部分，所以肉質緊實、有彈性。脂肪含量多，味道豐富、溫和，最適合用於烤雞肉串的部位，每隻雞可取得的量很少。

⑤ 雞皮

適合的料理

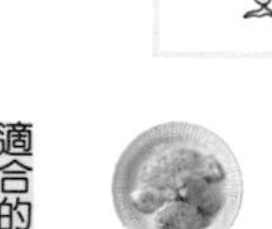

嫩煎・煎炒

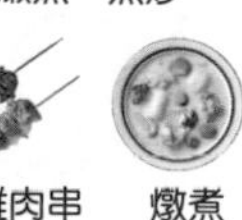

烤雞肉串　燉煮

口感依烹調火候而有所變化

即雞的皮膚。脂肪多，味道濃郁、強烈。煎烤時間久一點，會變得酥脆。用於烤雞肉串的部位主要為頸部的皮。

④ 雞柳條

適合的料理

炸雞塊・炸雞

清蒸

熟悉的健康食材

在雞肉當中脂肪最少的部位，濕潤、軟嫩，味道清淡。容易消化、蛋白質含量高。想要烹調出鬆軟的口感，必須注意避免加熱過度。

副產品

① 雞心

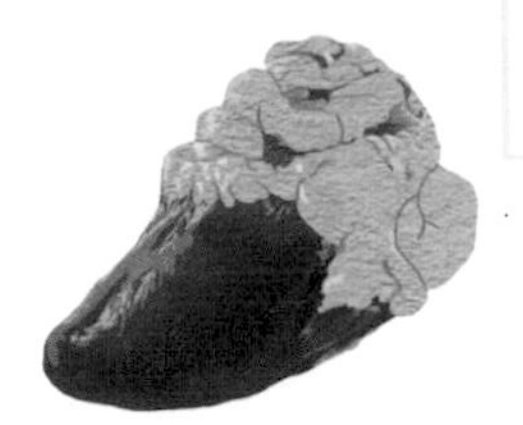

富含脂肪與蛋白質

雞的心臟，口感富有彈性。烹調前要仔細清除血管，否則吃的時候會影響口感。

② 雞肝

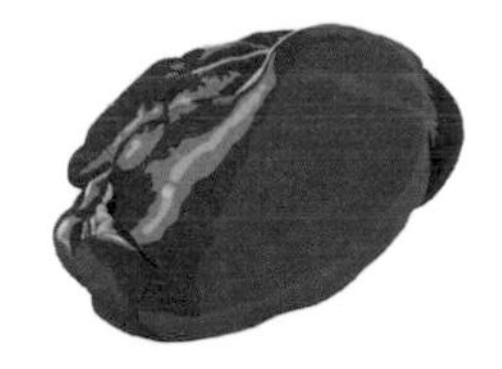

容易使用
非常受歡迎的部位

帶有一些腥味，用冷水或牛奶浸泡、清除血水即可去除。適合用於煎炒、烤雞肉串、燉煮以及製作雞肝醬。

③ 雞胗

無齒鳥類
特有的器官

雞為了將吞下的食物磨碎，而存放著砂石的部分，日文寫作「砂肝」。口感獨特，嚼勁十足，吃起來十分脆嫩。

④ 雞軟骨

外酥內脆的口感
最適合當下酒菜

位於胸骨前端的軟骨，呈三角形，咬起來脆脆的，帶有卡滋卡滋的口感。

⑤ 膝軟骨

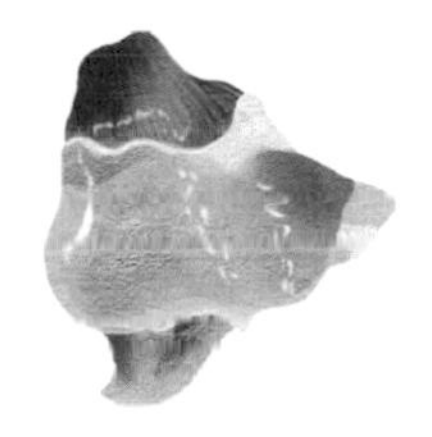

稍微偏硬
愈嚼愈有味道的軟骨

比雞胸軟骨更有嚼勁，形狀接近圓形，咬起來脆脆的，也能吃出膠原蛋白和脂肪的滋味。

⑥ 雞屁股

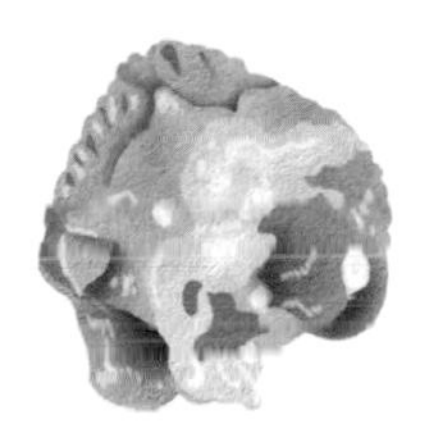

台灣又稱為「七里香」

附著在尾骨周邊的肉，為稀少部位。脂肪多、具有適度的彈性，肉汁豐富。常用於燒烤和油炸。

⑦ 雞卵子

長出蛋殼和蛋白
之前的蛋

雞的輸卵管、卵巢與連結著未長出蛋殼的蛋黃，呈念珠狀串在一起，形狀像金桔。適合用於燉煮和烤雞肉串。

⑧ 雞腰子

一生至少要嚐一次
的珍饈

雞的腎臟，為稀少部位。上面附著有脂肪，味道濃郁，也具有甜味。口感軟綿綿的，用於烤雞肉串和煎炒。

MEMO

這些部位
也很好吃！

除了蛋白質豐富的肉和內臟，以下這幾個雞的部位也可以食用：雞冠可以用來煮湯和燒烤，膠質豐富、口感鮮嫩；雞爪富含豐富膠質，吃起來脆嫩可口；雞脖子用於燒烤時，吃起來外酥內嫩，非常有嚼勁，適合當下酒菜。

羊肉的基本

台灣人喜歡在冷冷的冬天吃羊肉爐，但由於羊肉有一股特殊的味道，也有不少人敬而遠之。如果你對於羊肉仍有許多疑惑，這個單元就來為你詳細介紹。

羊肉的區別

「羔羊肉」和「成羊肉」依照成長階段而有所差異

如果到外國超市，你會發現羊肉的英文有「lamb」和「mutton」的差別，前者是指「成羊肉」，後者則是指「羔羊肉」，兩者具有成長階段的差異。在日本，羊的成長年齡可分成下表的四個階段。此外，依屠體的重量、皮下脂肪的量、肉與脂肪的肌理和色澤等等來評鑑肉的等級，皮下脂肪愈厚則等級愈高。

日本的食用羊肉，絕大部分都從澳洲和紐西蘭進口，國產僅佔0.4％。最近，國產的新鮮羔羊肉獲得高評價，可預期需求量的增加。

羊肉依年齡有四種不同稱呼

出生後 3個月 — 春羊肉

Spring lamb 春羊肉

出生後3～5個月、只哺餵母乳的小羊。此外，出生後4～6週的羊肉稱為奶羊肉，出生後6～8週的羊肉則稱為小羔羊肉。

5個月 — 羔羊肉

Lamb 羔羊肉

出生後未滿1年的羊，有時亦指尚未長出恆齒的羔羊。此外，哺餵母乳3個月之後以牧草飼養的羔羊，也稱為「草飼羔羊」。

1年 — 羊肉

Hogget 羊肉

在成羊當中，出生後未滿2年的羊，有的國家會再進一步定義為長出1～2顆恆齒的羊肉。指成長階段介於羔羊和成羊之間的羊，味道也介於成羊肉和羔羊肉之間。

2年 — 成羊肉

Mutton 成羊肉

出生後1年以上的成羊，有時亦指長出1顆以上恆齒的羊。口感比羔羊肉硬但別具風味，拜冷凍技術的進步，羊騷味逐漸減少。

在日本吃到的羊肉來自於在哪裡？

羊肉的進口國有哪些？

其他
1.8%

紐西蘭
38.6%

澳洲
59.6%

引用：2017年 財務省「貿易統計」

MEMO

北海道的成吉思汗烤肉幾乎仰賴進口

即使位在國產羊肉的大產地北海道，烤肉店主要也是使用進口羊肉，這是因為國產羊肉的訂單來自全國各地，當地已供不應求之故。不過，如果是牧場直營的成吉思汗烤肉店，除了有供應新鮮羊肉，甚至還能品嚐到羊內臟。

日本各地羊隻飼養頭數前5名

	都道府縣	頭數	戶數（參考）
1	北海道	8,630	210
2	長野縣	1,014	67
3	栃木縣	651	22
4	岩手縣	621	48
5	千葉縣	611	17
	全國總計	17,513	965

引用：2016年綿羊統計／公益社團法人畜產技協會

澳洲遙遙領先，第二名是紐西蘭。國產以北海道居首

在日本吃得到的羊肉，幾乎都是進口貨，國產羊肉佔極少數。羊肉的進口量雖然逐年減少，但事實上是製成加工食品的冷凍羊肉減少中，在烤肉店等餐廳裡料理的冷藏羊肉正急速增加。此外，過去大家都認為羊肉具有羊騷味，但是隨著冷凍技術進步和冷藏肉的進口，消費者得以漸漸享用到幾乎沒有羊騷味的美味羊肉。

羊肉進口國以澳洲和紐西蘭為大宗，歐洲和美國因為有傳染病問題而停止進口，最近好不容易等到重啟進口的狀態。國產羊肉因為出貨量少，因此被視為稀少肉品，只有在專賣店才能品嚐到。由於生產規模小，所以各牧場的羊肉皆有其特色。

羊肉的品種

肉用羊主要有四個品種
其中也有毛肉兼用種

羊肉的品種超過三千種，除了肉用羊以外，另外有乳用羊、毛用羊等各品種。此外，也有毛肉兼用的品種。肉用羊的主要品種有薩福克羊、羅姆尼羊、美麗諾羊和多塞特羊等。每一種都有其特有的味道，但是因為國產羊肉的產量少，因此不易取得。若想感受各品種的差異，不妨親自走一趟日本的法式料理餐廳、北海道的成吉思汗烤肉店，多試吃比較看看。

編註：根據中華民國養羊協會的統計，台灣現在的山羊總頭數約30萬頭，概分為五大品種：台灣黑山羊、阿爾拜因、努比亞、撒能、吐根堡等五種。其中進口的波爾山羊是目前全世界公認最佳的肉羊品種。

薩福克羊

原產地 英國 薩福克郡

肉用種

原產於英國的薩福克郡，是由原生種諾福克角母羊和南丘公羊交配而成的大型肉用羊，頭與腳覆蓋著黑色短毛。成長迅速，生產優質的羔羊肉。以生產食用肉的交配種，在世界各國廣泛飼養，在日本是主要的肉用種。肉具有脂肪，吃起來有適當的軟嫩度。

羅姆尼羊

原產地 英國 肯特郡 羅姆尼

毛肉兼用種

原產於英格蘭東南部，面向多佛海峽。以原生種老羅姆尼濕地羊為主，從十八世紀末開始改良成今日品種。腳毛長、臉和四肢呈白色，除了和薩福克羊等其他品種雜交、用於生產羔羊肉之外，也提供羊毛利用。是紐西蘭代表性的品種。

原產地　西班牙

美麗諾羊

毛用種、毛肉兼用種

在美國、德國、法國、澳洲、南非等世界各地皆有飼養，但是目前各國生產的都不是純種西班牙美麗諾羊，而是在各地改良後的品種。在所有的羊當中，是毛色最白、纖細且品質相當優異的品種，因此主要用於生產羊毛，不過有時也用來當作肉用種。

原產地　英國 多塞特郡

多塞特羊

毛肉兼用種

此品種生產於氣候溫和、穀類和牧草豐美的土地。一般而言，羊的生產時期在早春，但是因為多塞特羊的交配季節長，因此是整年都有生產的品種，適合生產肉品。在澳洲的羔羊肉，幾乎都是和多塞特羊的雜交種。

法式羊肋排＋羊腰脊＝Long Loin（長條肋排）

法式羊肋排是指背部肋骨附近的肉，羊腰脊則是指肋骨以下的部分、位於腰部的肉，包含菲力肉，也能分切出丁骨羊排。這兩個部位合起來，則稱為Long　Loin（長條肋排）。

瞭解羊肉的部位

拜「成吉思汗烤肉」在日本流行之賜，日本人對於羊肉的接受度很高。在法式料理和烤肉料理中，帶骨羊排也很受歡迎。想要進一步瞭解羊肉的魅力，請先記住各部位的特徵和副產品的味道。

羊排原本的外觀
就是這樣的感覺！

肋排

位於背部肋骨附近的肉。若是不去骨直接燒烤，更能品嚐到骨頭周邊的肉質美味。

MEMO

活用肋骨的料理

在肋排料理當中，活用肋骨的菜單也不在少數。除了順著骨頭分切、烹調成簡單的烤肋排等 BBQ 料理之外，還可以將約 10 根肋排肉排成皇冠的形狀，完成造型豪華又美味的「皇冠羊排」。

羊肉的部位圖鑑（肉）

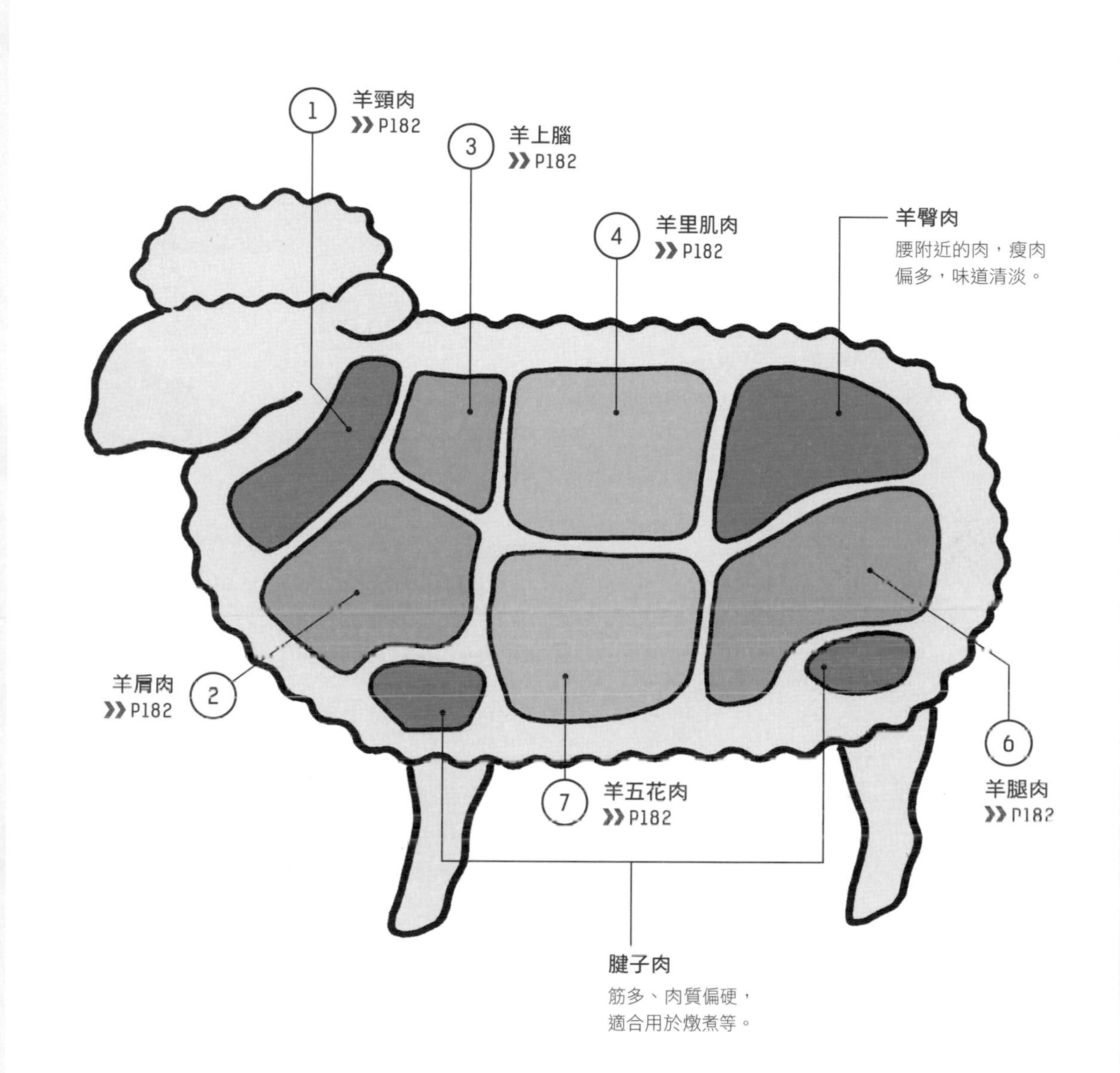

選擇不同的羊肉部位，享受不同的味道、口感以及氣味

一般來說，來到日本的成吉思汗烤肉店裡，大多無法指定羊肉部位。不過，在羊肉的主要產地北海道，有些店家可以指定里肌肉、菲力肉、五花肉等部位，內臟菜單也很豐富。像這樣的店家，已經逐漸在日本普及。

羊肉各部位的差異，不只是肉質的肌理、軟硬度和脂肪分布方式的不同，氣味強弱也是其特徵。在營養學的角度上，羊肉含有豐富的左旋肉鹼（L-Carnitine），左旋肉鹼是一種胺基酸成分，可將脂肪轉化成能量、促進代謝，又稱為肉酸、卡尼汀。此外，羊肉除了富含有助於各種營養素代謝的維生素B群，也含有豐富的鐵和鋅，可說是有助於美容和維持健康的肉品。

⑥ 羊腿肉

後肢的腱子肉上方部分

比其他部位脂肪含量都少的瘦肉，味道清爽，除了燒烤，可應用的烹調方法很廣泛。

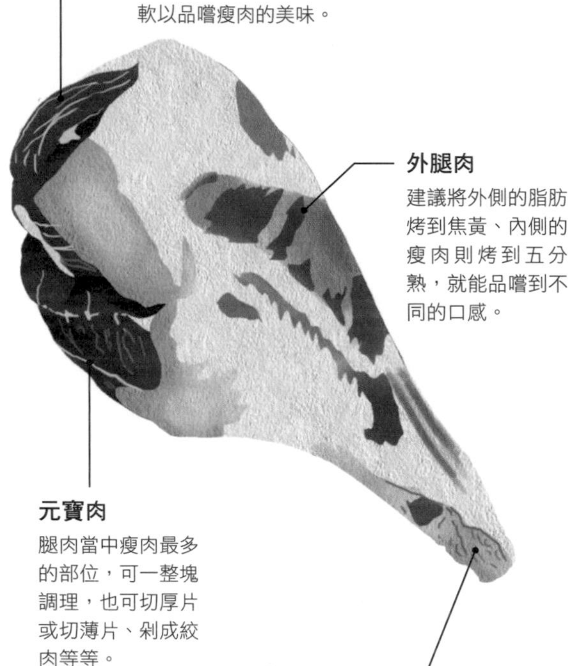

內腿肉
羊腿肉當中最大的部分，建議用於羊排，也可以將肉拍軟以品嚐瘦肉的美味。
外腿肉
建議將外側的脂肪烤到焦黃、內側的瘦肉則烤到五分熟，就能品嚐到不同的口感。
元寶肉
腿肉當中瘦肉最多的部位，可一整塊調理，也可切厚片或切薄片、剁成絞肉等等。
小腿
位於腱子肉的前端，一般用於燉煮或是做成香腸等加工食品用。

⑦ 羊五花肉

胸部與腹部的肉

位於胸側的「胸肉」與腹側的「羊腩」合稱為五花肉，脂肪和骨頭周邊都具有美味，雖然市面上流通量不多，但在羊肉愛好者之中的支持率很高。

memo 一般用於燉煮。

① 羊頸肉

頸部周圍的肉 肉質軟嫩

脂肪含量少、肌肉發達，口感豐厚紮實，夾有細筋。

memo

價格便宜的部位，在歐美地區經常將切片後的肉片燉煮。

② 羊肩肉

羊膝上方的前肢

瘦肉和脂肪分布均勻，肉質偏硬、筋比較多。具有羊肉特有的羊騷味。

memo

可品嚐到羊肉原本該有的味道，最常用於成吉思汗烤肉，也適合燉煮。

③ 羊上腦

位於羊肩旁邊的里肌肉 具有濃郁的味道

帶有適度的霜降，肉質軟嫩。味道濃郁、羊騷味比較少，羊肉入門者比較容易接受。

memo

成吉思汗烤肉首選，也適合切厚片用於羊排和燒烤。

④ 羊里肌肉

品質高級的背部肌肉

相當軟嫩的瘦肉，在羊肉當中屬於比較高價的部位。背骨與肋骨相連的帶骨里肌肉，稱為「Long　Loin」（長條肋排）。

memo 適合用於羊排和燒烤料理。

羊肉的部位圖鑑（副產品）

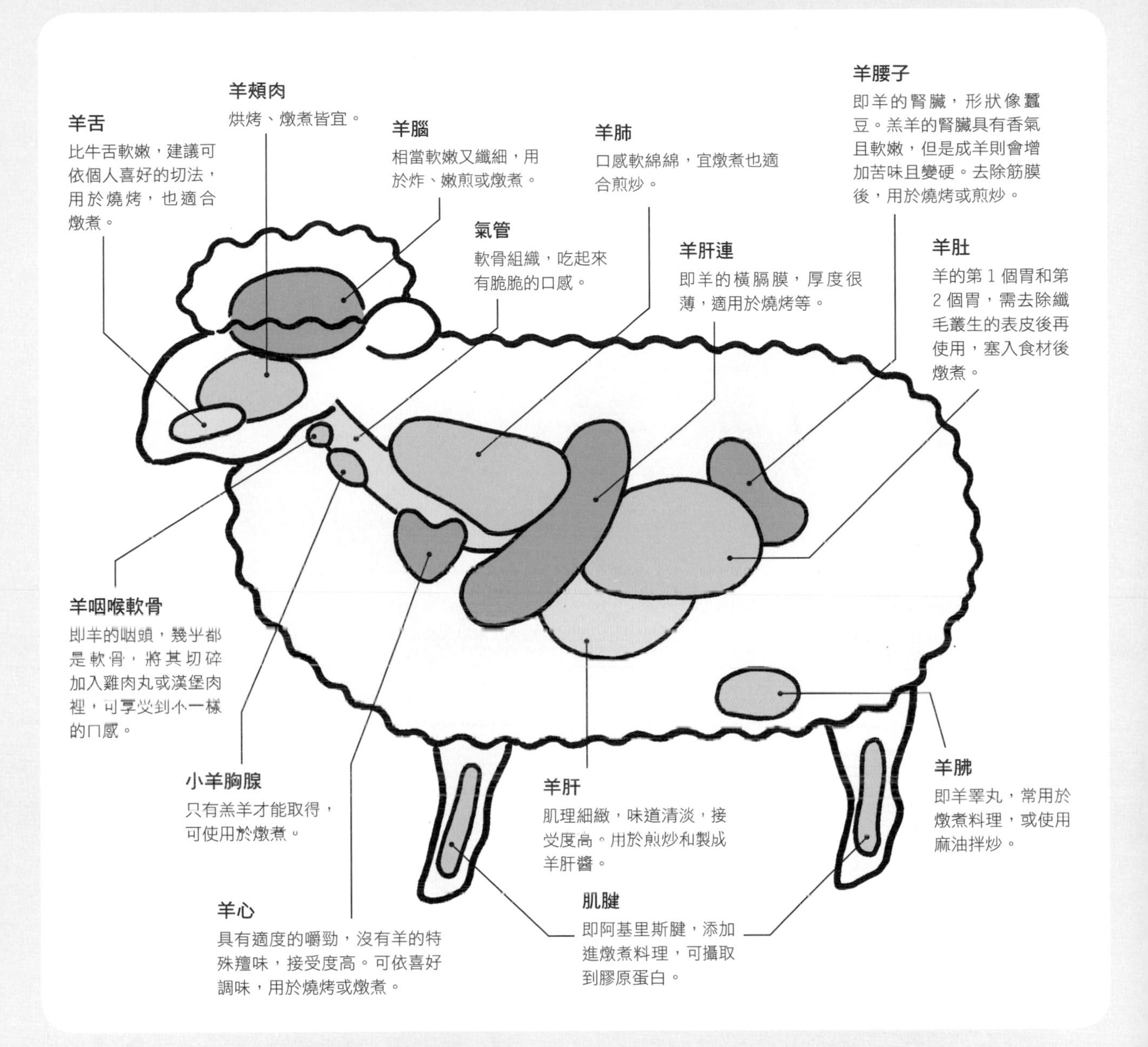

羊頰肉
烘烤、燉煮皆宜。
羊舌
比牛舌軟嫩，建議可依個人喜好的切法，用於燒烤，也適合燉煮。
羊腦
相當軟嫩又纖細，用於炸、嫩煎或燉煮。
羊肺
口感軟綿綿，宜燉煮也適合煎炒。
羊腰子
即羊的腎臟，形狀像蠶豆。羔羊的腎臟具有香氣且軟嫩，但是成羊則會增加苦味且變硬。去除筋膜後，用於燒烤或煎炒。
氣管
軟骨組織，吃起來有脆脆的口感。
羊肝連
即羊的橫膈膜，厚度很薄，適用於燒烤等。
羊肚
羊的第 1 個胃和第 2 個胃，需去除纖毛叢生的表皮後再使用，塞入食材後燉煮。
羊咽喉軟骨
即羊的咽頭，幾乎都是軟骨，將其切碎加入雞肉丸或漢堡肉裡，可享受到不一樣的口感。
小羊胸腺
只有羔羊才能取得，可使用於燉煮。
羊肝
肌理細緻，味道清淡，接受度高。用於煎炒和製成羊肝醬。
羊胇
即羊睪丸，常用於燉煮料理，或使用麻油拌炒。
羊心
具有適度的嚼勁，沒有羊的特殊羶味，接受度高。可依喜好調味，用於燒烤或燉煮。
肌腱
即阿基里斯腱，添加進燉煮料理，可攝取到膠原蛋白。

冬天一定要來補一下！名不虛傳的台灣羊肉爐

羊的副產品有肝臟、胸腺、心臟、舌頭、胃袋等，種類很豐富。幾乎都是沒什麼特殊腥味、肌理細緻的部位，也可說比牛和豬的內臟更容易入口。在日本北海道的成吉思汗烤肉店等店家，都有提供澳洲產和國產的內臟料理，台灣更是把羊肉爐視為冬日的「進補聖品」，內行的客人甚至會事先跟店家預訂特殊的部位，放入清燉或紅燒的羊肉爐鍋底煮熟，享用全羊大餐。

自古以來，羊在全世界本來就是作為食用的家畜，在中國北方的草原地帶，更是不可或缺的食材，當地人普遍認為羊的肝臟具有補血效果。在蘇格蘭有一道將各種切碎的內臟塞進胃袋裡烹製的肉餡羊肚料理，名為哈吉斯（Haggis）的傳統菜餚，相當受到當地人歡迎。

日本人氣店家傳授

羊肉的處理方式&切法

北海道最有名的成吉思汗烤肉，如何處理一大塊羊肉？

重量超過2公斤的羊肩肉，這個部位有很多脂肪和筋，想要吃出美味，必須先做好前置處理。這裡特別請到東京中目黑的人氣名店「成吉思汗FUJIYA」店長東藤先生親自示範，以高超的刀法傳授實際處理羊肉塊的方法。祕訣是先仔細地去除筋等比較硬的部分，再順著粗大的筋和纖維分切，則可分開各部位。

台灣要在哪裡購買羊肉呢？除了可以在美國大型量販店好市多購得澳洲產的冷凍或冷藏羊肉之外，也可以利用網路購物，線上購買冷藏羊肉。

羊肩肉塊

2114g

處理過後能食用的部分只有這些！

食用部分

1214g

丟棄部分

900g

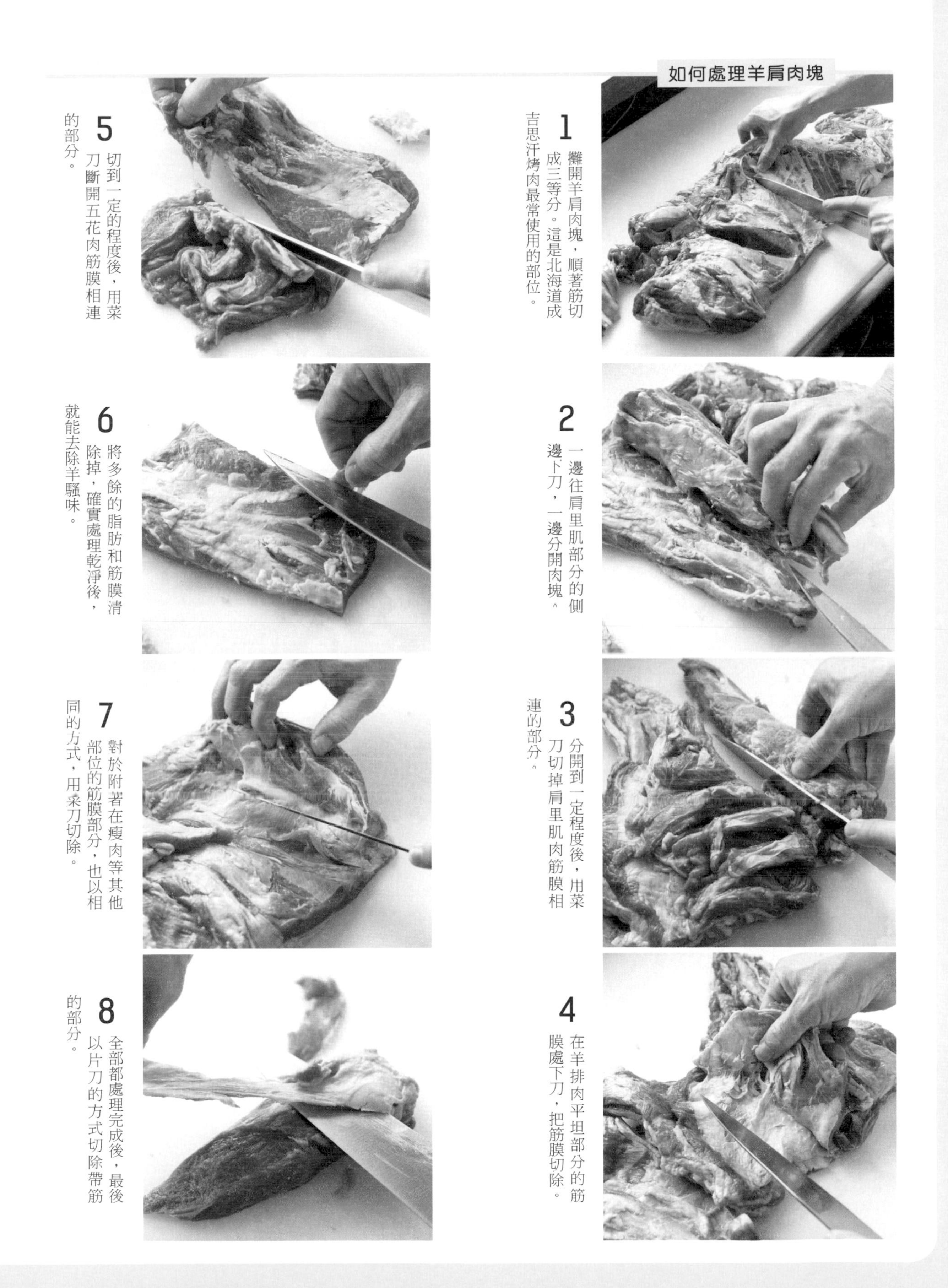

如何處理羊肩肉塊

1 攤開羊肩肉塊，順著筋切成三等分。這是北海道成吉思汗烤肉最常使用的部位。

2 一邊往肩里肌部分的側邊下刀，一邊分開肉塊。

3 分開到一定程度後，用菜刀切掉肩里肌肉筋膜相連的部分。

4 在羊排肉平坦部分的筋膜處下刀，把筋膜切除。

5 切到一定的程度後，用菜刀斷開五花肉筋膜相連的部分。

6 將多餘的脂肪和筋膜清除掉，確實處理乾淨後，就能去除羊騷味。

7 對於附著在瘦肉等其他部位的筋膜部分，也以相同的方式，用采刀切除。

8 全部都處理完成後，最後以片刀的方式切除帶筋的部分。

仔細擦除水分，是美味的祕訣！

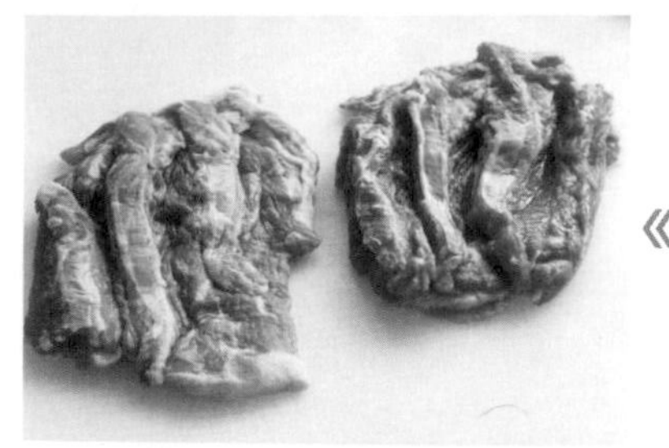

右邊是原封不動的肉塊，左邊是仔細去除水分之後的肉塊，左邊的肉味道會更濃郁美味。

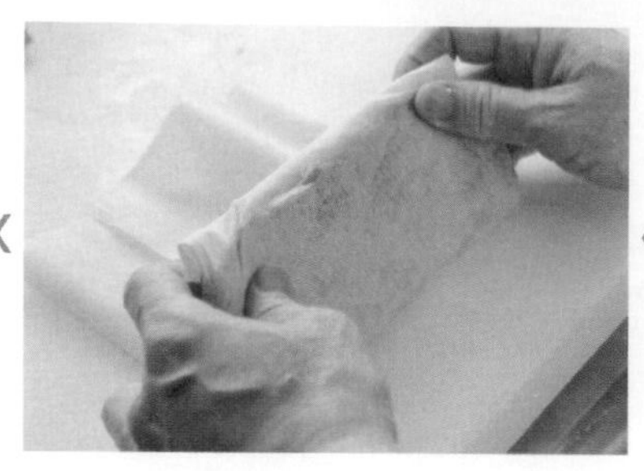

用廚房紙巾包覆好每一塊羊肉再放進冰箱，藉此去除水分。

將廚房紙巾鋪在調理盤上，把處理好的羊肉交錯排放在上面。

讓肉質更軟嫩的基本羊肉切法

羊肩里肌肉

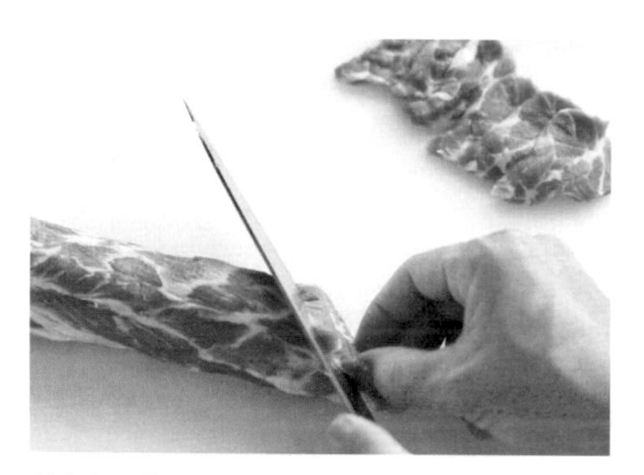

基本上，菜刀要以斜切的方式切片。如此一來，可增加肉的表面積，口感會變得較軟嫩。

羊肩瘦肉

MEMO

**下刀時以斜角度切片
口感會更軟嫩**

因為這個切法會和肉的纖維呈垂直方向，當纖維被切斷後，肉質會變軟嫩。此外，斜切薄片可增加肉的表面積，煎烤出的口感更佳。

配合各部位特徵的切法
讓肉質變軟嫩好吃！

肩里肌肉和瘦肉是筋比較少的部位，因此只需直接以斜角度切片即可；而肉質紮實、脂肪和筋比較多的肉排和五花肉，則需要在切工上多花點工夫。肉排如果直接煎的話，肉質會變硬，因此要先用鬆肉器等調理器具拍斷筋膜之後，再以斜角度切片。至於五花肉，也是在分切成容易入口的大小之後，再用菜刀切斷肉片上的筋膜。羊舌因為很柔軟、不易分切，最好先冷凍後再切。

各部位的切法

羊舌

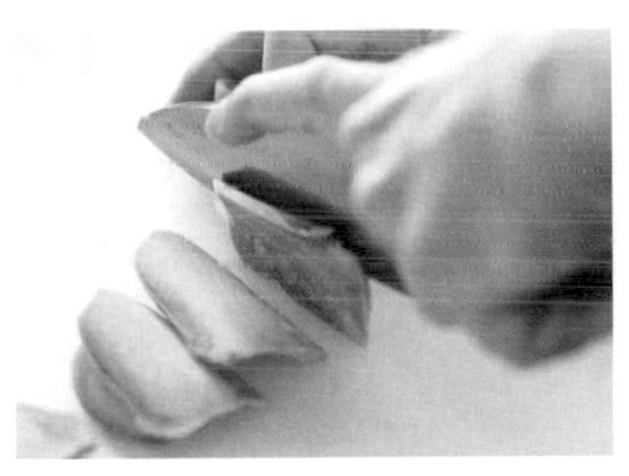

用菜刀從邊緣開始，將冷凍過的羊舌切成薄片。冷凍的狀態比較好切。

先冷凍處理是切羊舌的祕訣

像羊舌這麼柔軟的肉，直接切會切不好，因此要先冷凍處理。如此，不僅容易調整厚度，而且切下來的剖面也很工整。若想要切成薄片，建議在冷凍的狀態下進行。

羊五花肉

1 五花肉要順著筋膜分切，切成適合用於烤肉的大小。

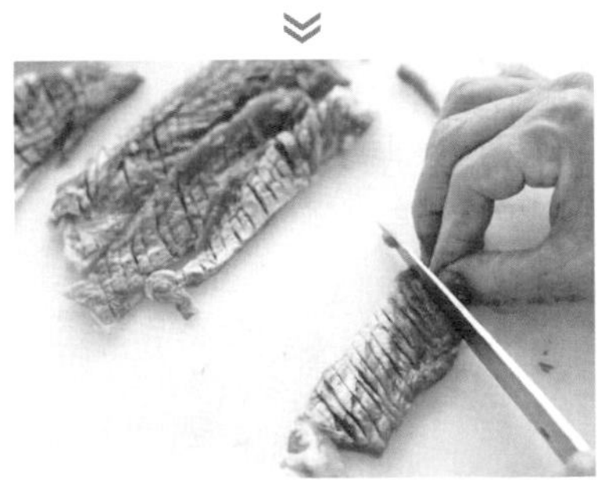

2 用菜刀細切以便切斷筋膜，如此即可變成軟嫩的口感。

羊排肉

1 由於有很多筋膜，因此先用鬆肉器（一種敲打肉的工具）等調理器具，一邊按壓表面、一邊切斷筋膜。

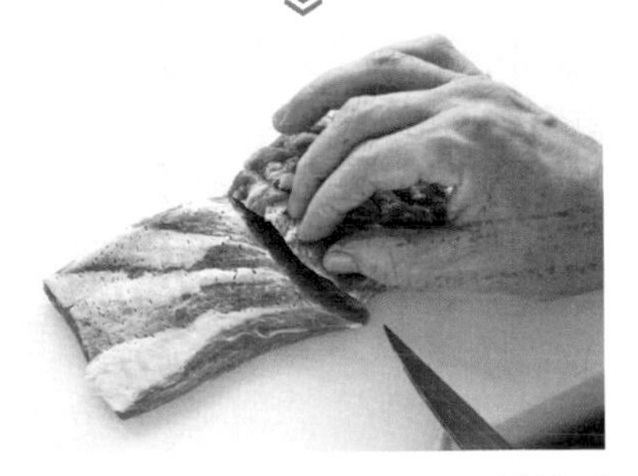

2 兩面都切斷筋膜之後，以斜角度下刀切片。如此一來，吃起來就會有軟嫩的口感。

來吃成吉思汗烤肉！

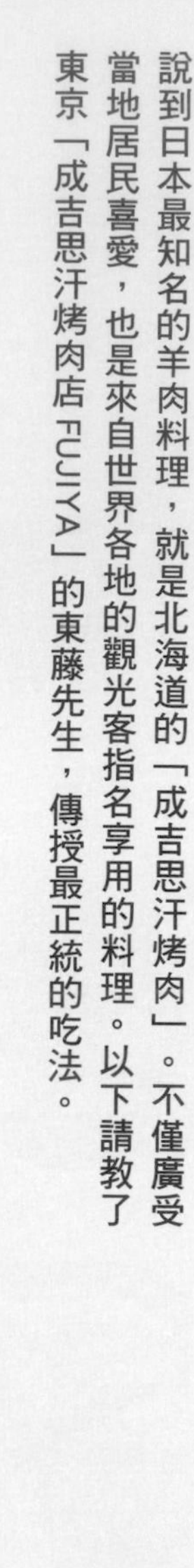

說到日本最知名的羊肉料理，就是北海道的「成吉思汗烤肉」。不僅廣受當地居民喜愛，也是來自世界各地的觀光客指名享用的料理。以下請教了東京「成吉思汗烤肉店 FUJIYA」的東藤先生，傳授最正統的吃法。

傳授祕訣的大廚是…

成吉思汗 FUJIYA
東藤正憲　先生

北海道出身，熱愛成吉思汗烤肉的主廚，擁有出神入化的切肉刀工，目前在東京經營一家道地成吉思汗烤肉餐廳。

從肉的準備、烤肉方法、蔬菜搭配和調味醬都很講究

羊肉特有的羊騷味，主要原因在於多餘的脂肪。想要放心大啖羊肉，重點在於「新鮮度」和「前置處理」。還有，在烤肉時最重要的一點是，要保留羊肉的半熟程度。利用豬油增添美味，烤到表面呈焦黃色再翻面，裡面呈淡淡的粉紅色為最佳狀態，事實上只要烤幾秒即能完成。萬一烤過頭，肉很容易變硬，因此要快速烤好、趁熱品嚐。搭配的烤蔬菜如果也能用心準備，吃起來會更加美味。

此外，用來沾肉的調味醬也不可馬虎。雖然市售的調味醬就很美味，但是如果味道太重，很容易搶走羊肉本身的風味。建議使用以醬油為基底的調味醬或柚子醋醬，才能真正提引出羊肉自身的美味。

軟嫩的成吉思汗烤肉

材料（1片）

羔羊肉（喜歡的部位）…100～150g
洋蔥…1個
豆芽…1袋
豆苗…1袋
豬油…10g
喜歡的調味醬…適量

蔬菜

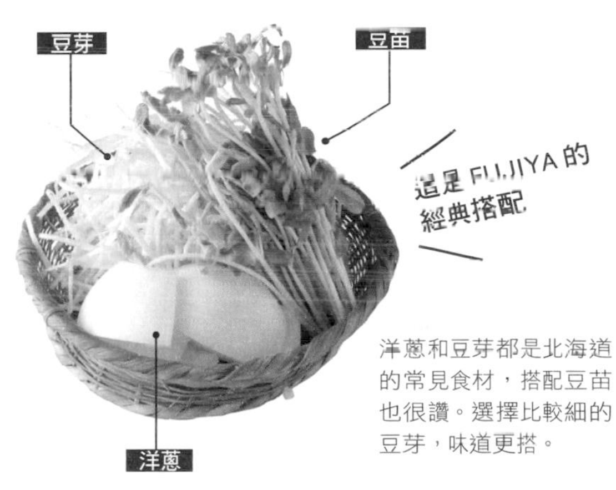

洋蔥和豆芽都是北海道的常見食材，搭配豆苗也很讚。選擇比較細的豆芽，味道更搭。

也可以和口味清爽的菇類一起烤。蒟蒻是日本的傳統食材，口感Q彈且營養滿分。

執行步驟

1 以中火預熱成吉思汗烤肉盤（或鐵板），將豬油放在中央，也可以用牛油取代。油脂的香氣可以使烤肉吃起來更加美味。

2 洋蔥切成八等分，散置於成吉思汗烤肉盤的周邊，祕訣在於立起來放穩，並維持相同的間距。

3 以畫圓的方式，在洋蔥的內側鋪滿豆芽。上面再以相同的方式，鋪放切成容易入口長度的豆苗。

燒烤的祕訣！

烤肉盤的周邊要鋪滿蔬菜

成吉思汗烤肉盤的特徵是呈弧形的形狀和周邊的溝槽，火力是從下方導入並循環加熱，這種設計的用意在於慢火烤羊肉的過程中，肉汁會順勢流入溝槽裡。在烤肉盤的周邊鋪滿蔬菜，肉汁便可滲透到蔬菜當中。

各個羊肉部位的特色？

羔羊瘦肉

味道清淡、肉質軟嫩，沒有羊騷味。

羔羊五花肉

脂肪比較多，味道濃郁。由於筋膜多，所以切工要多花點心思。

羊肩里肌肉

最軟嫩、味道濃郁的部分，成吉思汗烤肉菜單上的首選。

羊舌

和牛舌不同，相對小很多，因此是稀少部位。咬下去脆脆的，味道濃郁。

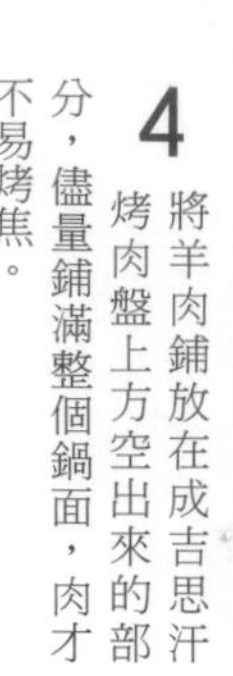

4 將羊肉鋪放在成吉思汗烤肉盤上方空出來的部分，儘量鋪滿整個鍋面，肉才不易烤焦。

5 當肉的周邊開始泛白、背面烤出焦黃色之後即可翻面。為避免加熱過頭，之後再稍微烤一下即可。

6 將肉和蔬菜一起沾調味醬再享用。調味醬視個人喜好調配，味道清爽的柚子醋醬、濃郁的調味醬皆可。

燒烤的祕訣！

以 8：2 的比例烤正面和反面

羊肉不可烤過久，肉片放在成吉思汗烤肉盤上之後，不宜翻動，請務必耐心等到側面泛白。待出現焦黃色之後翻面，然後只需稍微烤一下即可，如此即可品嚐到最軟嫩又肉汁飽滿的羊肉。

普羅旺斯烤羊排

材料（1片）

羊肋排…2根
香草麵包粉…適量
鹽、粗粒黑胡椒…各少許

＊香草麵包粉（容易製作的分量）
麵包粉…200g
羅勒…30g
乾燥巴西利…10g
蒜頭（磨泥）…1瓣
橄欖油…60ml
鹽…40g
黑胡椒粒…20g
起司粉…20g

前置處理

1 羊肋排是由長條肋排分切而成的，先仔細削除最上面脂肪比較硬的部分。

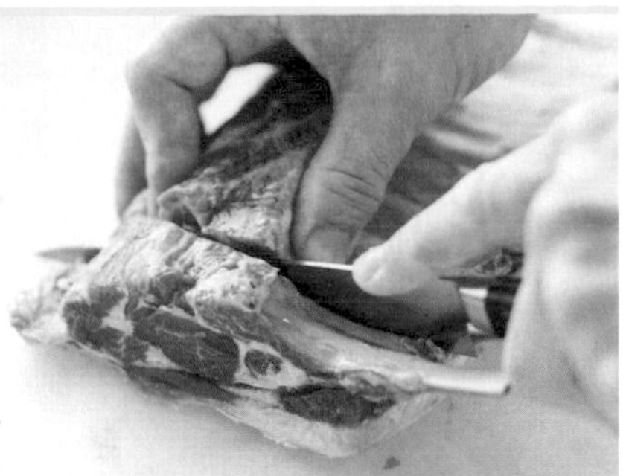

2 將脂肪部分朝下，在肋骨與肋骨之間下刀切開，如此即可輕鬆分切。

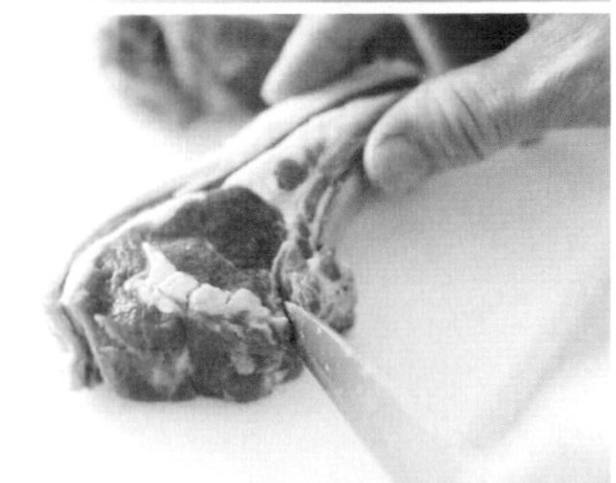

3 先用菜刀的刀尖切斷筋膜，若沒有將脂肪和筋膜斷開，烤的時候肉會收縮變小。

4 接著在肋排上撒滿鹽和黑胡椒粒，作為預先調味。在稍微高的位置上方撒，才能夠均勻沾上。

5 用食物調理機將香草麵包粉的材料磨細，均勻沾裹在肉上面。

正式烹調

6 在烤盤上架好烤網，將步驟5放在烤網上，放入以215℃預熱的烤箱裡，烘烤9～12分鐘。

馬肉的基本

也許你會驚訝，但馬肉在日本是一道「傳統美食」！因為生馬肉片、櫻花鍋在日本人氣日益高漲，馬肉專賣店也愈來愈多。以下就要為您介紹，關於馬肉的相關知識。

馬肉的分類

食用馬肉分為2種——脂肪較多的重種馬瘦肉較多的輕種馬

供食用的馬大致可區分成兩種：重種馬和輕種馬。依體格的來區分，重種馬的體重約八百公斤～一公噸，主要產地在熊本；輕種馬體重在五百公斤左右，主要產於福島和長野等地。每一種馬的肉質各有特色，雖然也有部位的差別，但重種馬的特徵在於脂肪較多的霜降肉質，輕種馬則是在於瘦肉多且軟嫩。

食用的馬肉大致區分成2種

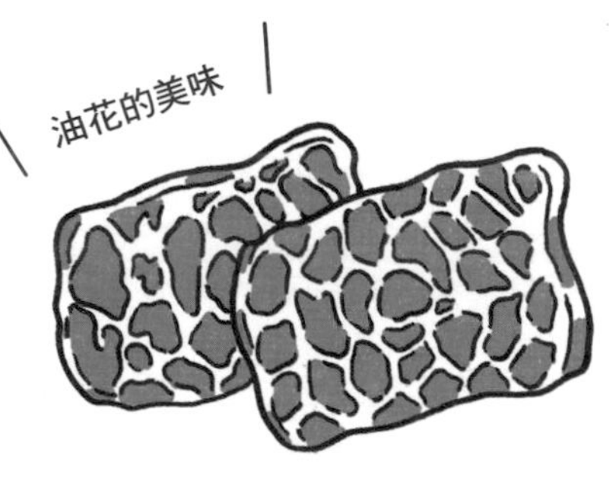

重種馬

強壯、耐寒都是因為儲存有豐富的脂肪

以粗壯又高大、力氣強大、肉呈霜降為特徵，在日本飼養的有布雷頓馬、佩爾什馬、比利時馬等品種。這些原本當作軍事用和農耕用的馬種，在北海道有一項古老的「負重賽馬」競賽，所使用的賽馬也都是源於這些品種。

以瘦肉為主、味道濃郁軟嫩的馬肉

有純種馬、阿拉伯馬等品種，肌肉結實、愛好運動，因此肉以瘦肉的比例偏多。一般生馬肉片、櫻花鍋使用的馬肉，均來自牧場以食用馬飼育的馬。雖然競賽馬也有供食用肉使用，但多用於加工肉品。

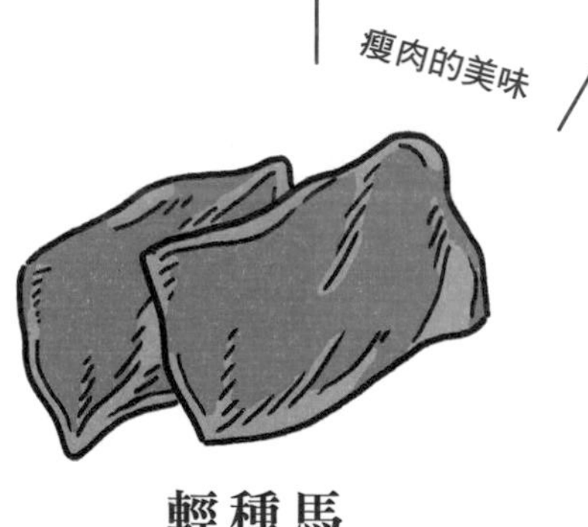

輕種馬

MEMO

為什麼生吃馬肉的接受度高？

有別於牛肉和豬肉，生吃馬肉更為普遍的理由是，馬並非反芻動物，身上沒有過多細菌、也不會引起過敏反應。如果擔心有寄生蟲的疑慮，只要在零下20℃放置超過48小時，就能殺死細菌。

馬肉產地與進口國相關資訊

日本各地馬匹飼養頭數與屠體產量前 5 名（2015 年）

	都道府縣	飼養頭數／屠體產量
1	熊本縣	5642 頭／2316 噸
2	福島縣	2701 頭／1107 噸
3	青森縣	1290 頭／529 噸
4	福岡縣	940 頭／385 噸
5	山梨縣	640 頭／263 噸
	全國總計	1 萬 2466 頭／5113 噸

出處　農林水產省「馬關係資料」

馬肉的進口量前 5 名（2017 年）

	進口國	進口量
1	加拿大	2841 噸
2	阿根廷	905 噸
3	波蘭	666 噸
4	墨西哥	598 噸
5	巴西	180 噸

出處　財務省「貿易統計」

來自國外、在日本飼養的國產馬也日益增加

在日本吃得到的馬肉，約有40%為國產，60%則是仰賴進口。國產馬肉的產量排名第一為熊本縣，其次為福島縣，熊本縣主要生產重種馬，福島縣則生產輕種馬。在進口的馬肉當中，加拿大產的進口量遙遙領先其他進口國。

在國產馬當中，可區分成在日本國內出生並飼養的純國產馬肉，以及在外國出生、在日本國內飼養的馬肉。由於馬肉在日本一直供不應求，因此從加拿大引進幼馬、在日本國內飼養的加拿大產馬肉，這種類型的馬肉也被歸類為「國產馬肉」，並且數量逐漸增加中。根據日本的相關法規規定，以飼養期間最長的場所標示為原產地，因此也有標示成「原產地／加拿大，飼養地／熊本縣」的情況。

馬肉的品種

食用馬的品種基本有5種

馬肉帶有微甜，肉質較嫩，脂肪亦較少。雖然在世界上不是一種主流肉食，目前在大多數英語系國家也開始避免食用馬肉，但牠仍是日本、歐洲、南美以及部分亞洲國家烹飪傳統的一部分，在日本還會將馬肉製成刺身，也就是生馬肉。

全世界有超過一百種馬的品種，其中作為食用的品種，主要有輕種馬的純種馬、阿拉伯馬，以及重種馬的布雷頓馬、佩爾什馬、比利時馬，並以這五種馬為基本，飼育出雜交種。原則上，馬的飼料為乾草和稻桿，但為了激發重種馬和輕種馬的各自肉質上的特色，改為以穀物飼料為主，也會視狀況添加大麥、小麥麩皮、玉米、大豆、裸麥、啤酒花、苜蓿等。

＼ 體重竟然將近1噸！ ／

重種馬的品種有哪些？

布雷頓馬

活躍於農耕、馬車用的重種馬

原產於法國西北部布列塔尼，身高約150～160公分，體重為700公斤～1噸。可分成郵差布雷頓馬（Postier Breton）和特色布雷頓馬（Trait Breton）兩大類型。郵差布雷頓馬是由諾福克豬蹄馬和哈克尼馬雜交的品種，特色布雷頓馬則是與阿登馬交配產生的品種。兩者之間，特色布雷頓馬的體型比較大。

佩爾什馬

身高2公尺、體重1噸的超大型種

原產於法國的諾曼第，美國和澳洲也有飼養。據說是世界最大型馬的原種，身高約160～170公分，大一點的也有超過2公尺、體重約1噸。特徵是腿短、身體粗大。個性溫馴，力氣非常大，古代也曾用來拖曳戰車用。在北海道的「負重賽馬」拖曳競賽中，是賽場上的常客。

＼ 緊實、纖瘦的身形 ／
輕種馬的品種有哪些？

純種馬

**為了賽馬、騎馬用
而改良品種的馬**

身高約 160 ～ 170 公分，體重為 450 ～ 500 公斤。原本是以競速為目的而改良品種的馬，頭小、腿修長，胸部和臀部肌肉發達，適合當作賽馬使用。之所以成為食用馬，是福島縣會津地方等地區開始以食用馬為目的來飼養，也有因故無法變成賽馬的馬，轉而飼養為食用馬的情形。

阿拉伯馬

**比純種馬體型
嬌小且健壯的馬**

顧名思義，就是起源於阿拉伯半島的品種，經過游牧民族品種改良成今日樣貌。身高約 140 ～ 150 公分，體重為 400 公斤，比純種馬嬌小。跑起來速度雖然不夠快，但是耐力強、對氣候變化適應力佳。在日本稱為阿拉伯馬的品種，是和純種馬雜交而產生的盎格魯阿拉伯馬，跳躍能力佳，是障礙賽中的常勝軍。

比利時馬

農耕、搬運用的強壯馬匹

原產於比利時的布拉班特省，因此也稱為「布拉班特馬」。身高約 160 ～ 170 公分，體重為 900 公斤左右，體型大的也有身高超過 2 公尺、體重超過 1 噸的馬。比利時馬和佩爾什馬、布雷頓馬經過三元雜交產生的新品種，稱為佩爾讓馬，是一種優質的食用馬，霜降肉很軟嫩，適合當作生馬肉片食用。

MEMO

馬肉品種與脂肪、瘦肉的比例

想品嚐入口即化的霜降肉口感，就要選擇重種馬，想要清淡的瘦肉，則要選擇輕種馬。為了滿足這些要求，產地是決定性關鍵。熊本產的馬是重種馬，福島縣會津產的馬是輕種馬；而加拿大產的馬肉比較接近熊本產的馬，波蘭和阿根廷產的馬肉則比較接近會津產的馬。

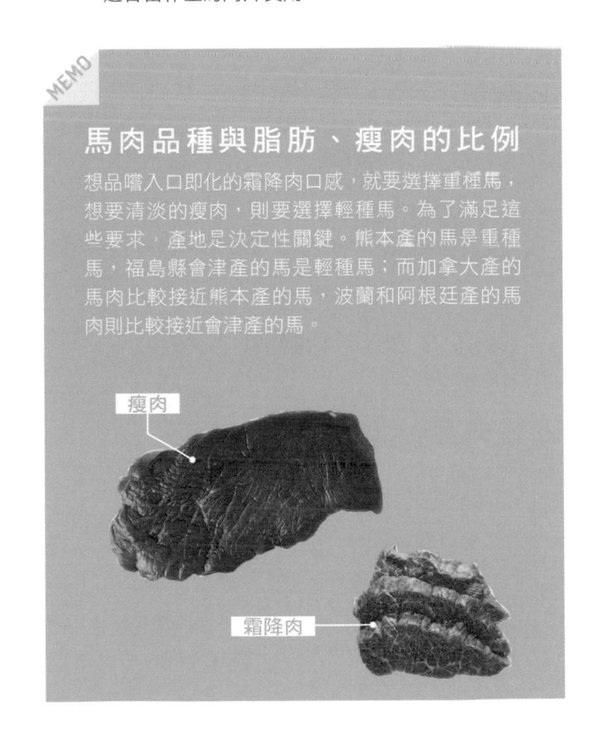

瞭解馬肉的部位

馬是大型家畜，每個部位的口感都有差異。在日本，除了大家最常耳聞的「生馬肉片」以外，還有馬肉涮涮鍋、烤馬肉等等。如果有機會拜訪日本，不妨鼓起勇氣試試馬肉料理，一次可以吃遍各種烹飪手法與不同部位的馬肉。

這塊肉是哪個部位？口感如何？味道如何？

沙朗

腰周邊的肉

瘦肉比例多，但是也帶著適量的脂肪，肌理細緻，最適合煎肉排料理。

三枚腹肉

位於五花肉最外側，口感獨特

脂肪夾著瘦肉、形成三層的稀少部位。吃起來脆脆的口感，用於生馬肉片或是生拌馬肉。

肩五花

肋骨周邊靠近肩部位置的肉

脂肪含量多，容易形成霜降的部位，除了用於生馬肉片，也可炙燒處理，口感多汁。

後頸肉

只有馬才有的部位

在馬鬃周邊的皮下脂肪，咬下去有脆脆的口感，又稱為「馬鬃肉」。切薄片和瘦肉一起生食，味道更佳。

馬肉的部位圖鑑（肉）

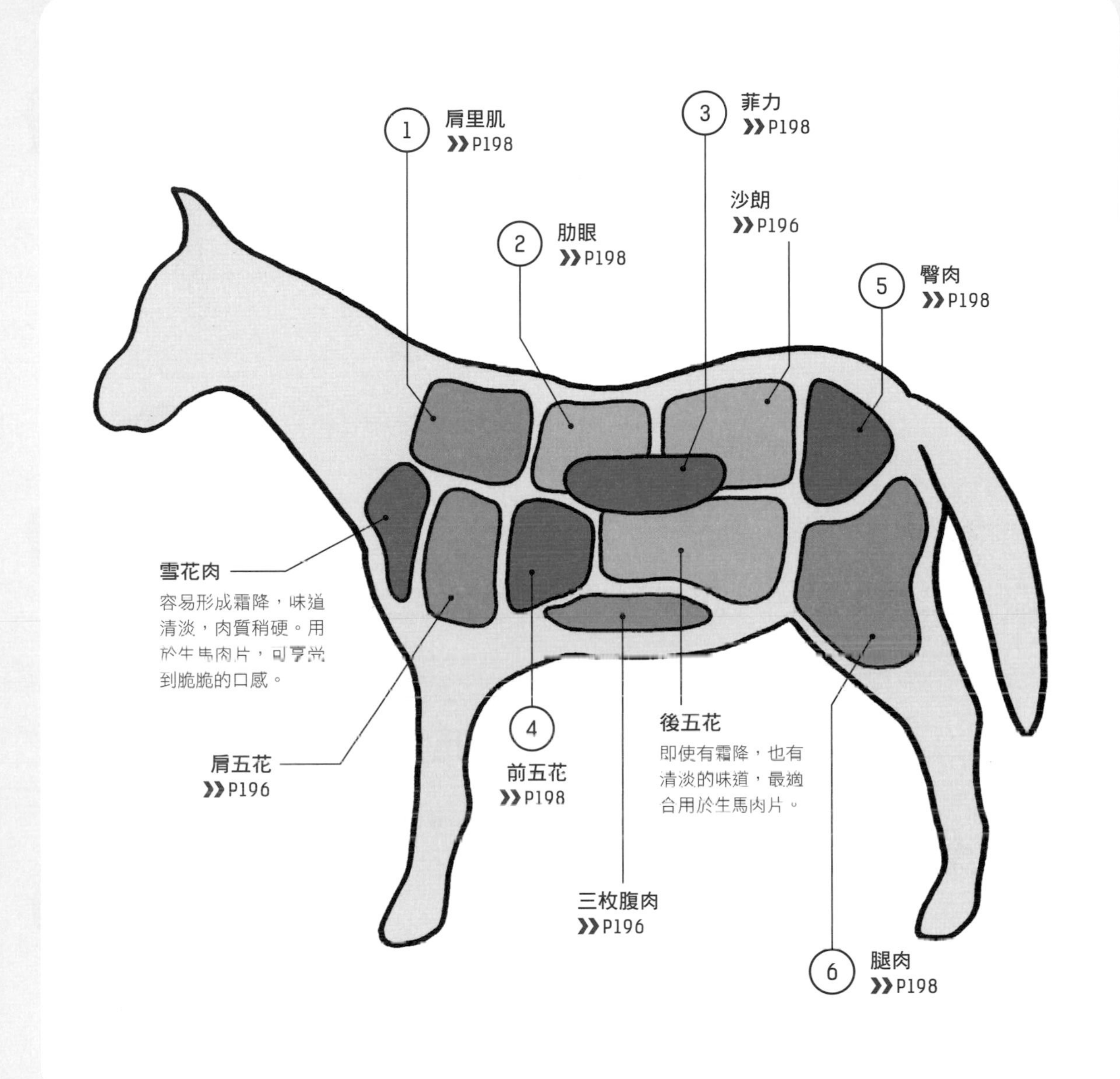

味道和口感充滿特色！肉質充滿彈性又有嚼勁

馬肉在日本又稱為櫻花肉，因為其肉片接觸空氣時會染上淡淡的粉色，猶如櫻花的片片花瓣。日本人食用馬肉已有四百多年的歷史，往昔在長野、九州一帶即廣為人知，因為健康又容易入口，最近在全日本也廣受歡迎。蛋白質比其他肉類豐富，脂肪含量偏少，整體口感清爽。此外，含有大量儲存於體內作為能量來源的糖原（glycogen），也是馬肉的特徵。

馬肉的部位如里肌肉、腿肉等，有許多和牛的名稱相同的部位，而三枚腹肉、後頸肉等只有馬才有的名稱，正是馬肉最有趣的地方。在日本的馬肉專賣店裡，可以依各部位的特徵，享受到火鍋、燒烤、生肉片等菜色。附帶一提，生馬肉的霜降肉，是經過特別管理並飼養的馬所生產的肉。

① 肩里肌

靠近前肢的背肉 用於生馬肉片

帶著適度的脂肪，肥瘦分布均勻，味道清爽。一部分的肩里肌肉又稱為「鞍下肉」。

memo
主要用於生馬肉片，也會用於涮涮鍋。

② 肋眼

背部中央的 高級部位

肌理比其他部位細緻且軟嫩，是列為高級部位的瘦肉。

memo
分切前在整塊肉邊緣的「肋眼上蓋」，適合用於燒烤、煎馬肉排、涮涮鍋。

③ 菲力

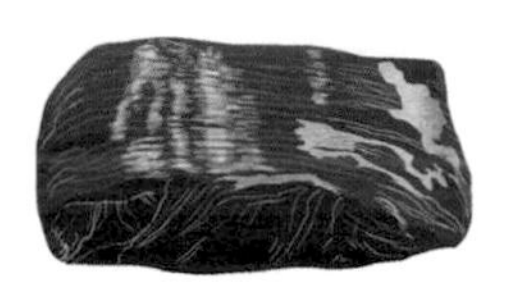

背骨內側的肉

和牛、豬的菲力肉一樣，脂肪含量少、肉質相當軟嫩且平整，口感極佳。

memo
也可以做成切成厚片的生馬肉片。

④ 前五花

腹部前方的肉 脂肪含量多

可以說是馬肉中的極品，脂肪最多的部位。其中「三角五花肉」被當作最高級部位處理。

memo
用於生馬肉片、燒烤、壽喜燒等，可品嚐到油脂的美味。

⑤ 臀肉

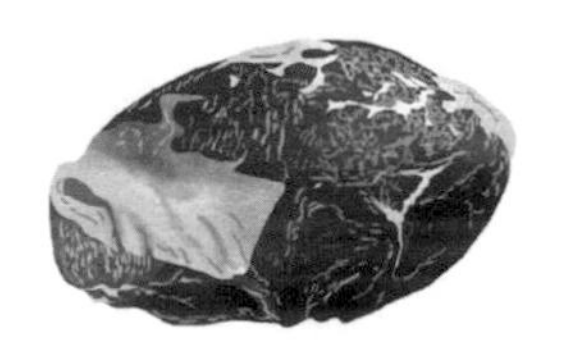

從腰到臀部的 軟嫩肉塊

脂肪含量少、瘦肉偏多的部位。雖然略帶些筋，但肉質軟嫩且紮實。

memo
經常用於生馬肉片，也適合用於燉煮。

⑥ 腿肉

後肢腿部的肉 味道清爽

由於是經常運動的部分，所以脂肪含量少。肉質軟嫩，具有馬肉的特殊風味，味道清爽，適合做生馬肉片和炙燒馬肉等等。

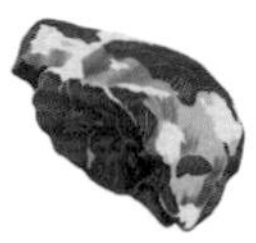

內腿肉
相較於外腿肉，肉質偏軟。

和尚頭
在腿肉當中最軟嫩的部分。

外腿肉
馬肉當中最大塊的部分，可仔細地品嚐到瘦肉的味道。

五花帶

位於後五花當中 脂肪比例多的部分

脂肪特別多，因此不只是生馬肉片，燒烤、燉煮等需加熱的料理也適用。

肋間肉

位於肋骨之間的肉，愈嚼愈有味道

具有獨特的嚼勁，一邊咀嚼、肉的甜味就會一邊在口中化開。做成生肉片和燒烤，能各自帶來不同的口感。

馬肉的部位圖鑑（副產品）

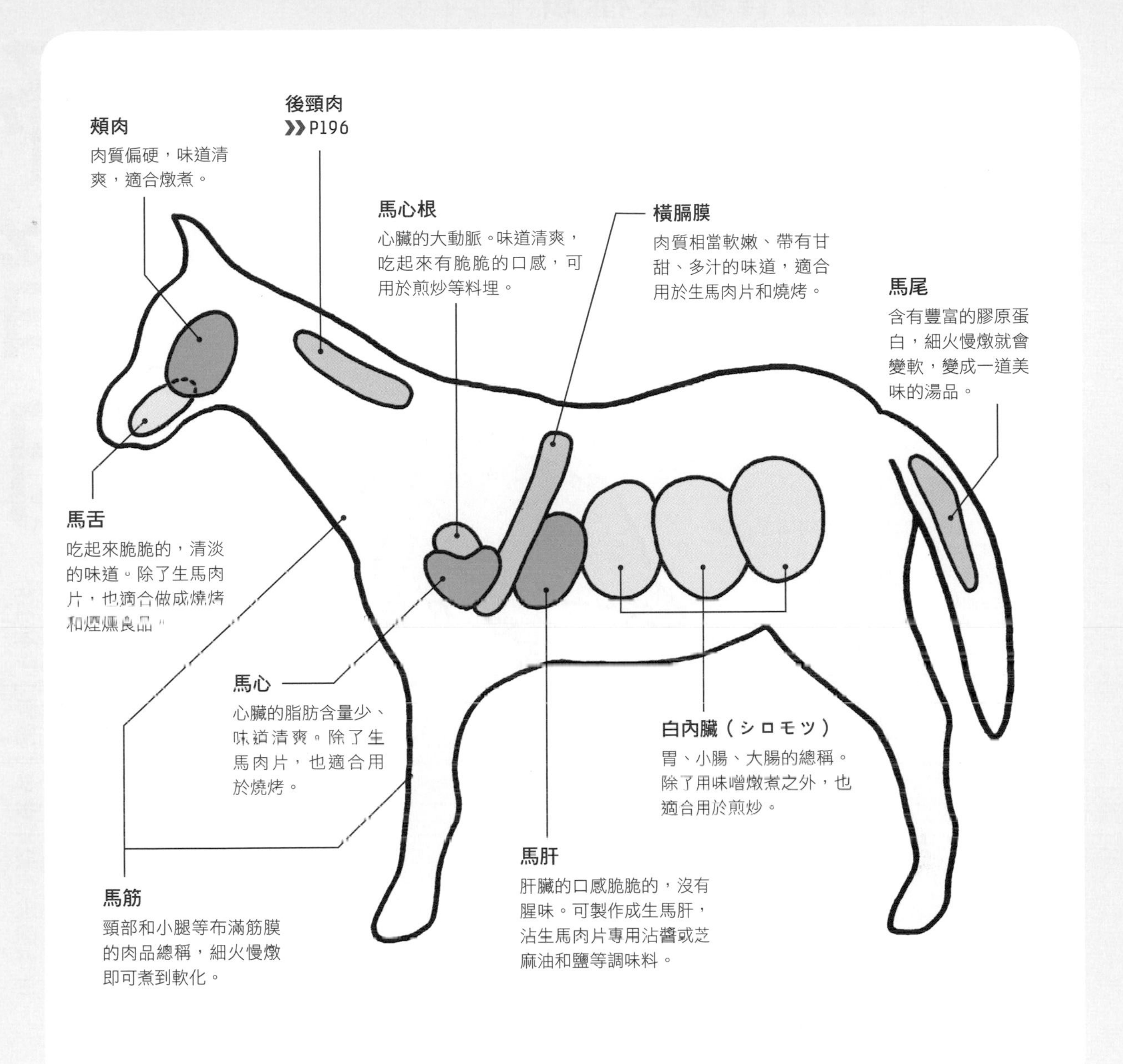

頰肉
肉質偏硬，味道清爽，適合燉煮。
後頸肉
❯❯P196
馬心根
心臟的大動脈。味道清爽，吃起來有脆脆的口感，可用於煎炒等料理。
橫膈膜
肉質相當軟嫩、帶有甘甜、多汁的味道，適合用於生馬肉片和燒烤。
馬尾
含有豐富的膠原蛋白，細火慢燉就會變軟，變成一道美味的湯品。
馬舌
吃起來脆脆的，清淡的味道。除了生馬肉片，也適合做成燒烤和煙燻食品。
馬心
心臟的脂肪含量少、味道清爽。除了生馬肉片，也適合用於燒烤。
白內臟（シロモツ）
胃、小腸、大腸的總稱。除了用味噌燉煮之外，也適合用於煎炒。
馬肝
肝臟的口感脆脆的，沒有腥味。可製作成生馬肝，沾生馬肉片專用沾醬或芝麻油和鹽等調味料。
馬筋
頸部和小腿等布滿筋膜的肉品總稱，細火慢燉即可煮到軟化。

瞭解馬的副產品更能享受其魅力

馬的副產品除了肝、心、舌頭等與牛、豬相同的部位以外，另有後頸肉和大動脈（馬心根）等稀有部位可利用。馬和牛一樣，都是體型龐大的家畜，因此部位複雜、內臟的種類也比較多，但是，馬肉的一大特色是有許多部位都適合生食。此外，馬也和牛、豬一樣，胃腸部位都可食用，馬內臟的接受度也頗高。以上提到的內臟都適合用於內臟火鍋、燉煮、煎炒等料理。

達到人類可食用標準的馬肉和副產品，也可運用於狗食。將生肉混合拌勻冷凍後，可作為狗狗的生食販售，據說比餵食一般飼料更能讓毛小孩維持肌肉和毛髮的健康。

野豬肉

在日本，「野豬」是指狩獵而來的野生豬，和「家豬」的定義不同。近年來，由於野味被視為高蛋白質、低卡路里的健康食材，逐漸獲得關注。

野生動物具有特色風味 圈養動物的品質穩定 兩者各有特色

日文裡的野味「ジビエ」源自法文gibier，意為「透過狩獵而捕獲的野生動物肉品」。近年來野味料理成為日本的人氣話題之一，不少高級餐廳都將山間野味烹飪成在地美食。

日本國產的野豬肉多數為野生種，各自的棲息環境和攝取的食物不同，因此肉的味道也有個體差異，饕客能享受到每一道菜的個別差異，正是品嚐野味的箇中樂趣。人工飼養的家豬和野豬交配的雜交豬，味道和豬肉相近，但是目前市面的流通量愈來愈少。此外，進口的野豬肉幾乎為加拿大產，不太會出現味道上的差異，品質可說是非常穩定。

野豬肉沒有霜降肉，肉和脂肪壁壘分明，看起來紅白分明的色澤，讓人覺得是招來幸運的食物。常用於牡丹鍋（意指紅白分明的豬肉火鍋）的除了里肌肉之外，另有肩里肌肉、腰內肉等高級部位。

野豬有哪些種類？

日本野豬

棲息於本州、四國、九州等地，在日本是很常見的品種。成豬的體重 60 ～ 100 公斤以上，個體差異頗大。身上有褐色、深褐色、黑褐色等粗毛，肌肉發達、體格健壯且強而有力。

琉球野豬

棲息於鹿兒島的奄美大島、沖繩本島和石垣島等地。體格依棲息地而異，但成豬平均有 40 ～ 60 公斤左右。體型比日本野豬嬌小，但肉的味道並無太大差異。

野生豬的豬肉務必要確實加熱煮熟

野生動物帶有 E 型肝炎等病毒，也有細菌感染、寄生蟲附著等風險。在加熱烹調時，只要中心溫度達到 75℃超過 1 分鐘，或是達到 63℃超過 30 分鐘等條件，即可預防這些感染源。

瞭解野豬肉的部位

在日本網路購物可以購得野豬的里肌肉、腿肉、五花肉等部位，野豬的副產品則禁止販售。

野豬肉的部位圖鑑（肉）

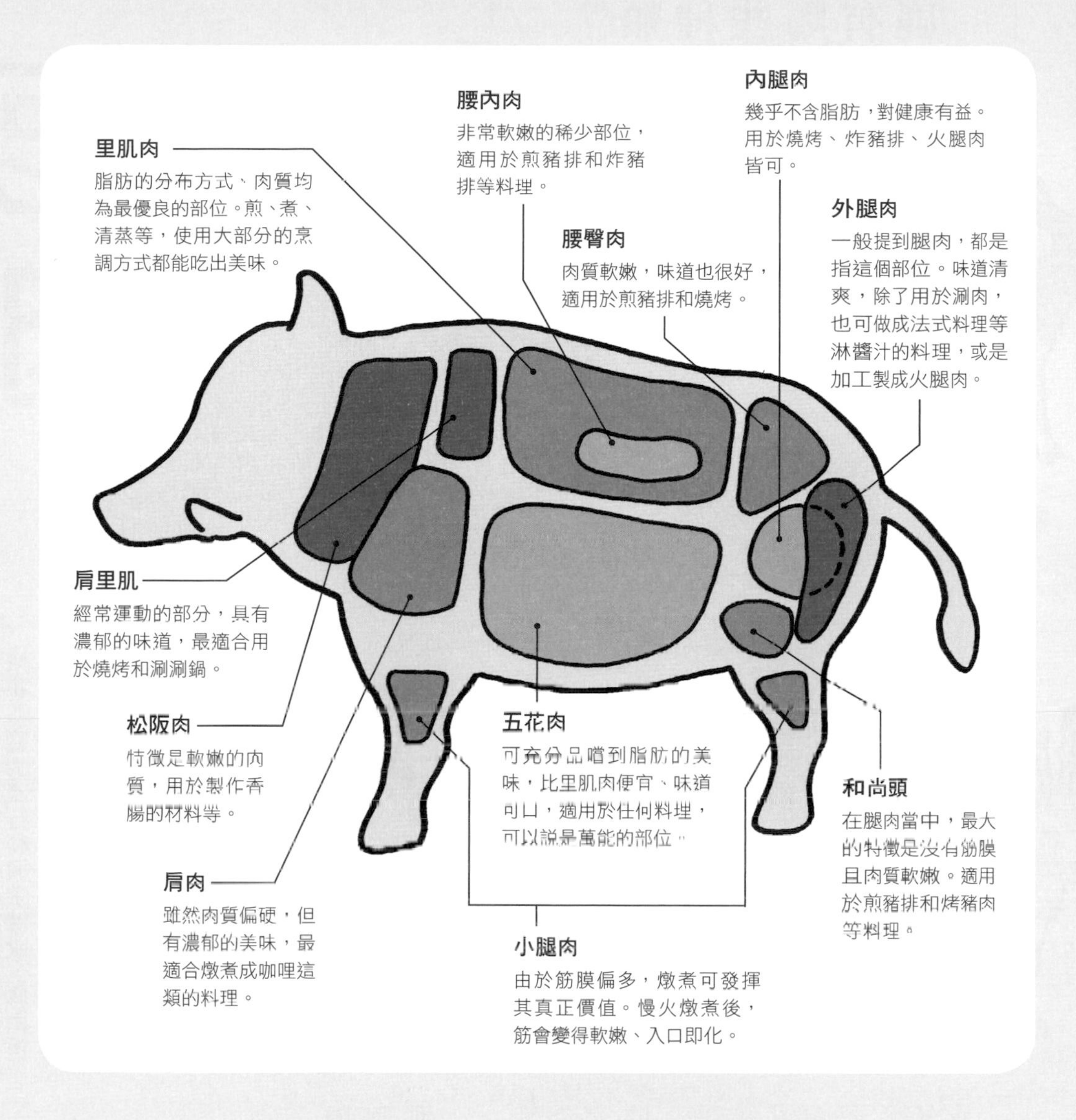

里肌肉
脂肪的分布方式、肉質均為最優良的部位。煎、煮、清蒸等，使用大部分的烹調方式都能吃出美味。
腰內肉
非常軟嫩的稀少部位，適用於煎豬排和炸豬排等料理。
內腿肉
幾乎不含脂肪，對健康有益。用於燒烤、炸豬排、火腿肉皆可。
外腿肉
一般提到腿肉，都是指這個部位。味道清爽，除了用於涮肉，也可做成法式料理等淋醬汁的料理，或是加工製成火腿肉。
腰臀肉
肉質軟嫩，味道也很好，適用於煎豬排和燒烤。
肩里肌
經常運動的部分，具有濃郁的味道，最適合用於燒烤和涮涮鍋。
松阪肉
特徵是軟嫩的肉質，用於製作香腸的材料等。
五花肉
可充分品嚐到脂肪的美味，比里肌肉便宜、味道可口，適用於任何料理，可以說是萬能的部位。
和尚頭
在腿肉當中，最大的特徵是沒有筋膜且肉質軟嫩。適用於煎豬排和烤豬肉等料理。
肩肉
雖然肉質偏硬，但有濃郁的美味，最適合燉煮成咖哩這類的料理。
小腿肉
由於筋膜偏多，燉煮可發揮其真正價值。慢火燉煮後，筋會變得軟嫩、入口即化。

COLUMN

美味野豬肉的條件有哪些？

如果是狩獵而來的野生野豬，冬季的野豬會比較美味，因為體內儲存了更多養分。不過，到了 1 ～ 2 月時，也可能因為野豬的獵物減少、缺乏攝取養分而變瘦，而降低身上的脂質。因此，11 ～ 12 月可說是品嚐野豬肉的最佳季節。

此外，母豬的肉質比較好，體重 60 ～ 80 公斤的母豬是其中的極品。公豬在發情期時體味會變得很重，而體重 100 公斤左右的大型豬，肉質也會變硬，但只要善加處理、加工，就不會有問題。野豬的仔豬肉質軟嫩，順著肋骨切下的帶骨肉很適合用於燒烤料理。

鹿肉

隨著狩獵的流行和追求健康，鹿肉也漸漸受到歡迎。在日本，鹿肉的瘦肉部分有「紅葉肉」的美麗別稱，可品嚐到與馬肉類似的美味。

鹿有哪些種類？

蝦夷鹿

棲息於北海道的大型種，隨著年齡增長，肉色會因鐵質增加而變紅，具有鹿強烈的特有風味。

本州鹿

棲息於本州，體型比蝦夷鹿小。鹿特有的風味比較淡，肉質的肌理細緻且軟嫩。

西方狍

棲息於歐洲、東亞，體重約25公斤的小型種。肉質優良，在鹿肉當中，肉質相對軟嫩。

赤鹿

棲息於歐洲、北非、中亞的大型種，日本進口的鹿肉幾乎都是此品種。

野生的國產鹿味道清爽 也有具特殊氣味的進口肉品

鹿肉為瘦肉，含有豐富的蛋白質，脂肪含量少，給人健康肉品的印象，近來在日本愈來愈受到關注。母鹿的肉比公鹿的肉更軟嫩，脂肪也比較多。此外，兩歲左右是最美味的年齡。最近因法式料理餐廳對鹿肉的需求量增加，狩獵鹿隻日益受到歡迎。

在日本販售的鹿肉，有狩獵的野生鹿肉，也有從紐西蘭和法國等地作為家畜飼養的進口肉品。在日本，因為狩獵和驅除有害鳥獸時，有可能會捕獵到大量的鹿，其中一部分會轉到食用肉品處理業者，進行解體處理，再以食用肉品流通到市場上。國產的野生鹿肉沒有什麼特殊氣味，消費者接受度高，而海外的馴養鹿因為飼料影響，具有一種獨特的氣味。

瞭解鹿肉的部位

整體的脂肪含量少，因此以囤積更多脂肪的初秋肉質最為美味。瘦肉含有大量鐵質，是食用肉品當中的佼佼者。

鹿肉的部位圖鑑（肉）

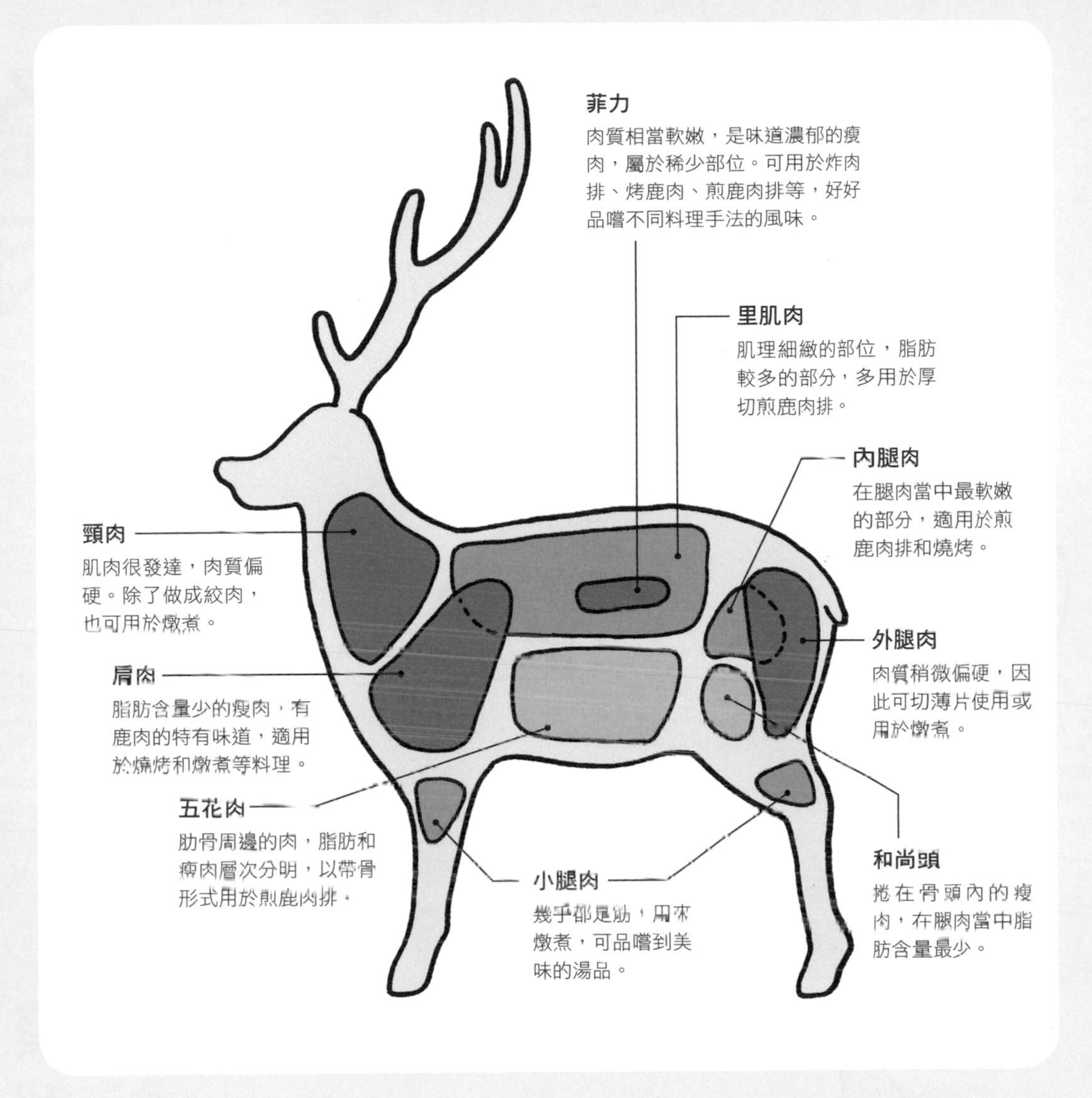

菲力
肉質相當軟嫩，是味道濃郁的瘦肉，屬於稀少部位。可用於炸肉排、烤鹿肉、煎鹿肉排等，好好品嚐不同料理手法的風味。
里肌肉
肌理細緻的部位，脂肪較多的部分，多用於厚切煎鹿肉排。
內腿肉
在腿肉當中最軟嫩的部分，適用於煎鹿肉排和燒烤。
頸肉
肌肉很發達，肉質偏硬。除了做成絞肉，也可用於燉煮。
外腿肉
肉質稍微偏硬，因此可切薄片使用或用於燉煮。
肩肉
脂肪含量少的瘦肉，有鹿肉的特有味道，適用於燒烤和燉煮等料理。
五花肉
肋骨周邊的肉，脂肪和瘦肉層次分明，以帶骨形式用於煎鹿肉排。
和尚頭
捲在骨頭內的瘦肉，在腿肉當中脂肪含量最少。
小腿肉
幾乎都是筋，用來燉煮，可品嚐到美味的湯品。

COLUMN 容易貧血的女性最適合食用鹿肉？

和顏色鮮紅的牛肉相較之下，鹿肉的顏色更加深紅。切片的肉和空氣接觸之後，紅色會變得更為明顯，這是因為豐富的鐵質氧化，而使顏色更加鮮紅之故。

鹿肉含有豐富的鐵質、葉酸、維生素 B_{12} 等，這些都是造血時不可或缺的維生素。維生素 C 則具有促進鐵質吸收的效果，因此推薦和富含維生素 C 的甜椒和青花菜一起食用。附帶一提，分切好的肉若長時間接觸空氣，肉的顏色會變得暗沉，請使用前再分切即可。

兔肉

味道和雞肉一樣有層次感，正是兔肉的魅力所在。在一般的日本餐廳很難取得野生兔，因此以家兔為市場主流。

以燉煮等烹調方式好好享受兔肉的美味

日本自古民間就有吃兔肉的記載，在公元七世紀時，日本天皇頒佈了「肉食禁止令」，但只要不是野生動物，鳥獸類吃一兩隻似乎也無妨。而日本人把兔子歸類為「鳥獸類」，時至今日，在鄉下地方仍有人吃兔肉。

在兔肉料理很普遍的法國，野兔稱為 lièvre，家兔則是 lapin，兩者都是常見的家常菜食材，但味道和肉質的軟硬有很大的差異，lièvre 在狩獵的食材當中，被視為上等食材。

若要使用兔肉入菜，以番茄燉煮或做成咖哩兔肉皆宜。使用香草等香料醃漬，也是值得推薦的烹調方式。

兔子有哪些種類？

家兔

由穴兔（一種原產於西南歐的兔子）馴養而來，遍及世界各地，肉的顏色偏白。

野兔

脂肪少而且風味獨特，肉質的顏色偏向深紅。

兔肉的部位圖鑑（肉）

瞭解兔肉的部位

家兔的烹調方式和雞肉相仿，但是若在意氣味，在烹調過程中可添加香草等調味料，吃起來會更美味。

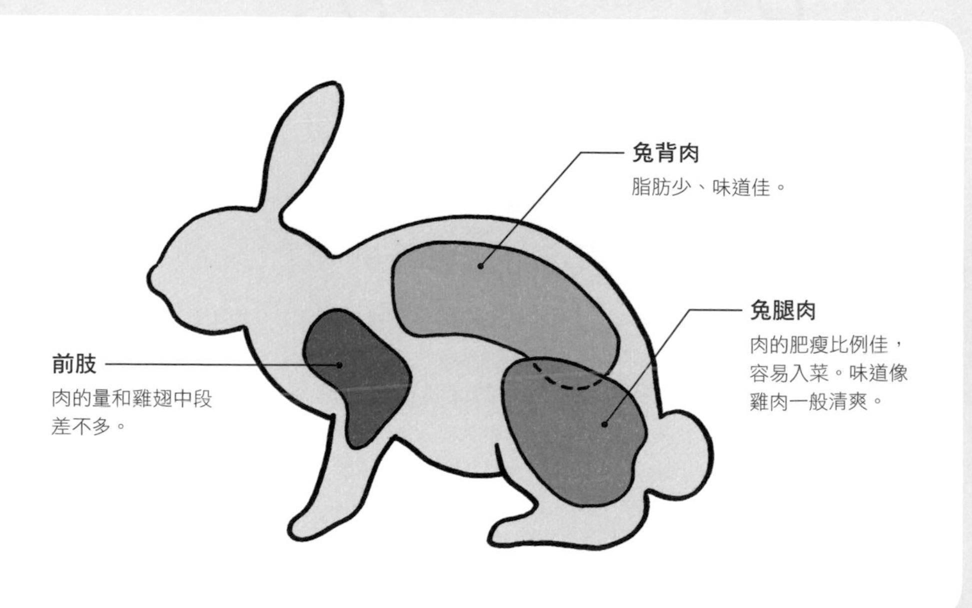

兔背肉
脂肪少、味道佳。
兔腿肉
肉的肥瘦比例佳，容易入菜。味道像雞肉一般清爽。
前肢
肉的量和雞翅中段差不多。

鴨肉

和台灣不同，鴨肉在日本算是野味的一種，通常用在南蠻料理（先醃漬過再裹粉油炸的做法）、火鍋等料理。

瞭解雜種鴨和綠頭鴨之間的差異，你就是美食達人！

在超市等店家買得到的鴨肉，幾乎都是雜種鴨肉。所謂雜種鴨，就是綠頭鴨和家鴨雜交、改良成食用的家禽。有體型較大、肉質軟嫩，稱為法國鴨的「紅面鴨」，以及比紅面鴨小型卻獨具風味、脂肪帶有濃郁甜味的「櫻桃谷鴨」等等。在日本產量以櫻桃谷鴨為大宗，家鴨以用於北京烤鴨的「北京鴨」最為有名，特徵是脂肪多、瘦肉的比例少。

相對於雜種鴨，綠頭鴨包括有冬天飛來的野鴨，和養鴨場裡飼養的家鴨。野生綠頭鴨的狩獵方法有使用獵槍和圍網等兩種方法，以不破壞身體的後者被認為是更高級的肉品。

鴨子有哪些種類？

雜種鴨

綠頭鴨和家鴨的雜交種，市面上最常見的鴨肉是櫻桃谷鴨。

綠頭鴨

棲息於北半球，每到秋冬季節會飛到日本過冬，冬季會解除禁獵令。

鴨肉的部位圖鑑（肉）

瞭解鴨肉的部位

脂肪的熔點比人的體溫低，因此口感十分溫和。鴨子原本為候鳥，因此從翅膀到胸部的肌肉都很發達。

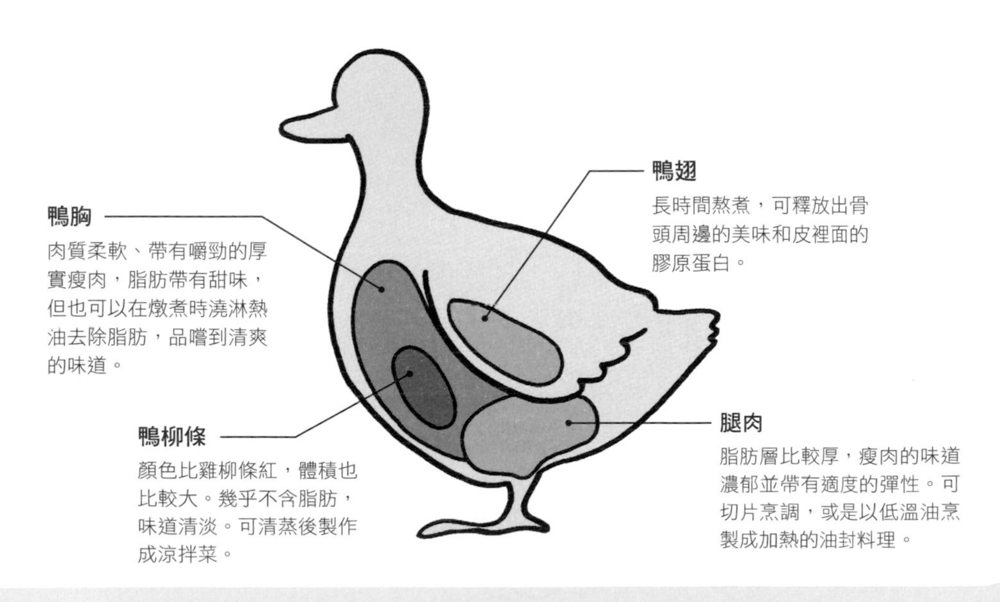

鴨胸
肉質柔軟、帶有嚼勁的厚實瘦肉，脂肪帶有甜味，但也可以在燉煮時澆淋熱油去除脂肪，品嚐到清爽的味道。
鴨翅
長時間熬煮，可釋放出骨頭周邊的美味和皮裡面的膠原蛋白。
鴨柳條
顏色比雞柳條紅，體積也比較大。幾乎不含脂肪，味道清淡。可清蒸後製作成涼拌菜。
腿肉
脂肪層比較厚，瘦肉的味道濃郁並帶有適度的彈性。可切片烹調，或是以低溫油烹製成加熱的油封料理。

肉類用語辭典

※以下依字首筆畫排序

【不飽和脂肪酸】

構成脂肪的脂肪酸從分子結合的形狀，大致區分成飽和脂肪酸和不飽和脂肪酸。飽和脂肪酸為肉類的脂肪，不飽和脂肪酸主要為魚的脂肪和植物油。肉類中含有油酸等單元不飽和脂肪酸。其中Omega-3脂肪酸、Omega-6脂肪酸等，因為有助於血流順暢的作用而受到矚目，也是不飽和脂肪酸的一種。

【切片刀】

西式菜刀的一種，在切大塊肉時，順著筋膜分切用的刀。為了順利切開較厚的肉塊，刀刃長度約為24～33公分長。此外，下刀時也有必要順著筋膜劃出曲線，因此刀刃的寬度比較窄，以便於能順利運刀，具有刀片偏薄的特徵。

【反芻動物】

意指牛、羊、鹿等會反芻的動物。所謂反芻，就是將吞下的食物再度吐回到口腔咀嚼的動作。反芻動物擁有四個胃，第一個胃棲息著許多微生物，仰賴這些微生物消化草，並轉化成能源。

【半頭】

家畜去除皮、毛、頭部、四肢的前端、尾、肉臟等部分之後的屠體，再從背部垂直切開分成兩份的狀態。在日本的肉品市場裡，會以這種屠體的狀態競標，並由大盤商鑑定肉的狀態以決定其價值。

【肉質等級】

意指用於評判和牛分級的兩個項目當中，判斷肉質的標準。總共有油花比例、肉的色澤、肉的緊實度與肌理、脂肪的色澤與品質等四個項目，依5～1等五個階段進行評鑑。在四個項目當中，被評鑑為最低項目的等級，則為受評鑑的肉質等級。

【肌紅素】

存在於動物體內的蛋白質之一，具有從血液中的血紅素接收氧並儲存於肌肉中的功能。由於含有血紅素，因此呈現紅色為其特徵，瘦肉之所以呈現紅色，也是含有大量肌紅素之故。

【肌苷酸】

主要存在於魚和肉類裡的有機化合物，是柴魚片和牛肉等肉類含有的美味成分。和源於昆布等食材的麩胺酸、香菇類的鳥苷酸，合稱為三大美味成分。

【肌動蛋白】

蛋白質的一種，是構成動植物細胞的主要要素。在塑造組織構造的同時，促進肌肉收縮上扮演重要功能的肌原纖維，也含有大量的肌動蛋白。烹調時，會影響肉的保水性和黏性。若加熱過頭的話，肉會因肌動蛋白的作用而收縮，導致肉汁流失。

【肌凝蛋白】

佔肌肉約50％的肌原纖維蛋白質的一種，與肌動蛋白相同，在促進肌肉收縮上，具有重要的作用。在烹飪的過程中，與肉的保水性和黏性有關。在絞肉裡加鹽後，會溶出肌凝蛋白，進一步揉捏的話，即可增加保水性和黏性。

【保水性】

意指維持水分的作用。肉具有保水性，調理後的保水性愈高，愈能變成多汁又軟嫩的肉。這種保水性的決定性因素，就是肌原纖維蛋白質的肌動蛋白和肌凝蛋白、結合組織蛋白質的膠原蛋白等。在料理方面，要注意切法和加熱溫度。此外，在加熱前撒鹽也是提高保水性的方法。

【既有品種】

當地自古以來即存在的物種。在日本，牛從前主要用於農耕，時至明治時代以後，開始引進吃牛肉的習慣，用既有品種與外國品種交配產生四種和牛品種。日本的既有品種，有鹿兒島的口之島牛、山口縣的見島牛等。

【背部脂肪】

意指豬的屠體背部（從肩到腰的部分）的脂肪。依背部脂肪的厚度，對豬肉評鑑分級。

【胜肽】

當胺基酸結合超過50種時，則稱為蛋白質。但是，結合數低於50種時，則稱為胜肽。和蛋白質一樣，只要吃肉即可攝取到胜肽。具有調整血壓和血液中的膽固醇、燃燒脂肪、活化精神狀態等作用，因此其保健功能愈來愈受到矚目。

【剝皮】

屠宰豬的一個步驟。利用機械等工具去除豬身上的皮，將皮和食用肉品分離，即稱為剝皮。相對於此，保留豬皮、以蒸氣等方式燙過之後脫毛的工序，稱為除毛。

【家禽】

當作家畜飼養的鳥類，以雞、鴨、火雞為代表，肉、蛋和羽毛等皆可利用。相對於家禽，野生的鳥類則稱為野禽。

【純種豬】

表示豬肉品種的用語。在日本國內食用的豬，大多是由各種品種雜交產生，然而，未經過雜交而飼養的品種，即稱為純種豬。

【屠體】
肉類家畜去除皮、毛、頭部、四肢前端、尾巴以及肉臟等部分後，剩餘狀態的肉。

【梅納反應】
意指胺基酸和糖發生化學反應，生成褐色物質、香味物質的現象。在烤肉或蛋糕麵糊時，會產生棕色焦痕和芳香的香味，這就是梅納反應造成的現象。

【葡萄糖】
最具代表性的含糖分物質，果糖和半乳糖均歸類為「單醣類」。透過進食而攝取碳水化合物，經過消化而變成葡萄糖，從而進入血液中並形成能源。在肉類當中，也含有少量以結合多數糖原形式形成的葡萄糖。

【酸鹼值】
顯示水溶液的酸性、鹼性程度的單位。當酸鹼值偏低時呈現酸性，偏高則呈現鹼性。調理肉類時，添加檸檬汁或醋降低酸鹼值（趨近酸性），除了可提高肉的保水性，也可活化蛋白質分解酵素，進而達到軟化肉質的效果。

【彈性蛋白】
和膠原蛋白一起構成結合組織的蛋白質。因為能預防肌膚的皺紋和鬆弛而受到關注。在烹調方面，膠原蛋白會因加熱而變軟，然而彈性蛋白並不會明膠化。彈性蛋白含量多的肉質會比較硬。

【澆淋】
在煎肉的過程中採取的一種烹調技術。在使用平底鍋或烤箱等工具煎肉的時候，將含有肉質美味的慕斯狀氣泡，一邊澆在肉的表面、一邊煎烤。澆淋的油分會形成皮膜，能夠防止肉的水分蒸發，澆出充滿肉香味的焦黃色，更能展現肉汁的風味。

【膠原蛋白】
蛋白質的一種，與肌纖維束連接在一起，連接肌肉和骨骼的結合組織，含有大量的膠原蛋白。此外，也是肌內膜和肌周膜的構成成分。彈性佳且強韌，不過會因為燉煮料理長時間加熱，產生明膠化而變軟。

【麩胺酸】
三大美味成分之一的麩胺酸，是構成蛋白質的20種胺基酸之一，存在於許多食品當中。具有與時俱增的性質，尤其以昆布、醬油、起司等發酵食品含量最多。

【糖原】
由多數葡萄糖的分子結合成的物質，為多醣類的一種。透過進食攝取到的糖，在肝臟轉換成糖原並儲存起來，然後傳送到肌肉等器官並形成能量。主要在肌肉收縮之際被分解，在製造稱為ATP的能量物質的同時會生成乳酸。

【黏著度】
肉與肉緊密黏在一起、形成一體的狀態。在製作漢堡肉時，有必要仔細揉捏肉餡、擠出空氣，以便提高黏著度。若黏著度不夠，在煎好起鍋時，肉會散開，肉汁也會流失。使用蛋液黏著，除了增添風味，也有提高黏著度的功能。

【雜交種】
乳用品種和肉用種的牛交配產生的品種，幾乎是乳用品種的母牛，與和牛的公牛交配產生，因此繼承了不易生病且成長快速的乳用品種，和容易形成霜降的和牛的特徵，優點是售價合理、肥瘦均衡。

※本用語辭典由日本朝日新聞編輯部製作而成。

監修
Part 1
エコール辻東京
永井利幸／秋元真一郎／平形清人／迫井千晶／井原啟子
株式會社 辻料理教育研究所
正戶あゆみ

Part 3
株式會社 辻料理教育研究所
東浦宏俊／進藤貞俊／萩原雄太／正戶あゆみ

採訪協力（依本書出場順序）
■ **さの萬**
静岡県富士宮市宮町 14-19
■ **Mardi Gras**
東京都中央区銀座 8-16-19
野田屋ビル B1F
■ **Le Mange-Tout**
東京都新宿区納戸町 22
■ **trattoria29**
東京都杉並区西荻北 2-2-17
Aフラッツ
■ **のもと屋**
東京都港区芝公園 2-3-7 玉川ビル 2F
■ **肉山 吉祥寺店**
東京都武蔵野市吉祥寺北町
1-1-20 藤野ビル 2F
■ **成吉思汗ふじや**
東京都目黒区中目黒 1-10-23
リバーサイドテラス 1F

台灣廣廈 國際出版集團 Taiwan Mansion International Group

國家圖書館出版品預行編目（CIP）資料

肉の料理科學【超圖解】: 1000張分解圖！大廚不外傳的雞豬牛羊306個部位烹調密技，從選對肉到出好菜一本搞定！/朝日新聞出版著；鄭睿芝翻譯. -- 初版. -- 新北市：台灣廣廈, 2020.10
面；　公分.
ISBN 978-986-130-469-4
1.肉類食物 2.烹飪 3.食譜

427.2　　109010957

肉の料理科學【超圖解】

1000張分解圖！大廚不外傳的雞豬牛羊306個部位烹調密技，從選對肉到出好菜一本搞定！

作　　者／朝日新聞出版
翻　　譯／鄭睿芝

編輯中心編輯長／張秀環・**執行編輯**／周宜珊
封面設計／曾詩涵・**內頁排版**／菩薩蠻數位文化有限公司
製版・印刷・裝訂／東豪・弼聖・秉成

原書編輯團隊
料　　理／上島亞紀（Part 1&P104~131）
攝　　影／松島　均
插　　圖／上坂元　均・山田博之・鈴木愛未（朝日新聞Media Production）

行企研發中心總監／陳冠蒨
媒體公關組／陳柔彣
綜合業務組／何欣穎

線上學習中心總監／陳冠蒨
數位營運組／顏佑婷
企製開發組／江季珊、張哲剛

發 行 人／江媛珍
法 律 顧 問／第一國際法律事務所 余淑杏律師・北辰著作權事務所 蕭雄淋律師
出　　版／台灣廣廈
發　　行／台灣廣廈有聲圖書有限公司
地址：新北市235中和區中山路二段359巷7號2樓
電話：（886）2-2225-5777・傳真：（886）2-2225-8052

代理印務・全球總經銷／知遠文化事業有限公司
地址：新北市222深坑區北深路三段155巷25號5樓
電話：（886）2-2664-8800・傳真：（886）2-2664-8801
郵 政 劃 撥／劃撥帳號：18836722
劃撥戶名：知遠文化事業有限公司（※單次購書金額未達1000元，請另付70元郵資。）

■出版日期：2020年10月
ISBN：978-986-130-469-4

■初版11刷：2024年08月